空间网状天线反射面保形控性设计理论与方法

李团结　马小飞　唐雅琼　王作为　著

科学出版社

北京

内 容 简 介

本书主要总结作者近年来在空间网状天线方面的研究成果。全书共13章，主要介绍网状天线反射面拓扑设计、几何设计、形态设计、精度退化机理分析，以及形面保形控性的环境适应性设计、精度调整、模态参数识别、波动动力学分析及控制、相似性等效等内容。

本书可作为高等院校机械工程、建筑工程、空间结构设计等专业教师、高年级本科生和研究生的参考书，也可供从事网状天线设计工作的技术人员参考。

图书在版编目（CIP）数据

空间网状天线反射面保形控性设计理论与方法 / 李团结等著. 北京 ：科学出版社，2024.11. -- ISBN 978-7-03-079867-1

Ⅰ. TN827

中国国家版本馆CIP数据核字第2024CG8000号

责任编辑：宋无汗　郑小羽 / 责任校对：崔向琳

责任印制：徐晓晨 / 封面设计：陈　敬

科 学 出 版 社 出版

北京东黄城根北街16号

邮政编码：100717

http://www.sciencep.com

北京九州迅驰传媒文化有限公司印刷

科学出版社发行　各地新华书店经销

*

2024年11月第　一　版　开本：720×1000　1/16

2025年 1 月第二次印刷　印张：14 3/4　插页：1

字数：297 000

定价：168.00 元

（如有印装质量问题，我社负责调换）

前　言

随着卫星移动通信、空间探索、电子侦察、导航、遥感和空间环境探测等领域技术的飞速发展，空间网状天线体现出大型化、小质量和高展收比等性能优势，广泛应用于地球静止轨道通信卫星、跟踪与数据中继卫星、电子侦察卫星等多种卫星，已成为航天领域的研究热点之一。

本书是作者所在课题组多年研究成果的总结，针对空间网状天线反射面保形控性设计理论与方法进行系统且深入的探讨。全书共 13 章，第 1 章介绍网状天线的研究现状、发展趋势、反射面保形控性的关键技术；第 2 章介绍反射面索网拓扑构型综合理论与方法；第 3 章介绍索网反射面几何设计理论与方法，包括三向网格、测地线和椭圆口径反射面二次曲面等的几何设计理论与方法；第 4 章介绍索网反射面形态设计理论与方法，包括平面投影设计法、力密度设计法、力密度/有限元混合设计法和索网机/电耦合形态设计法；第 5 章介绍考虑不确定性的索网反射面预张力设计，主要包括反优化预张力设计和区间力密度预张力设计等；第 6 章介绍索网反射面多源误差的建模及分析，涉及面片拟合误差、反枕效应误差和不确定性误差等的建模及分析；第 7 章介绍绳索蠕变/恢复、索网结构力学松弛、索网反射面精度退化与补偿等的相关理论与方法；第 8 章介绍基于电性能的索网反射面形面形状重构；第 9 章介绍索网反射面区间力密度形面调整和索网反射面形面智能调整；第 10 章介绍激振规律未知的网状天线结构模态参数识别；第 11 章介绍索网-框架组合结构振动控制；第 12 章介绍一种网状天线调整用作动器技术及其发展趋势；第 13 章介绍网状天线反射面相似性等效，包括结构、驱动力和结构频率的相似性等效分析。

本书由李团结统稿，唐雅琼进行文字处理，其中第 1、5、8、10、12、13 章由李团结撰写，第 2、11 章由王作为撰写，第 3、4 章由马小飞撰写，第 6、7、9 章由唐雅琼撰写。作者指导的研究生团队为本书的撰写做了大量的辅助性工作，包括邓汉卿、陈聪聪、董航佳、徐翔、张涛、王尧、张琰、刘洋、何超、杨丽、石志扬等，在此表示感谢。

本书相关研究工作得到了国家自然科学基金项目(51375360、51605360、51775403、51905401、52375261、52475280、U1537213)和中央高校基本科研业

务费专项资金项目(QTZX24021)的资助，在此表示感谢。

科技发展日新月异，技术发展永不止步。作者在撰写本书过程中虽竭力而为，但限于水平和能力，书稿难免存在疏漏或不当之处，恳请广大读者和专家批评指正。

作　者

2024 年 1 月

目 录

第1章　绪　　论

1.1　概　　述

卫星移动通信、空间探索、电子侦察、导航、遥感、空间环境探测、地球观测等空间科学技术的飞速发展，对更高精度和更高效率的卫星通信系统设备的需求与日俱增。其中，星载天线是卫星信号的输入输出器，是卫星通信系统的“眼睛”和“耳朵”，其结构性能直接影响卫星的效能和使用价值。因此，高性能星载天线是先进卫星通信系统的基础和前提。

(1) 移动通信方面：社会已进入万物互联的智能与信息时代，通信卫星需要不断地提高信号强度及通信质量，实现更快速和更优质的通信连接及网络服务。另外，针对军事用途的通信卫星，为了提高其抗干扰能力，必须提高天线的增益和方向性；为了提高其抗侦察性，要求天线具有更宽的工作频段，能够使用跳频、扩频通信技术。这就迫使星载天线必须实现更大的口径、更高的形面精度和更稳定的形面。

(2) 电子侦察方面：卫星系统不仅需要获得欲侦察目标信号的频率、脉宽、重频、工作制式等多种技术参数，还需要对地面目标进行快速、准确、连续的定位和实时监控。然而，由于欲侦察目标信号为非配合信号，加上现代化作战环境中战斗形式转换迅速，伪装、欺骗等抗侦察能力不断提高，情报的获取比以前更加困难。这就对作为电子侦察卫星系统核心部件之一的星载天线提出了许多特殊的需求，包括宽频带、高增益、高射频频率和高分辨力，以达到电子侦察卫星系统能够在密集负载的电磁信号环境中快速截获和识别辐射源的目的。

(3) 卫星导航方面：为了实现更高精度的定位和导航服务，美国新一代全球定位系统和我国北斗卫星导航系统使用的都是大口径星载天线。另外，美国在研的资源探测卫星的口径为12m，环境监测卫星的口径为25m。更有甚者，太阳能动力站卫星为了传输高能微波至地球，需要上百米口径的超大型天线。

总而言之，为了适应不同的工作需求，卫星通信对星载天线各项技术指标的要求越来越高，星载天线向大型化、高精度方向发展的需求越来越迫切。然而，受到航天运载工具(运载火箭或航天飞机)运载质量和运载空间的限制，星载天线必须质量小且体积小，这就使得星载天线不得不向可展开的方向发展。可展开天线经历了从固面可展开天线、半刚性天线、充气式天线到构架式天线、环形天线等空间网状天线阶段。目前，空间网状天线是实现星载天线向大型化、小质量、高展收比发展的最具潜力的结构形式，已经广泛应用于地球静止轨道(GEO)通信卫星、跟踪与数据中继卫星、电子侦察卫星等多种卫星，甚至可以在空间攻防中作为微波武器使用。

1.2　网状天线的研究现状

1974 年美国国家航空航天局(NASA)发射人类历史上第一个空间可展开天线[1]。目前，已有上百个空间可展开天线被发射升空并投入使用，最大天线口径约 150m[2]。我国在“十二五”与“十三五”期间，相继开展并完成了多项重大航天工程专项任务，如通信技术试验卫星一号[3]、天通一号[4]、嫦娥四号中继卫星鹊桥号[5]以及北斗卫星导航系统[6]等，各任务均搭载了较大口径的可展开天线。

按照结构形式和展开方式的不同，空间可展开天线分为固面可展开天线、充气式天线和网状天线等。其中，固面可展开天线由若干刚性曲面拼接而成，形面精度最高，但结构较笨重、收拢体积大，展开口径一般在 10m 以内，应用在需要较高形面精度的场合；充气式天线类似于充气薄膜结构，展收比高、成本低、质量小，容易实现大口径，但受材料、工艺等因素制约，精度较差；网状天线展收比高、质径比小，具有良好的可扩展性和较高的形面精度，是大型及超大型空间天线比较理想的结构形式，其设计与研制备受国内外宇航界研究学者关注。目前在轨运行的大口径天线多为网状天线。

网状天线由可展开支撑结构、金属反射丝网和柔性索网结构组成。柔性索网结构与可展开支撑结构连接，在预张力作用下张成一定空间形状。金属反射丝网依附于索网结构，实现电磁信号的反射和接收。根据支撑结构展开方式及对金属反射丝网支撑形式的不同，网状天线又衍生出多种结构形式，具有代表性的是径向肋网状天线、构架式网状天线、环柱网状天线和环形网状天线等。

1.2.1　径向肋网状天线

径向肋网状天线又称伞状网状天线，以中心轮毂和沿轮毂均匀分布的肋条作为支撑结构，索网结构和金属反射丝网位于肋条之间。径向肋网状天线结构简单、展开可靠，但收拢体积相对较大，当天线形面精度要求较高时，需要较多肋条。根据肋条结构形式与展开方式的不同，径向肋网状天线又可分为刚性肋天线、折叠肋天线和缠绕肋天线等。图 1.1(a)为 NASA 于 1974 年发射的地球同步轨道应用技术卫星 ATS-6 上搭载的缠绕肋天线，天线口径为 9.14m，工作在 P 频段[7]。图 1.1(b)为 Harris 公司于 2009 年发射的美国商业通信卫星 TerreStar-1 上搭载的 Y

形肋天线，天线口径为 18.28m，工作在 S 频段[8]。图 1.1(c)为我国 2018 年发射的嫦娥四号中继卫星搭载的刚性肋天线，天线口径为 4.2m，工作在 X 和 S 频段[5]；图 1.1(d)为美国喷气推进实验室(JPL)于 20 世纪 80 年代制作完成的口径为 55m 的缠绕肋天线试验样机[9]。

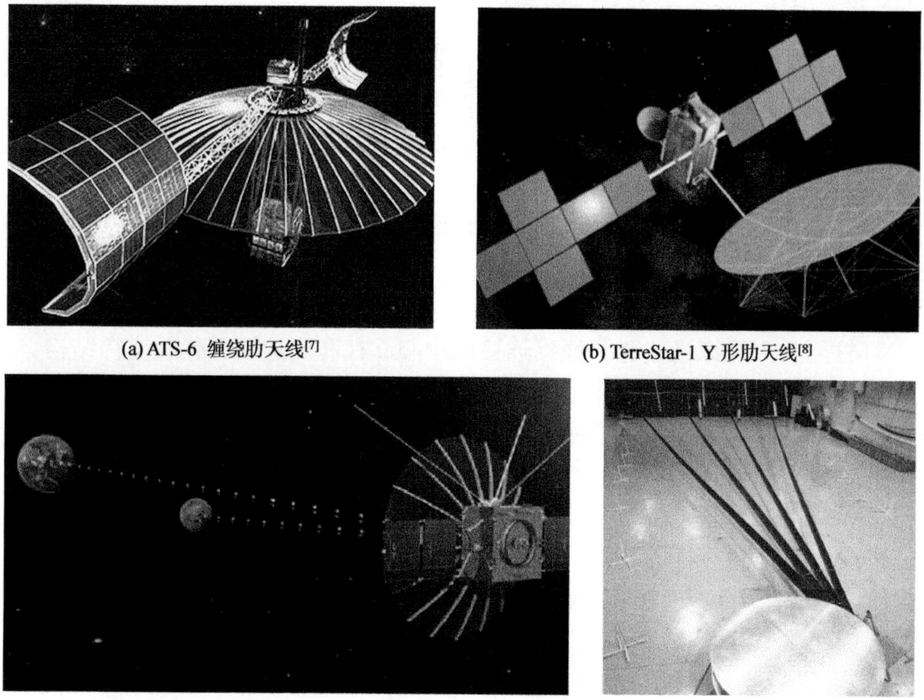

(a) ATS-6 缠绕肋天线[7]　(b) TerreStar-1 Y 形肋天线[8]

(c) 嫦娥四号中继卫星搭载的刚性肋天线[5]　(d) 口径为 55m 的缠绕肋天线试验样机[9]

图 1.1　径向肋网状天线

1.2.2　构架式网状天线

NASA 在 1968 年提出了构架式网状天线概念[10]，该类型天线由若干个基本模块单元组合而成，展开刚度高，通过改变基本模块单元尺寸和数量来适应不同的天线尺寸要求。模块化概念的引入给天线口径和形面精度提升带来了巨大空间，常见基本模块单元有四面体单元、四棱锥单元、六棱柱单元和六棱台单元等。构架式网状天线对每个模块单元单独调整后进行装配，降低了加工制造及调整难度。图 1.2(a)为我国 2012 年发射的环境一号 C(HJ-1C)卫星上搭载的合成孔径雷达(synthetic aperture radar, SAR)天线，该天线反射面展开口径为 6m × 2.8m，工作在 S 频段[11]。图 1.2(b)为我国 2020 年发射的北斗三号 GEO 卫星上搭载的两副偏馈构架式网状天线，天线反射面展开口径达 5m[12]。

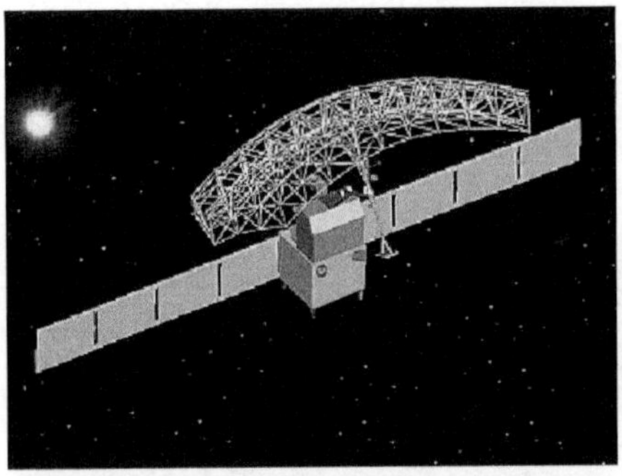

(a) HJ-1C 构架式网状天线[11]

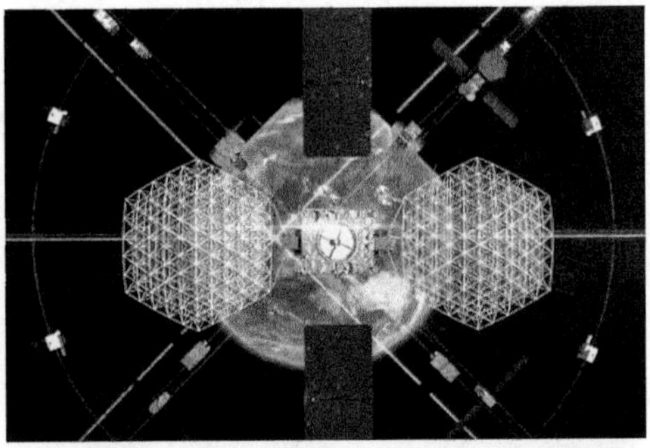

(b) 北斗三号 GEO 卫星构架式网状天线[12]

图 1.2　构架式网状天线

1.2.3　环柱网状天线

环柱网状天线以通过张紧绳索连接的中心立柱和周边圆环作为支撑结构，索网结构与金属反射丝网位于中心立柱与周边圆环之间的空白区域。环柱网状天线展收比高，但装配难度大，索网结构复杂，网面设计与调整都比较困难。1980 年左右，NASA 的兰利研究中心(LRC)与 Harris 公司共同提出环柱网状天线概念，并于 1986 年研制了 15m 口径样机(图 1.3(a))用于验证概念设计方案[13]。2017 年，Harris 公司在原有设计的基础上，研制了高展收比环柱网状天线，可实现 1～5m 天线口径，满足小尺寸卫星要求，如图 1.3(b)所示[14]。

(a) Harris 15m 环柱网状天线[13]

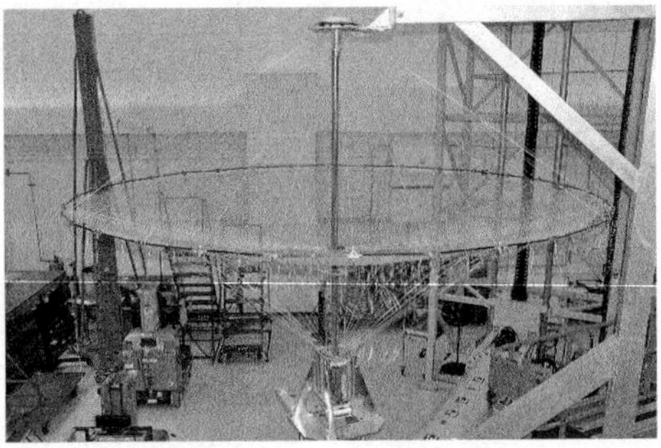

(b) Harris 5m 环柱网状天线[14]

图 1.3　环柱网状天线

1.2.4　环形网状天线

环形网状天线以由多个多边形单元周期性重复连接形成的封闭环作为支撑结构，索网结构和金属反射丝网位于封闭环内部。环形网状天线的展收比高，可以实现较大口径。当天线形面精度要求较高时，仅需增加索网结构密度，以便实现轻质化。图 1.4(a)为俄罗斯于 1999 年发射的欧洲测地卫星(european geodesic satellite，EGS)环形桁架网状天线，天线口径为 5.6m×6.4m，靠周边框架带动辐射状张拉膜实现天线的展开和收拢[15]。图 1.4(b)为 Harris 公司于 2010 年发射的通信卫星 SkyTerra-1 上搭载的环肋形网状天线，天线展开口径为 22m，由 82 个辐射单元组成的相控阵馈电，工作在 L 频段和 Ku 频段，不仅能够产生 500 个点波束，还能产生各种各样的不同尺寸和形状的波束[16]。图 1.5 展示了几款环形桁架网状天线，该天线构型由 Astro Aerospace 公司于 1990 年提出，因此又被称为 AstroMesh 天线。图 1.5(a)为 Astro Aerospace 公司于 2000 年 10 月 21 日发射的 Thuraya 系列通信卫星上搭载的口径为 12.25m 的环形桁架网状天线[17]。图 1.5(b)为日本移动广播卫星公司于 2004 年 3 月 13 日成功发射的 MBSAT 移动广播卫星上搭载的口径为 12m 的环形桁架网状天线[18]。图 1.5(c)为欧洲航空防务与航天集团 Astrium 卫星公司于 2005 年发射的首颗第四代国际通信卫星 Inmarsat-4 F1 上搭载的口径为 9m 的偏置环形桁架网状天线[19]。图 1.5(d)为美国于 2015 年发射的土壤水分探测卫星 SMAP 上搭载的口径为 6m 的环形桁架网状天线[20]。

(a) EGS 环形桁架网状天线[15]

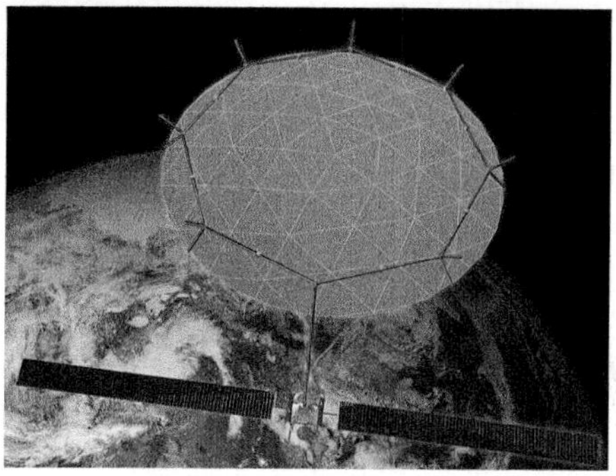

(b) SkyTerra-1 环肋形网状天线[16]

图 1.4　环形网状天线

(a) Thuraya 环形桁架网状天线[17]

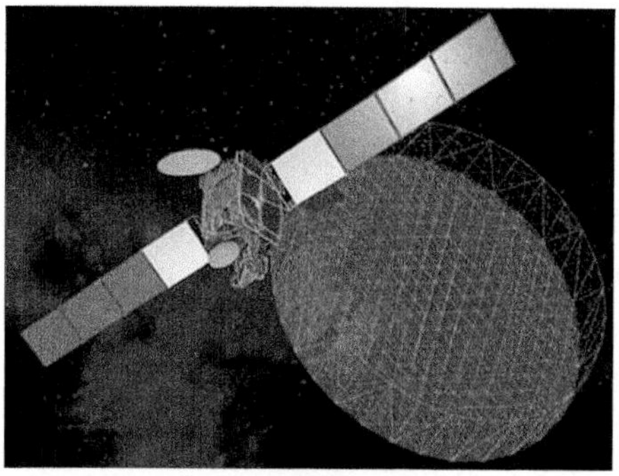

(b) MBSAT 环形桁架网状天线[18]

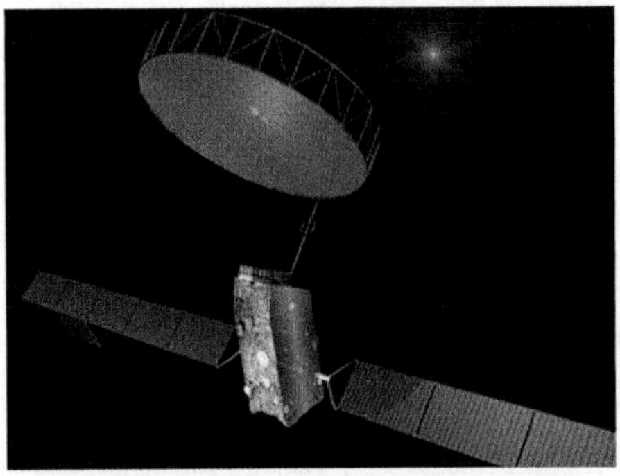

(c) Inmarsat-4 F1 偏置环形桁架网状天线[19]

(d) SMAP 环形桁架网状天线[20]

图 1.5 环形桁架网状天线

1.3 网状天线的发展趋势

空间网状天线在移动通信、深空探测等领域发挥着越来越重要的作用。随着材料科学、结构设计、智能控制等技术的发展，空间网状天线正朝着超大型化、微纳卫星小型化、有源馈电等方向不断发展，为未来的空间任务提供更有效的解决方案。

1.3.1 超大型网状天线

网状天线的超大型化有助于提高天线的增益和覆盖范围。目前，实现网状天线超大型化的方法有单体自展开、模块化、在轨组装和在轨制造等。单体自展开超大型网状天线的关键是研制极大展收比的可展开机构。但是，随着航天任务复杂性的提高，未来空间网状天线尺度可能会达到公里级以上，传统的航天器一次发射模式无法满足要求，因此多次发射/在轨装配、就地取材/在轨制造将成为构建超大型网状天线的两个有效途径。

几个主要航天强国针对在轨装配技术展开了相关研究工作，美国推出了一系列在轨装配和在轨服务研究计划，并进行了多个在轨装配项目的试验验证[21]。迄今为止，在轨装配技术的研究已经取得了一定的进展。例如，NASA 在构建天空实验室空间站过程中通过宇航员出舱完成了部分零件的更换和太阳能帆板的辅助展开[22]，如图 1.6(a)所示；苏联在建设和平号空间站的过程中，以美国航天飞机为平台实现了部分模块的在轨装配[23]，如图 1.6(b)所示；NASA 在建设国际空间站时，通过 1061h 的空间组装，完成了迄今为止人类在太空中最大空间平台的建造[24]，如图 1.6(c)所示；NASA 还以航天飞机为平台，通过宇航员和机械臂协作的方式完成了哈勃望远镜五次在轨维护工作，更换了行星照相仪、红外相机、陀螺仪和电池等设备，延长了哈勃望远镜的使用寿命[25]，如图 1.6(d)所示；兰利研究中心在零重力环境下进行了空间桁架单元的装配试验[26]；美国的轨道快车计划，完成了服务卫星和目标卫星的自主对接以及模块更换等任务；中国在空间站上安装了机械臂，用于超大规模空间结构的在轨装配；NASA 与 Maxar 公司联合开发了一种太空敏捷机器人，用于实现太空望远镜的在轨组装[27]，如图 1.6(e)所示。喷气推进实验室为 NASA 开发了一种多臂爬行机器人，用于完成 10～100m 级别的太空望远镜安装任务[28]，如图 1.6(f)所示。

(a) 天空实验室空间站[22]

(b) 和平号空间站[23]

(c) 国际空间站[24]

(d) 哈勃望远镜[25]

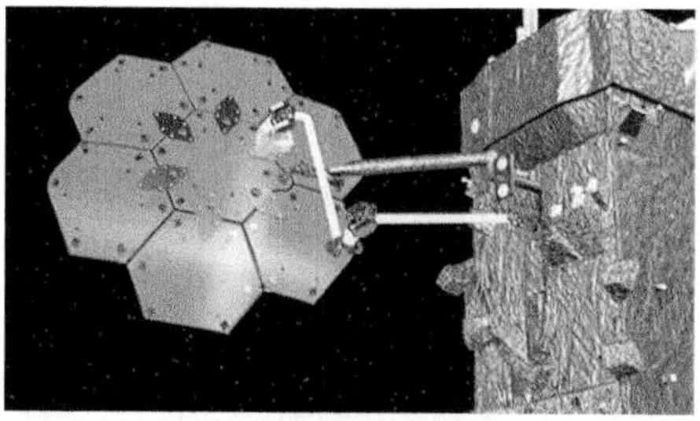

(e) 太空敏捷机器人[27]

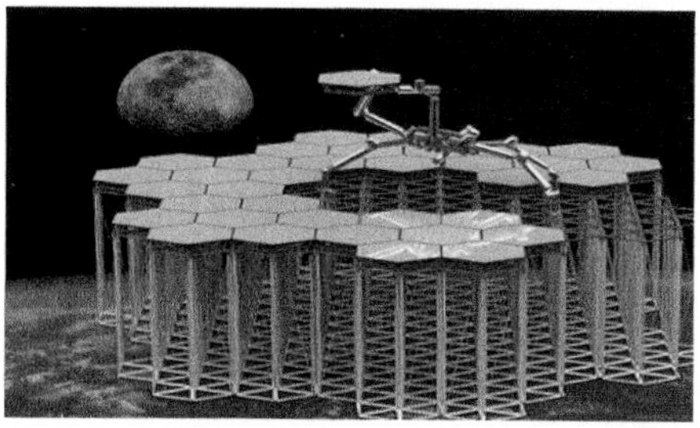

(f) 多臂爬行机器人[28]

图 1.6　在轨装配

未来超大型空间基础设施的尺度将会达到公里级。受运载工具能力和发射成本的限制，空间在轨增材制造成为构建超大型空间基础设施的可行途径。图 1.7(a)为三菱电机研究实验室提出的一种超大蝶形天线在轨制造方案[29]。图 1.7(b)为太空制造方案[30]。图 1.7(c)为美国国防高级研究计划局启动的新型太空制造、材料和质量高效设计项目，以期待完成新材料和新工艺的开发，使太空和月球表面的制造成为可能[31]。图 1.7(d)为 ThinkOrbital 公司推出的近地轨道制造计划，通过设计一个轨道平台来实现太空制造和空间碎片回收[32]。图 1.7(e)为 NASA 提出的 SpiderFab 计划，拟通过在轨爬行机器人完成公里级的太阳能帆板和反射面天线制造[33]。面对空间极端环境、有限资源的约束和限制，超大型空间结构在轨建造亟需在构型设计、制造装备以及材料等技术领域实现突破，以期待在未来实现在轨制造的成功应用。

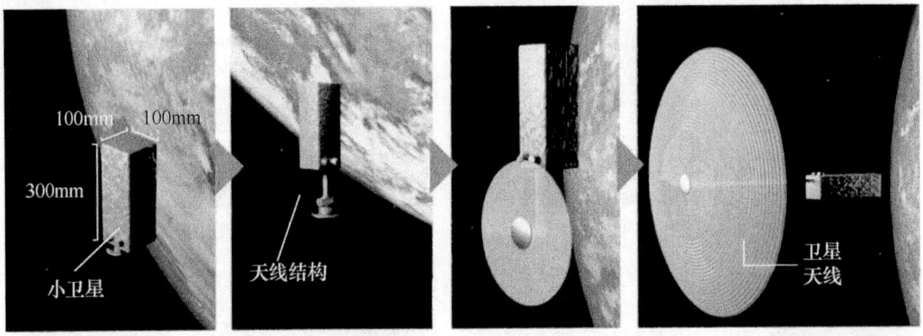

(a) 超大蝶形天线在轨制造方案[29]

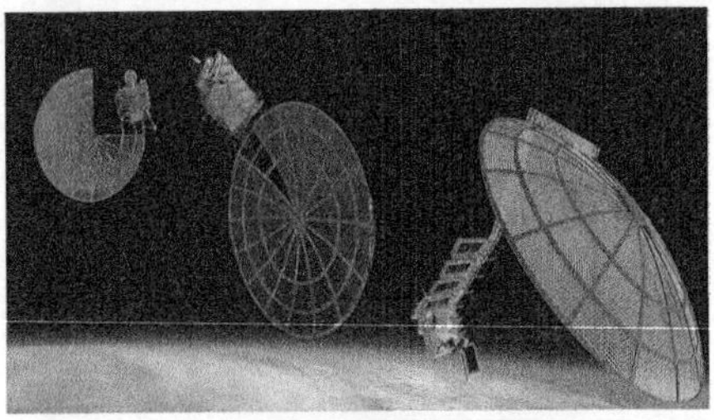

(b) 太空制造方案[30]

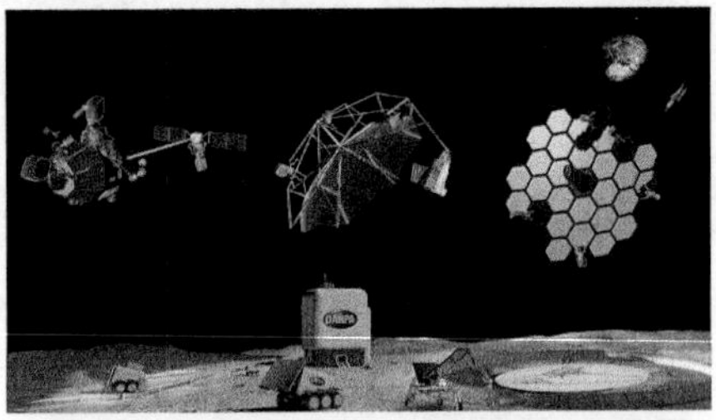

(c) 新型太空制造、材料和质量高效设计项目[31]

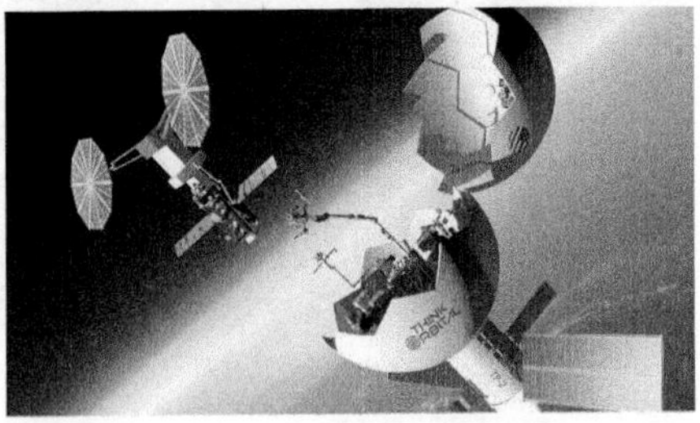

(d) 近地轨道制造计划[32]

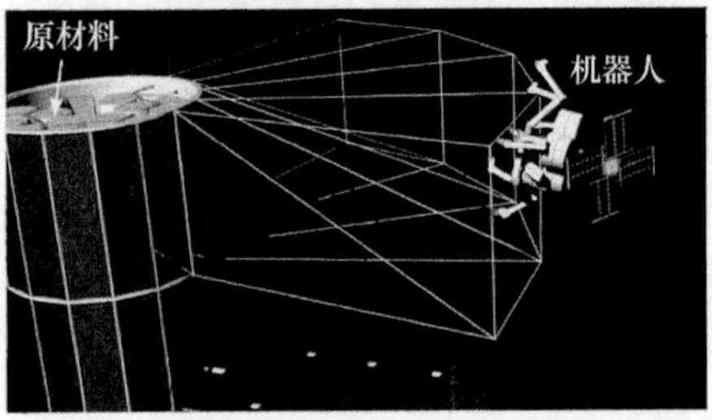

(e) SpiderFab 计划[33]

图 1.7　在轨制造

1.3.2　微纳卫星小型化网状天线

随着集成电路和微机电系统等技术的快速发展，卫星具备了微型化的能力，未来空间卫星特别是商业空间卫星在小型化和网络化方面发展迅速。小型化网状天线具有存储比高、质量小、成本低、配置灵活等优点，可以为微纳卫星平台提供一种简单、可靠、轻便、通信功能多样化的可展开天线。图 1.8(a)是 NASA 在 6U 低成本立方星平台上搭载的口径为 0.5m 的 Ka 频段径向肋网状天线，其工作频率为 35.75Hz[33]。图 1.8(b)是美国 Harris 公司推出的一种展开口径为 1m 的环柱网状天线，可以装备在 20cm × 10cm × 10cm 的小卫星上[34]。图 1.8(c)是日本于 2019 年发射的 3U 立方星 OrigamiSat-1 上搭载的一套多功能展开薄膜天线，验证超轻型阵列天线和太阳能阵列在立方星上应用的可能性[35]。图 1.8(d)是一种安装在 12U 立方星上的环形桁架网状天线，口径为 1m[36]。

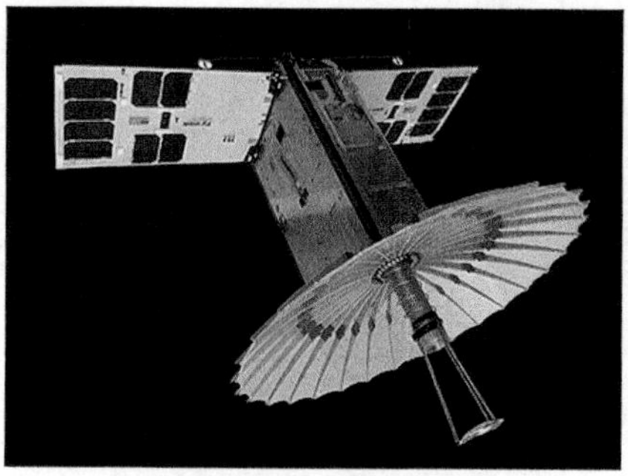

(a) 0.5m 径向肋网状天线[33]

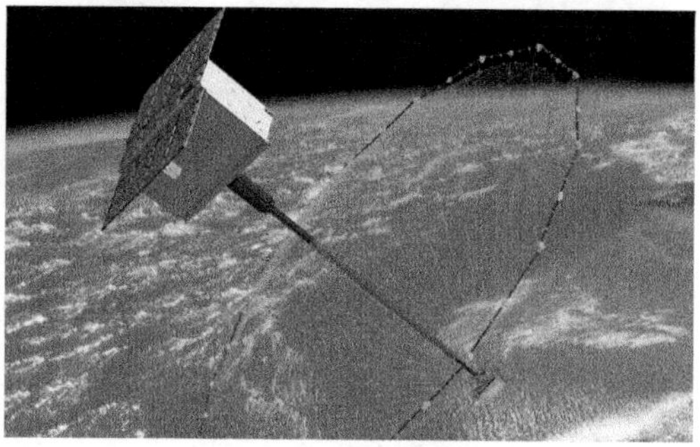

(b) 1m 环柱网状天线[34]

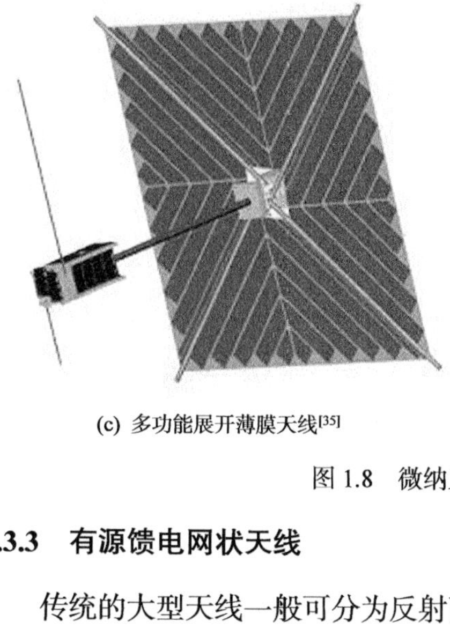

(c) 多功能展开薄膜天线[35]

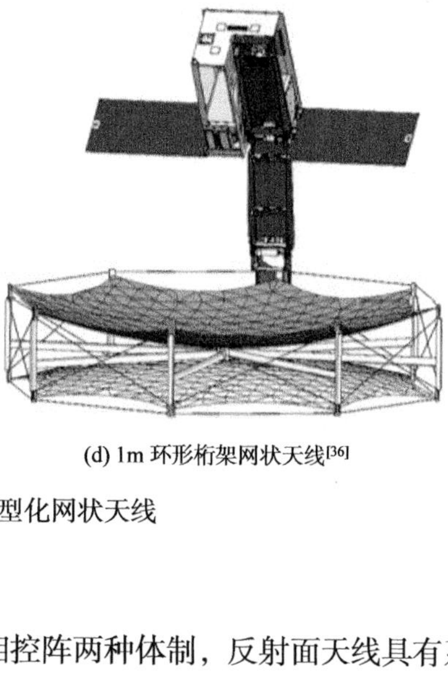

(d) 1m 环形桁架网状天线[36]

图 1.8　微纳卫星小型化网状天线

1.3.3　有源馈电网状天线

传统的大型天线一般可分为反射面和相控阵两种体制，反射面天线具有系统简单、质量小等特点；相控阵天线是天线领域重要的发展方向，其波束灵活、扫描速度快，但其系统相对复杂、质量大，难以在轨实现极大口径。因此，可以结合反射面及相控阵二者各自的优点，既实现一定范围的电扫描，又能通过反射面实现较大增益。图 1.9(a)所示的新一代卫星合成孔径雷达设计方案就是将相控阵作为抛物柱面网状天线的馈源，通过控制相控阵的激励实现波束的一维扫描和一维聚焦[37]。图 1.9(b)为 Alphasat 卫星，搭载了口径为 11m 的环形桁架网状天线，工作在 L 频段，馈源是由 120 个单元组成的相控阵，具有波束可重构能力，能够重构出大约 300 个点波束[26]。

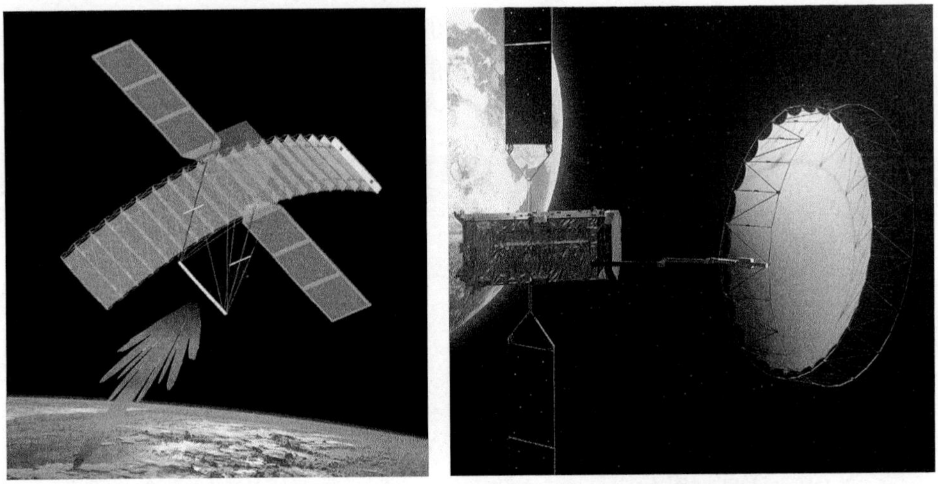

(a) 新一代卫星合成孔径雷达[37]　　(b) Alphasat 卫星[26]

图 1.9　有源馈电网状天线

1.4　空间网状天线反射面保形控性的关键技术

空间网状天线大口径意味着高分辨力和高信噪比，高形面精度意味着高射频频率、宽频带和高增益。一方面，高频段与高分辨力对大口径网状天线的结构性能提出了高稳定性和高形面精度的要求。另一方面，空间网状天线属于柔性结构的范畴，其结构复杂，目前安装与调整工艺尚不成熟，且工作于力场、热场与电场等多场耦合和大动载等极端恶劣空间工况，故其形面精度及稳定性很难保证。目前，研制空间网状天线的主要关键技术包括网面保形设计、多源误差与精度补偿、形面精度调整、模态参数识别、结构动力学与振动控制、在轨形面调控、结构性能相似等效等方面。

1.4.1　网面保形设计

空间网状天线的结构特点主要体现在其反射面上，图 1.10 展示了空间网状天线反射面的结构形式，分别为环形桁架索网结构和伞状索网结构。可以看出，金属反射网铺附在前索网上，形成真正意义上的天线反射面反射/接收电磁波。索网面作为反射网的主要支撑结构，其形面精度直接影响天线的电磁性能。因此，网面保形设计始终是研制空间网状天线不可回避的关键技术之一，包括网面拓扑构型综合、索网结构几何设计和索网结构形态设计等。

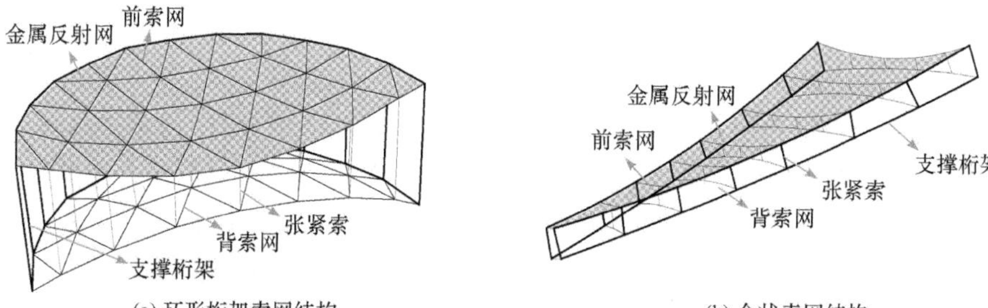

图 1.10　空间网状天线反射面的结构形式

1) 网面拓扑构型综合

为了保证空间网状天线的可展开特性，网状反射面是由运动不确定性的框架结构和静力不确定性的索网结构构成的一个静力确定性组集，索网结构的静力不确定性被耦合到框架结构的运动不确定性中。静力和运动确定性构型从拓扑结构上保证了网状形面在外荷载作用下的拓扑稳定性，而且易施加平衡预张力以获得所需的结构刚度。网状形面静力与运动确定性拓扑构型综合的关键是解决网状结构的静不定度与框架结构的动不定度间的耦合关系问题。

针对网状反射面拓扑构型综合问题，本书介绍 AstroMesh 天线和伞状网状天线的静力与运动确定性网面拓扑构型综合方法，以及几种新型静力与运动确定性网面拓扑构型。

2) 索网结构几何设计

在空间可展开网状天线的发展史上出现过许多索网形式，但是其根本在于利用索网结构形成一个完整的曲面，如旋转抛物面和抛物柱面等，这个曲面一般称为索网结构的前索网。前索网上的索网网格将反射面划分成一系列小区域，这些小区域拼合起来就实现了对理想曲面的几何拟合。因此，索网结构几何设计首先要确定索网网格的几何形状，如三角形网格、四边形网格、六边形网格等。确定网格形状之后，要解决的问题是如何生成一个具有几何尺度属性的索网，即计算出索网结构中每一个节点的坐标值。网状反射面的几何设计方法包括六棱锥三角形网格投影法[38]、平面投影设计法[39,40]、准测地线网格生成法[41]、测地线网格生成法[42,43]、二次曲面网格生成法[44,45]和考虑电性能的特殊网格生成法[44,45]。

针对网状反射面几何设计问题，本书介绍几种具有代表性的网状反射面几何设计的一般过程和方法，包括三向网格索网几何设计方法、测地线索网几何设计方法和二次曲面索网几何设计方法等。

3) 索网结构形态设计

索网结构是连接框架结构和金属反射网反射面的重要桥梁。框架结构为索网结构形成规则曲面起了支撑作用，为了使索网结构具有一定的刚度以持续保持规则曲面，则需要给每个索段施加一定的预张力，这个过程称为形态设计，又称为找形设计，常用的设计方法可分为三类：节点坐标已知索网结构的预张力设计、节点坐标与张力均未知索网结构的形态设计以及特殊形态设计方法。节点坐标已知索网结构的预张力设计与前文所述索网结构几何设计相对应，是指为节点坐标已知的几何索网设计平衡张力，使其具有保形的能力。国内外学者对这类预张力设计方法的研究较多，常用的方法有非线性有限元法[46]、遗传算法[47]、逆迭代算法[48]、动力松弛法[49]、极小二范数法[50,51]、两步法[52]等。节点坐标与张力均未知的索网结构利用张力与几何的耦合关系实现索网形态耦合设计，这样的设计方法有利于索网与张力的协调，最典型的是力密度法及其衍化方法[53-62]。力密度是指索段张力与索段长度(简称“索长”)之比，由此将节点力平衡非线性方程组转化为线性方程组，应用数值方法求解方程组得到索网平衡预张力。力密度算法在调整力密度的时候，索段张力与长度(或节点位置)同时变化。特殊形态设计方法是指在预张力设计时考虑其他的一些指标，使得索网天线得到更好的形面精度、更好的天线电性能，如考虑不确定性的索网结构预张力设计[63]，考虑蠕变的索网预张力设计[64,65]，考虑天线电性能的索网预张力设计[45]，以及考虑空间环境温度影响的索网预张力设计等。

本书以环形网状天线的形态设计为例，介绍一些通用、有效的形态设计方法，包括平面投影设计法、变力密度设计法、等力密度设计法、等张力设计法、力密度/有限元混合设计法、索网机/电耦合形态设计方法和不确定索网反射面预张力设计方法等。

1.4.2 空间网状天线多源误差与精度补偿

各种各样的空间任务对空间网状天线的精度提出了非常严格的要求，然而，工程实际中却存在多种不可避免的结构误差源。按照产生的不同阶段，误差可以归纳为设计阶段的面片拟合误差和网面反枕效应误差，装调阶段的索网结构不确定性误差，以及在轨服役阶段的网状天线性能退化误差等。

1) 面片拟合误差

空间网状天线以索网作为反射面的支撑结构，其形面精度的固有局限性是当金属反射网铺附在索网上时，在网格处会形成若干个小平面。由若干索网网格拼合而成的天线反射面势必与理想反射面之间存在一定的误差，通常称为索网反射面的面片拟合误差或几何原理误差。为确定面片合理形状与尺寸，需要建立面片几何参数与面片拟合误差间的对应关系，目前面片拟合误差计算方法有近似计算法[38]、经验公式法[66]和直接积分法[67]三类。近似计算法通过引入旋转抛物面的拟合球面，实现了正三角形网格的面片拟合误差估算。经验公式法通过修正正三角形面片拟合误差近似计算公式，实现四边形、六边形和楔形网格的面片拟合误差估算。直接积分法将实际网格与理想反射面的偏离程度在整个反射面积分，具有广泛的适用性和精确性。

本书介绍几种面片拟合误差的表征方式和计算方法，包括轴向误差、法向误差和半光程误差等。

2) 网面反枕效应误差

索网和金属反射网都是柔性结构，只有拉伸刚度，缺乏弯曲和剪切刚度，因此在预张力作用下金属反射网会出现反枕效应(负高斯曲率)，甚至褶皱现象。反枕效应作为网状可展开天线特有的变形模式，与拟合误差一样，同属于网状可展开天线的几何原理误差，本身不可避免，只能尽量减小。与面片拟合误差不同的是，网状天线的反枕效应不仅取决于索网网格大小及反射面曲率，还与索网和金属反射网的预张力密切相关。因此，如何精确地预测空间网状天线的反枕效应是高精度空间网状天线的一个重要课题。关于反枕效应的研究方法包括数值求解法[68-71]、经验公式法[72,73]和非线性有限元法[74]等。数值求解法从薄膜单元和索单元的弹性微分方程出发，采用数值求解方法实现反枕效应的计算。经验公式法通过实验和数据统计的手段，得出反枕误差与索/膜张力比的经验公式，基于经验公式实现对同类型网状天线的反枕效应估算。非线性有限元法将索膜单元进行网格细分，通过非线性静力学计算和预应力反复修正实现反枕效应仿真计算。

本书介绍三角形和四边形等一般索膜单元的反枕效应分析方法及其在空间网状天线误差计算中的应用。

3) 索网结构不确定性误差

在实际工程中，空间网状天线出于制造、人为和空间环境等原因，总会产生诸多不确定因素，如尺寸、角度、间隙等尺度不确定性，材料参数的不确定性，索网预张力施加的不确定性，空间环境的热载荷不确定性，以及计算模型与实际产品之间的误差不确定性等。求解空间网状天线不确定性误差的方法包括频率法[75]、经验公式法[76]、蒙特卡洛法[65,77]、概率有限元法[65,77]等。频率法基于瑞利-里兹原理建立了统计误差与结构在虚拟质量下固有频率的等式关系，用于限定构件的制造公差。经验公式法给定了四面体桁架结构、穹顶结构、径向肋结构以及预张力桁架结构的形面精度与单元制造误差标准差的近似公式。蒙特卡洛法考虑天线结构各构件制造公差的随机分布，通过抽样统计的方式对反射面的形面误差进行计算。概率有限元法将不确定性变量分解成均值和偏差两部分代入有限元模型中求解计算，针对空间网状天线反射面给定了形面精度、加工制造误差和热变形误差的统计分布特征参数的关系式。

本书介绍利用蒙特卡洛法和概率有限元法对空间网状天线反射面进行确定性误差和不确定性误差综合建模和分析的一般过程。

4) 网状天线性能退化误差

空间网状天线反射面通常采用具有高比强度、高比模量、耐疲劳等优异性能的芳纶、聚酰亚胺等纤维绳索。然而，由于纤维绳索存在黏弹性力学特性，在使用的过程中，索网结构往往出现蠕变、应力松弛等力学松弛现象，这就造成索段在长期持续载荷的作用下，材料会发生力学松弛现象，从而造成预应力损失，导致反射面的形面精度随着时间的推移变差，进而影响天线的使用性能和使用寿命。不少学者已经对纤维绳索的力学松弛行为展开研究，提出了各种各样的理论和模型，包括广义开尔文(Kelvin)模型[77]、Flory 模型[78,79]、Schapery 模型[80,81]、非线性黏弹性-黏塑性模型[82]等，但由于黏弹性力学特性的复杂性以及材料间差异性，通常需要大量的试验研究来确定本构模型及其特征参数。另外，与传统结构的设计不同，索网结构是一种柔性结构体系，表现出极强的几何非线性和状态非线性，其性能退化过程与几何状态、预应力水平、环境温度等因素均相关。目前，研究索网结构性能退化的方法包括改进动力松弛法[83]和非线性力密度法[84-86]等。改进动力松弛法在传统动力松弛法的基础上，引入了蠕变理论，通过在索网准静态求解过程中修正绳索长度的影响，实现了综合考虑几何非线性和材料非线性的预应力索网结构时变非线性分析。非线性力密度法将绳索的退化效应与索网力密度方程相结合，推导出非线性切线刚度矩阵用于时变非线性方程的求解，通过跟踪索网应力分布和形面几何形状的变化，获得索网结构的力学性能和精度演变规律。

本书介绍一种纤维绳索非线性黏弹性和蠕变/恢复行为的研究方法，一种时变非线性索网结构的力密度建模与求解方法，以及该方法在网状天线精度退化和补偿设计等方面的扩展应用。

1.4.3 空间网状天线形面精度调整

索网结构作为网状天线反射面的主要承载结构，其形面精度直接决定了网状天线的工作性能。尽管在设计阶段充分考虑了网状天线的形面精度要求，但网状天线在研制过程中不可避免地受到制造、装配等各类误差的影响。为了满足网状天线形面精度要求，必须对安装好的网状天线进行形面调整。

针对索网结构，目前国内外还没有形成一套有效快速的调整方法，其高精度的实现主要依靠人工调整。随着结构向高精度和大型化发展，索网反射面所需索段和节点数目逐渐增加，网面调整难度逐渐攀升，这主要源于索网结构以下几个特性：第一，索网结构属于柔性结构，只有通过施加预张力才能张成理想的反射面形状，并具有一定承受横向载荷的刚度，同时柔性索网结构具有几何非线性的特点，网面节点位移之间存在耦合关系，使得形面精度难以调节；第二，为了保证使用寿命，工程上选用芳纶等具有高模量、低热膨胀系数等力学性能的绳索材料，在生产过程中微小的加工制造误差将导致绳索非常大的预张力加载偏差；第三，索网结构同一个几何状态所对应的索网预张力组合不是唯一的，使得在调整过程中索网结构当前状态难以测量。

另外，在实际工程中，由于制造和环境等因素，不可避免地存在各种随机误差，如结构尺寸加工误差、预张力施加误差、装配间隙和材料参数的不确定性。同时，样机只有部分状态信息是可以测量得到的，很多状态信息是不容易获得的。例如，由于前网面或桁架的遮挡，背网面节点的坐标难以测得，同时由于设备测量误差的影响，所能测得的信息与实际模型存在差异性，受限于测量水平及测量条件，工程人员往往只能测得部分物理信息。大规模索网张力的测量非常困难，因此无法为网状天线建立精确的仿真模型。

为了提高网状反射面形面精度，众多学者在提高调整效率和精度方面做了许多研究，试图寻找一种可以在较少的工作量下实现形面误差快速调整的策略，用于指导调整工作，从而尽可能地提高调整效率。用于研究网状反射面形面调整的方法有线性调整算法[87,88]、基于优化技术的调整算法[89,90]、区间力密度法[91]、敏度分析法[92]和基于机器学习的智能调整方法[93-95]几大类。线性调整算法是基于索网结构的线性数学模型,忽略索网结构几何非线性特性发展起来的一类调整算法，通常可以通过公式变换直接得到调整量与形面误差量之间的表达式。基于优化技术的调整算法是将优化算法与索网结构非线性数学模型相结合的一类算法。区间力密度法将不确定性变量处理为区间变量，基于力密度法建立索网结构的区间模型，并建立包含区间变量的优化模型来计算最佳索长和索力。敏度分析法包括摄动法和蒙特卡洛法，对索长变化进行敏感性分析，由此对索网天线形面进行调整，结果表明，通过改变索段长度可以控制索网天线的表面形状，在不影响天线表面其他部分形状的前提下，可以改善天线局部表面变形。基于机器学习的智能调整方法是利用神经网络和支持向量机等机器学习方法，建立索段调整量与形面精度的映射关系，再结合优化算法实现最速调整量的快速计算。

本书介绍基于区间力密度法的不确定索网反射面形面调整方法和基于机器学习的智能调整方法。

1.4.4 空间网状天线模态参数识别

模态参数识别是空间网状天线健康监测、动态精度分析及调控的基础。模态参数表征了结构的固有动态特性，可以由计算或实验分析获得。实验模态分析可分为测力法和不测力法。不测力法也称环境振动模态分析或运行模态分析。经典的测力法利用频域的频响函数或时域的脉响函数进行估计，需要先测频响函数，也就是响应与力的傅里叶变换之比，因此必须用激振器或激振锤施加并测量激励力。但是，对于大型空间结构，很难使用测力法识别结构模态。基于环境振动的模态分析法可以很好地解决这个难题，只需利用系统的响应数据，就可估计出固有频率、阻尼比、振型三种模态参数。

基于环境振动的模态分析法，按识别信号域不同可分为时域识别方法、频域识别方法和时频域识别方法；按激励信号可分为平稳随机激励和非平稳随机激励(有的方法假设环境激励为白噪声激励)；按信号的测取方法可分为单输入多输出和多输入多输出；按识别方法特性可分为时间序列法、随机减量法、自然激励技术(natural excitation technique, NExT)、特征系统实现算法(eigensystem realization algorithm, ERA)、随机子空间法、模态函数分解法、峰值拾取法、频域分解法及联合时频方法等。峰值拾取法属于频域识别方法，主要根据结构频率响应函数的峰值来估计固有频率，其操作简单、识别迅速，但是无法识别密集模态，无法获取固有振型，且仅用于实模态和比例阻尼的情况。频域分解法[96]是白噪声激励下的频域识别方法，是峰值拾取法的延伸。它克服了峰值拾取法的一些不足，但是仅适合系统结构阻尼比较小，所受激励为白噪声的情况。时间序列法是利用参数模型对有序的随机数据进行处理的一种方法。利用这种方法识别参数无能量泄漏，分辨率高，但识别的精度对噪声、采样频率都比较敏感，鲁棒性差，不利于处理较大数据量，定阶问题没有很好解决。随机减量法利用样本平均法去掉响应中的随机成分，获得初始激励下的自由衰减响应，然后依据自由衰减信号识别出结构的频率振型等。它并不是模态识别的直接方法，可在获得自由响应之后结合Ibrahim 时域方法等进行参数识别。该方法仅适用于白噪声激励的情况，且存在阶数确定困难、低阶模态参数识别精度低等缺点。NExT 的基本思想是根据白噪声环境激励下结构两点之间响应的互相关函数和脉冲响应函数有相似的表达式，求得两点之间响应的互相关函数后，运用时域中模态识别方法进行模态参数识别。NExT 由于在识别参数时没有自己的计算公式，完全借助于传统模态分析方法的一些公式，因此使用公式不同，识别的精度也不同。ERA[97]是一种多输入多输出的时域模态参数辨别方法，利用结构的自由振动响应数据或脉冲激励响应数据识别结构振动模态。这个方法通过估计状态方程的系数矩阵来识别结构的模态参数，但该方法的实现要求系统的输出是受脉冲激励作用的系统响应或者结构的自由振动响应。随机子空间法[98]是基于线性系统离散状态空间方程的识别方法，适用于线性结构平稳激励下的参数识别，对输出噪声有一定的抗干扰能力，但计算量大，具体是汉克尔(Hankel)矩阵和状态空间方程的阶数选取，同时可能出现虚假模态。

该方法充分利用了矩阵正交三角(QR)分解、奇异值分解(SVD)、最小二乘法等非常强大的数学工具，这使得该方法理论非常完善、算法非常强大，可以非常有效地进行环境振动激励下的参数识别，是目前最先进的结构环境振动模态参数识别方法。

本书介绍空间网状天线模态参数识别的随机子空间法和 ERA。

1.4.5　空间网状天线结构动力学与振动控制

空间结构主要有两类非线性动力学建模思路。一类建模思路是，基于连续体等效方法将离散框架和索网结构等效为单一连续体，根据一定准则确定等效连续体模型的待定力学参数。国外，Noor 等[99]基于能量等效原理将周期性铰接框架结构分别等效为类梁式与类板式结构，给出了相应等效模型的刚度和质量矩阵。基于薄膜等效模型，Irvine[100]与 Bathish[101]分别研究了矩形与圆形索网结构以及平面与双曲抛物面正交索网结构的自由振动特性。国内，基于能量等效原理，南京航空航天大学金栋平教授团队将环形天线抛物面索网结构等效为张力均匀的各向同性抛物面薄膜[102]，哈尔滨工业大学郭宏伟教授团队、北京工业大学张伟教授团队分别建立了环形天线桁架结构的等效环形梁模型[103]、薄壁圆柱壳模型[104]。另一类建模思路是基于有限元的离散计算方法。Shi 等[105]基于刚性框架结构假设，研究了几何非线性索网反射面的热弹耦合模型，通过准静态线性化技术分析了索网反射面的固有频率与模态。Agarwal 等[106]基于非线性有限单元法，提出了弹性框架结构非线性动响应迭代分析方法。哈尔滨工业大学邓宗全院士团队考虑框架结构的弹性变形，分析了索肋张拉式折展天线索网结构的频率和振型[107]。

基于不同动力学建模思路，空间结构存在不同的振动控制方法。基于连续体等效建模的振动控制，Lamberson 等[108]设计了空间大型框架结构等效板模型的降阶反馈控制器。Salehian 等[109]建立了伸展臂式天线支撑框架结构的等效梁模型，并设计了其二次型调节控制器。南京航空航天大学金栋平教授团队采用谱分解方法，设计了大型空间结构等效模型的二次型最优控制器[110]。基于有限元建模的振动控制，Angeletti 等[111]提出了空间天线结构微振动的位置和速度反馈控制器设计方法。西安电子科技大学李团结教授团队提出了基于压电陶瓷的主动绳索概念，研究了索网反射面的 H_2 控制器优化配置方法[112]。基于智能构件概念，大连理工大学吴志刚教授团队提出了径向肋索网天线反射面的模型预测主动控制方法[113]。上海大学解杨敏等[114]基于准静态假设，研究了大型索网反射面 H_∞ 鲁棒控制器，并采用增益调度控制方法补偿热扰动的影响。上述研究主要为线性模态基控制方法，即通过建立的动力学模型提取模态信息，构建状态空间模型进行振动控制。此外，国内外学者还探索研究了基于线性波动动力学的控制方法。北京理工大学胡更开教授团队采用波边界控制策略，研究了平面线性张紧弦结构的波动主动控制方法[115]。上海交通大学蔡国平教授团队基于波衰减方法，设计了大型薄膜结构的边界控制器[116]。

本书介绍一种空间网状天线基于波动的非线性动力学建模与控制方法。

1.4.6 空间网状天线在轨形面调控

在轨形面调控是保证服役环境下网状反射面天线形面精度的必要手段，涉及反射面形面形状测量与重构，以及调整用作动器研制等研究内容。网状天线的形面测量方法主要包括基于光学原理的摄影测量法和射电全息法[117]。摄影测量法是基于高精度相机三角测量的一种非接触测量方法，需要大量相机进行精确测量[118-120]。射电全息法基于连续天线电场幅度和相位数据反演出反射面的轴向变形[121,122]。

现有空间使用的作动器主要包括形状记忆合金作动器[123]、音圈电机、超声电机[124]、压电陶瓷(PZT)作动器[125]等类型。PZT 作动器具有响应速度快、输出精度高、抗电磁干扰能力强等优点，已广泛应用于空间结构的形状调整与振动控制领域。PZT 作动器分为直驱式、黏滑式[126]、惯性冲击式[127]和尺蠖式[128]四类。直驱式是指基于逆压电效应直接驱动压电陶瓷叠堆。黏滑式主要由压电陶瓷驱动器、摩擦块和滑块构成，其中压电陶瓷与摩擦块固定连接。惯性冲击式通过压电陶瓷快速伸展，推动质量块向某个方向移动，带动主体往前移动。这种驱动方式可以通过调整驱动电压的大小控制主体移动距离。该类作动器的移动距离为纳米级。当压电陶瓷伸长时，推动摩擦块带动滑块移动；随后 PZT 快速回撤，滑块与摩擦块之间产生滑动，完成位移驱动。尺蠖式基于仿生学原理，模拟自然界中尺蠖的爬行，具有大行程的优点。

本书介绍一种基于电磁性能信息的索网反射面离散节点重构方法[129,130]和一种尺蠖式作动器[131]。

1.4.7 空间网状天线结构性能相似等效

为了充分验证网状天线的可靠性，其展开过程及性能的测试过程必须充分模拟太空环境。但是，随着天线口径越来越大，测试场地建造成本越来越高，零重力环境模拟设备研制越来越困难。为此，需要考虑一种结合结构特征、测试验证和预测分析的综合方法来解决该问题。

本书介绍一种基于缩比模型的空间网状天线地面测试和性能等效分析方法。

参考文献

[1] ROEDERER A G, RAHMAT-SAMII Y. Unfurlable satellite antennas: A review[J]. Annales of Télécommunications, 1989, 44(9): 475-488.

[2] 宋燕平. 美国的信号情报侦察卫星[J]. 空间电子技术, 1999(1): 46-55.
[3] 魏京华. 通信技术试验卫星一号发射成功[J]. 中国航天, 2015(10): 7.
[4] 高菲. 天通一号 01 星开启中国移动卫星终端手机化时代[J]. 卫星应用, 2016(8): 73.
[5] 吴伟仁, 王琼, 唐玉华, 等. "嫦娥 4 号"月球背面软着陆任务设计[J]. 深空探测学报, 2017, 4(2): 111-117.
[6] 刘基余. 北斗卫星导航系统的现况与发展[J]. 遥测遥控, 2013, 34(3): 1-8.
[7] 邵锦成. 伽利略空间探测计划[J]. 中国航天, 1990(3): 22-25.
[8] SEMLER D, TULINTSEFF A, SORRELL R, et al. Design, integration, and deployment of the terrestar 18-meter reflector[C]. 28th AIAA International Communications Satellite Systems Conference (ICSSC-2010), Anaheim, USA, 2010.
[9] ROBERT E F, RICHARD G H. Deployable antenna structures technologies [EB/OL]. [2024-1-26]. https://kiss.caltech.edu/workshops/apertures/presentations/freeland.pdf.
[10] FAGER J A, HAMILTON E C. Large erectable antenna for space application final report[R]. National Aeronautics and Spaces Administration, 1969.
[11] 禹卫东, 杨汝良, 邓云凯, 等. HJ-1-C 卫星合成孔径雷达载荷的设计与实现[J]. 雷达学报, 2014, 3(3): 256-265.
[12] MA X, LI T, MA J, et al. Recent advances in space-deployable structures in China[J]. Engineering, 2022, 17(10): 207-219.
[13] IMBRIALE W A, GAO S S, BOCCIA L. Space Antenna Handbook[M]. New York: Wiley, 2012.
[14] TOLEDO G A, MONNIER D, BEAHN J, et al. Scalable high compaction ratio mesh hoop column deployable reflector system: US9608333[P]. 2017-03-28.
[15] TIBERT G. Deployable tensegrity structures for space applications[D]. Stockholm: Royal Institute of Technology, 2002.
[16] BRAUN T M. Satellite Communications Payload and System[M]. New York: Wiley, 2012.
[17] THOMSON M W. The AstroMesh deployable reflector[C]. IEEE Antennas and Propagation Society International Symposium, 1999 Digest. Held in Conjunction with: USNC/URSI National Radio Science Meeting (Cat. No. 99CH37010), Orlando, USA, 1999, 3: 1516-1519.
[18] SUENAGA M. Satellite digital multimedia mobile broadcasting (S-DMB) system[J]. International Journal of Satellite Communications and Networking, 2008, 26(5): 381-390.
[19] GRAY H, PROVOST S, GLOGOWSKI M, et al. Inmarsat 4F1 plasma propulsion system initial flight operations[C]. 29th International Electric Propulsion Conference, Princeton, USA, 2005: 1-14.
[20] ANONYMOUS. SMAP deploys antenna[EB/OL]. [2015-02-26]. https://spaceref.com/earth/ smap-deploys-antenna/.
[21] ROA M A, NOTTENSTEINER K, WEDLER A, et al. Robotic technologies for in-space assembly operations[C]. Advanced Space Technologies in Robotics and Automation (ASTRA), Leiden, Netherlands, 2017: B5_14.
[22] NASA. On-orbit satellite servicing study, project report: NP-2020-08-162-GSFR[R]. Washington D.C.: NASA Goddard Space Flight Center, 2010.
[23] ALHORN D C. Autonomous assembly of modular structures in space and on extraterrestrial locations[C]//AIP Conference Proceedings. American Institute of Physics, 2005: 1121-1128.
[24] BOYD I D, BUENCOSJO R S, PISKORZ D, et al. On-orbit Manufacturing and Assembly of Spacecraft[M]. Alexandria: IDA Science & Technology Policy Institute, 2017.
[25] 梁斌, 徐文福, 李成,等. 地球静止轨道在轨服务技术研究现状与发展趋势[J]. 宇航学报, 2010, 31(1): 1-13.
[26] HEARD J R, WATSON J J, LAKE M S, et al. Tests of an alternate mobile transporter and extravehicular activity

assembly procedure for the space station freedom truss: NASA-TP-3254 [R]. Washington D.C.: NASA Langley Technical Report Server, 2000.

[27] HENRY C. Maxar wins $142 million NASA robotics mission[EB/OL]. [2020-01-31]. https:// spacenews.com/maxar-wins-142-million-nasa-robotics-mission/.

[28] MARTIN D. In-space telescope assembly[EB/OL]. [2014-06-06]. https://www-robotics.jpl.nasa. gov/ gallery/in-space-telescope-assembly/.

[29] BOYD J. How satellites will 3D print their own antennas in space[EB/OL]. [2022-06-03]. https://spectrum.ieee.org/3d-printing-space-satellite-antennas.

[30] WERNER D. 3-D printing and in-orbit manufacturing promise to transform space missions [EB/OL]. [2017-08-22]. https://spacenews.com/3-d-printing-and-in-orbit-manufacturing-promise-to- transform-space-missions/.

[31] STROUT N. Pentagon science office launches program to develop manufacturing in space ... and on the moon [EB/OL]. [2021-02-10]. https://www.c4isrnet.com/battlefield-tech/space/2021/02/09/darpa-launches-new-program-to-develop-manufacturing- in-spaceand-on-the-moon/.

[32] RABIE P. Space startup wants to build a manufacturing platform in low earth orbit[EB/OL]. [2022-12-13]. https://gizmodo.com/space-space-junk-think-orbit-think-platform-1849887942.

[33] HOYT R, CUSHING J, SLOSTAD J. SpiderFab™: Process for on-orbit construction of kilometer scale apertures[R]. NASA Report, 2013.

[34] CHAHAT R, HODGES R E, SAUDER J, et al. CubeSat deployable Ka-band mesh reflector antenna development for earth science missions[J]. IEEE Transactions on Antennas and Propagation, 2016, 64(6): 2083-2093.

[35] HODGES R E, HOPPE D J, RADWAY M J, et al. Novel deployable reflectarray antennas for CubeSat communications[C]. 2015 IEEE MTT-S International Microwave Symposium (IMS2015), Phoenix, USA, 2015.

[36] IKEYA K, SAKAMOTO H, NAKANISHI H, et al. Significance of 3U CubeSat OrigamiSat-1 for space demonstration of multifunctional deployable membrane[J]. Acta Astronautica, 2020, 173: 363-377.

[37] RAHMAT-SAMII Y, WANG J, ZAMORA J, et al. A large aperture parabolic cylinder deployable mesh reflector antenna for next-generation satellite synthetic aperture radar[C]. 2023 IEEE International Symposium on Antennas and Propagation and USNC-URSI Radio Science Meeting (USNC-URSI), Portland, USA, 2023: 1723-1724.

[38] AGRAWAL P K, ANDERSON M S, CARD M F. Preliminary design of large reflectors with flat facets[J]. IEEE Transactions on Antennas and Propagation, 1981, 29(4): 688-694.

[39] 杨东武, 尤国强, 保宏. 抛物面索网天线的最佳型面设计方法[J]. 机械工程学报, 2011, 47(19): 123-128.

[40] YANG D W, YOU G Q, BAO H. Best geometry design method for paraboloid reflectors of mesh antenna[J]. Journal of Mechanical Engineering, 2011, 47(19): 123-128.

[41] SHI H, YUAN S C, YANG B G. New methodology of surface mesh geometry design for deployable mesh reflectors[J]. Journal of Spacecraft & Rockets, 2018, 55(2): 266-281.

[42] DENG H Q, LI T J, WANG Z W. Design of geodesic cable net for space deployable mesh reflectors[J]. Acta Astronautica, 2016, 119: 13-21.

[43] 邓汉卿. 空间可展开索网天线的机构构型综合与形面设计方法研究[D]. 西安: 西安电子科技大学, 2016.

[44] CHEN C, LI T, TANG Y. Mesh generation of elliptical aperture reflectors[J]. Journal of Aerospace Engineering, 2019, 32(4): 04019025.

[45] 陈聪聪. 空间可展开网状天线高精度型面设计方法[D]. 西安: 西安电子科技大学, 2022.

[46] HAUG E, POWELL G H. Analytical shape finding for cable nets[C]. Proceedings of IASS Pacific Symposium Part,

Tokyo and Kyoto, Japan, 1972: 1-5.
[47] 李团结, 周懋花, 段宝岩. 可展天线的柔性索网结构的找形分析方法[J]. 宇航学报, 2008, 29(3): 794-798.
[48] MA X F, SONG Y P, LI T J, et al. Mesh reflector antennas: Form-finding analysis review[C]. 54th AIAA/ASME/ASCE/AHS/ASC Structures, Structural Dynamics, and Materials Conference, Boston, USA, 2013: 1576.
[49] BARNES M R. Form finding and analysis of tension structures by dynamic relaxation[J]. International Journal of Space Structures, 1999, 14(2): 89-104.
[50] 杨东武. 星载大型可展开索网天线结构设计与型面调整[D]. 西安: 西安电子科技大学, 2010.
[51] 曹玉岩. 大型柔性智能索网结构的形态分析与型面主动调整[D]. 西安: 西安电子科技大学, 2012.
[52] 林占超. 空间网状天线几何设计与形态分析[D]. 西安: 西安电子科技大学, 2013.
[53] LINKWITZ D I K, SCHEK H J. Einige bemerkungen zur berechnung von vorgespannten seilnetzkonstruktionen[J]. Ingenieur-Archiv, 1971, 40(3): 145-158.
[54] SCHEK H J. The force density method for form finding and computation of general networks[J]. Computer Methods in Applied Mechanics and Engineering, 1974, 3(1): 115-134.
[55] TIBERT A G, PELLGRINO S. Deployable tensegrity reflectors for small satellites[J]. Journal of Spacecraft and Rockets, 2002, 39(5): 701-709.
[56] PELLEGRINO S, TIBERT A G. Review of form-finding methods for tensegrity structures[J]. International Journal of Space Structures, 2003, 18(4): 209-223.
[57] TANAKA H, NATORI M C. Shape control of space antennas consisted of cable networks[J]. Acta Astronautica, 2004, 55(319): 519-527.
[58] TANAKA H, NATORI M C. Shape control of cable-network structures based on concept of self-equilibrated stresses[J]. Jsme International Journal, 2006, 49(4): 1067-1072.
[59] TANAKA H, SHIMOZONO N, NATORI M C. A design method for cable network structures considering the flexibility of supporting structures[J]. Transactions of the Japan Society for Aeronautical & Spaceences, 2008, 50(170): 267-273.
[60] ZHANG J Y, OHSAKI M. Adaptive force density method for form-finding problem of tensegrity structures[J]. International Journal of Solids and Structures, 2006, 43(18-19): 5658-5673.
[61] MORTEROLLE S, MAURIN B, QUIRANT J, et al. Numerical form-finding of geotensoid tension truss for mesh reflector[J]. Acta Astronautica, 2012, 76(4): 154-163.
[62] 范叶森, 李团结, 马小飞, 等. 一种等张力空间索网结构找形方法[J]. 西安电子科技大学学报: 自然科学版, 2015, (1): 49-55.
[63] LI T J, DENG H Q, TANG Y Q, et al. Accuracy analysis and form-finding design of uncertain mesh reflectors based on interval force density method[J]. Proceedings of the Institution of Mechanical Engineers, Part G: Journal of Aerospace Engineering, 2017, 231(11): 2163-2173.
[64] TANG Y Q, LI T J. Equivalent-force density method as a shape-finding tool for cable-membrane structures[J]. Engineering Structures, 2017, 151: 11-19.
[65] 唐雅琼. 空间网状天线多源误差与形面稳定性研究[D]. 西安: 西安电子科技大学, 2017.
[66] HEDGEPETH J M. Accuracy potentials for large space antenna reflectors with passive structure[J]. AIAA, 1982, 19(3): 211-217.
[67] 陈聪聪, 李团结, 唐雅琼. 网状反射面天线原理误差计算方法[J]. 机械工程学报, 2022, 58(7): 176-182.
[68] PRATA A, RUSCH W V T, MILLER R K. Mesh pillow in deployable front-fed umbrella parabolic reflectors[C].

Digeston Antennas and Propagation Society International Symposium, San Jose, USA, 1989: 254-257.
[69] TANIZAWA T, NISIMURA J. Pillow deformation of a mesh reflector[J]. Journal of the Japan Society for Aeronautical and Space Sciences, 1996, 44(508): 291-298.
[70] 张树新, 李鹏, 杨东武, 等. 考虑枕效应的网状可展开天线电性能预测[J]. 电子学报, 2014, 42(7): 1446-1451.
[71] TANG Y Q, LI T J, MA X F. Pillow distortion analysis for a space mesh reflector antenna[J]. AIAA Journal, 2017, 55(9): 3206-3213.
[72] ANDO K. Analyses of cable-membrane structure combined with deployable truss[J]. Computers & Structures, 1999, 74(1): 21-39.
[73] MEGURO A, HARADA S, WATANABE M. Key technologies for high-accuracy large mesh antenna reflectors[J]. Acta Astronautica, 2003, 53(11): 899-908.
[74] DATASHVILI L, BAIER H, SCHIMITSCHEK J, et al. High precision large deployable space reflector based on pillow-effect-free technology[C]. 48th AIAA/ASME/ASCE/AHS/ASC Structures, Structural Dynamics, and Materials Conference, Honolulu, Hawaii, 2007: 2186.
[75] HEDGEPETH J M. Influence of fabrication tolerances on the surface accuracy of large antenna structure[J]. AIAA Journal, 1981, 20(5): 680-686.
[76] MOBREM M. Methods of analyzing surface accuracy of large antenna structures due to manufacturing tolerances[C]. 44th AIAA/ASME/ASCE/AHS/ASC Structures, Structural Dynamics, and Materials Conference, Norfolk, USA, 2003: 1453.
[77] TANG Y Q, LI T J, WANG Z W, et al. Surface accuracy analysis of large deployable antennas[J]. Acta Astronautica, 2014, 104(1): 125-133.
[78] FLORY J F, AHJEM V, BANFIELD S J. A new method of testing for change-in-length properties of large fiber-rope deepwater mooring lines[C]. Offshore Technology Conference, Houston, USA, 2007.
[79] FLORY J F, BANFIELD S P, PETRUSKA D J. Defining, measuring, and calculating the properties of fiber rope deepwater mooring lines[C]. Offshore Technology Conference, Houston, USA, 2004.
[80] HUANG W, LIU H X, LIAN Y S, et al. Modelling nonlinear creep and recovery behaviors of synthetic fiber ropes for deep water moorings[J]. Applied Ocean Research, 2003, 39: 113-120.
[81] CHAILLEUX E, DAVIES P. Modelling the nonlinear viscoelastic and viscoplastic behaviour of aramid fibre[J]. Mechanics of Time-Depentent Materials, 2003, 7(3/4): 291-303.
[82] CHAILLEUX E, DAVIES P. A nonlinear viscoelastic viscoplastic model for the behaviour of polyester fibres[J]. Mechanics of Time-Dependent Materials, 2005, 9(2/3): 147-160.
[83] KMET S, MOJDIS M. Time-dependent analysis of cable domes using a modified dynamic relaxation method and creep theory[J]. Computers and Structures, 2013, 125: 11-22.
[84] KMET S, MOJDIS M. Time-dependent analysis of cable nets using a modified nonlinear force-density method and creep theory[J]. Computers and Structures, 2015, 148: 45-62.
[85] TANG Y Q, LI T J, MA X F. Form finding of cable net reflector antennas considering creep and recovery behaviors[J]. Journal of Spacecraft and Rockets, 2016, 53(4): 610-618.
[86] TANG Y Q, LI T J, MA X F. Creep and recovery behavior analysis of space mesh structures[J]. Acta Astronautica, 2016, 128: 455-463.
[87] YOU Z. Displacement control of prestressed structures[J]. Computer Methods in Applied Mechanics and Engineering, 1997, 144(1-2): 51-59.

[88] 陈庚超. 柔性天线反射面调整技术[J]. 机械设计与制造, 2003(6): 67-68.
[89] DU J L, ZONG Y L, BAO H. Shape adjustment of cable mesh antennas using sequential quadratic programming[J]. Aerospace Science and Technology, 2013, 30(1): 26-32.
[90] 刘晓, 吴明儿, 张华振. 基于最速下降法的可展开索网天线型面调整方法[J]. 中国空间科学技术, 2018, 38(3): 1-7.
[91] LI T J, TANG Y Q, ZHANG T. Surface adjustment method for cable net structures considering measurement uncertainties[J]. Aerospace Science and Technology, 2016, 59: 52-56.
[92] MITSUGI J, MIURA K, YASAKA T. Shape control of the tension truss antenna[J]. AIAA Journal, 1990, 28 (2): 316-322.
[93] 周阳, 张淑杰, 张华振. 基于人工神经网络的反射器型面精度预测[J]. 中国空间科学技术, 2014, 34(6): 51-56.
[94] 何超. 环形肋天线结构设计与形面调整研究[D]. 西安: 西安电子科技大学, 2019.
[95] TANG Y Q, LI T J, LIU Y, et al. Minimization of cable-net reflector shape error by machine learning[J]. Journal of Spacecraft and Rockets, 2019, 56(6): 1757-1764.
[96] 傅志方, 华宏星. 模态分析理论与应用[M]. 上海: 上海交通大学出版社, 2000.
[97] JUANG J N, PAPPA R S. Effects of noise on modal parameters identified by the eigensystem realization algorithm[J]. Journal of Guidance, Control and Dynamics, 1986, 9(3): 294-303.
[98] PEETERS B, ROECK G. Reference-based stochastic subspace identification for output-only modal analysis[J]. Mechanical Systems and Signal Processing, 1999, 13 (6): 855-878.
[99] NOOR A K, ANDERSON M S, GREENE W H. Continuum models for beam- and platelike lattice structures[J]. AIAA Journal, 1978, 16(12): 1219-1228.
[100] IRVINE H M. Cable Structures[M]. Cambridge: MIT Press, 1981.
[101] BATHISH G N. Free vibrational characteristics of pretensioned cable roofs[J]. Journal of Engineering for Industry, 1972, 94(1): 31-37.
[102] 刘福寿. 大型空间结构动力学等效建模与振动控制研究[D]. 南京: 南京航空航天大学, 2015.
[103] GUO H W, SHI C, LI M, et al. Design and dynamic equivalent modeling of double-layer hoop deployable antenna[J]. International Journal of Aerospace engineering, 2018, (4): 1-15.
[104] 张伟, 刘宏利, 郭翔鹰. 考虑间隙运动副的桁架单胞等效建模与分析[J]. 动力学与控制学报, 2018, 16(2): 136-143.
[105] SHI H, YANG B, THOMSON M, et al. A nonlinear dynamic model and free vibration analysis of deployable mesh reflectors[C]. 52nd AIAA/ASME/ASCE/AHS/ASC Structures, Structural Dynamics and Materials Conference, Denver, USA, 2011: 1999.
[106] AGARWAL P, MALLA R B. Nonlinear dynamic failure analysis of truss structures at normal and elevated temperatures[C]. 47th AIAA/ASME/ASCE/AHS/ASC Structures, Structural Dynamics, and Materials Conference, Newport, USA, 2006: 2102.
[107] 刘瑞伟, 郭宏伟, 刘荣强, 等. 大口径索肋张拉式折展天线索网结构动力学特性分析[J]. 机械工程学报, 2019, 55(12): 1-8.
[108] LAMBERSON S E, YANG T Y. Continuum plate finite elements for vibration analysis and feedback control of space lattice structures[J]. Computers & Structures, 1985, 20(1-3): 583-592.
[109] SALEHIAN A, SEIGLER T M, INMAN D J. Control of the continuum model of a large flexible space structure[C]. ASME 2006 International Mechanical Engineering Congress and Exposition, Chicago, USA, 2006: 561-570.

[110] 胡海岩，田强，张伟，等. 大型网架式可展开空间结构的非线性动力学与控制[J]. 力学进展，2013，43(4): 390-414.

[111] ANGELETTI F, GASBARRIA P, SABATINIB M. Optimal design and robust analysis of a net of active devices for micro-vibration control of an on-orbit large space antenna[J]. Acta Astronautica, 2019, 164: 241-253.

[112] WANG Z W, LI T J. Optimal piezoelectric sensor/actuator placement of cable net structures using H_2-norm measures[J]. Journal of Vibration and Control: JVC, 2014, 20(8): 1257-1268.

[113] 寻广彬. 星载径向肋索网天线结构设计分析与形状主动控制[D]. 大连：大连理工大学, 2019.

[114] XIE Y M, SHI H, ALLEYNE A, et al. Feedback shape control for deployable mesh reflectors using gain scheduling method[J]. Acta Astronautica, 2016, 121: 241-255.

[115] ZUO S, LIU Y, ZHANG K, et al. Wave boundary control method for vibration suppression of large net structures[J]. Acta Mechanica, 2019, 230: 3439-3456.

[116] LIU X, HUA Z, LV L L, et al. Wave based active vibration control of a membrane antenna structure[J]. Meccanica: Journal of the Italian Association of Theoretical and Applied Mechanics, 2018, 53(11/12): 2793-2805.

[117] TAN H, BAI X, LIN G. Surface accuracy measurement and analysis of an inflatable antenna by photogrammetry[J]. IEEE, 2011, 2: 1122-1124.

[118] ROCHBLATT D J. A microwave holography methodology for diagnostics and performance improvement for large reflector antennas[J]. The Telecommunications and Data Acquisition Report, 1992, 235-252.

[119] RAHMAT-SAMII Y. Microwave holography of large reflector antennas–simulation algorithms[J]. IEEE Transactions on Antennas and Propagation, 1985, 33(11): 1194-1203.

[120] UKITA N, SAITO M, EZAWA H. Design and performance of the ALMA-J prototype antenna[C]. Ground-based Telescopes, SPIE, Glasgow, United Kingdom, 2004: 1085-1093.

[121] BAARS J W M, LUCAS R, MANGUM J G, et al. Near-field radio holography of large reflector antennas[J]. IEEE Antennas and Propagation Magazine, 2007, 49(5): 24-41.

[122] SERRA G, BOLLI P, BUSONERA G, et al. The microwave holography system for the Sardinia radio telescope[C]. Ground-based and Airborne Telescopes Ⅳ, SPIE, Amsterdam, Netherlands, 2012: 1877-1891.

[123] KALRA S, BHATTACHARYA B, MUNJAL B S. Design of shape memory alloy actuated intelligent parabolic antenna for space applications[J]. Smart Materials and Structures, 2017, 26(9): 095015.

[124] HUANG Z, SHI S, CHEN W, et al. Development of a novel spherical stator multi-DOF ultrasonic motor using in-plane non-axisymmetric mode[J]. Mechanical Systems and Signal Processing, 2020, 140: 106658.

[125] CHEN F X, DONG W, YANG M, et al. A PZT actuated 6-DOF positioning system for space optics alignment[J]. IEEE/ASME Transactions on Mechatronics: A Joint Publication of the IEEE Industrial Electronics Society and the ASME Dynamic Systems and Control Division, 2019, 24(6): 2827-2838.

[126] ZHANG Y K, PENG Y X, SUN Z X, et al. A novel stick-slip piezoelectric actuator based on a triangular compliant driving mechanism[J]. IEEE Transactions on Industrial Electronics, 2018, 66(7): 5374-5382.

[127] DENG J, LIU Y X, CHEN W S, et al. Development and experiment evaluation of an inertial piezoelectric actuator using bending-bending hybrid modes[J]. Sensors and Actuators A: Physical, 2018, 275: 11-18.

[128] GHENNA S, BERNARD Y, DANIEL L. Design and experimental analysis of a high force piezoelectric linear motor[J]. Mechatronics: The Science of Intelligent Machines, 2023, 89: 102928.

[129] LI T J, SHI J C, TANG Y Q. Influence of surface error on electromagnetic performance of reflectors based on Zernike polynomials[J]. Acta Astronautica, 2018, 145: 396-407.

[130] XU X, LI T J, WANG Z W. Surface reconfiguration method of mesh antennas by electrical performance[J]. AIAA Journal, 2022, 60(4): 2644-2653.

[131] DONG H J, LI T J, WANG Z W, et al. Numerical calculation of inchworm actuator reliability: Effect of space temperature and material parameters[J]. Aircraft Engineering and Aerospace Technology, 2023, 95(2): 237-245.

第 2 章　反射面索网拓扑构型综合理论与方法

2.1　概　　述

星载环形天线和伞状天线均基于张力桁架的概念，可在复杂空间环境中精确展收，不同之处在于索网反射面的支撑框架形式。张力桁架的关键特性是结构形状在一定程度上由组成构件的长度和布局预先确定，因此需要保证天线组合结构的运动确定性。此外，组成构件的弹性变形会影响结构形状，这又要求天线组合结构为静力确定性。静力与运动确定性拓扑构型是影响网状天线结构几何成形设计、预张力设计和在轨服役稳定性的关键因素。本章介绍 AstroMesh 天线和伞状网状天线的静力与运动确定性网面拓扑构型综合方法，以及几种新型静力与运动确定性网面拓扑构型[1,2]。

2.2　广义 Maxwell 准则

索网反射面与支撑框架组合成的结构是一类自应力网格体系，其力平衡方程为

$$\boldsymbol{A}\boldsymbol{t}=\boldsymbol{p} \tag{2.1}$$

式中，$\boldsymbol{A}$ 为依赖于几何参数的平衡矩阵；$\boldsymbol{t}$ 为构件应力组成的内力向量；$\boldsymbol{p}$ 为节点载荷向量。表征位移与变形间关系的协调方程可表示为

$$\boldsymbol{B}\boldsymbol{d}=\boldsymbol{e} \tag{2.2}$$

式中，$\boldsymbol{B}$ 为协调矩阵；$\boldsymbol{d}$ 为节点位移向量；$\boldsymbol{e}$ 为构件变形向量。

通过虚功原理可得

$$\boldsymbol{B}=\boldsymbol{A}^{\mathrm{T}} \tag{2.3}$$

假定组合结构有 b 个构件与 j 个节点，则平衡矩阵 $\boldsymbol{A}$ 的维数为 $3j\times b$。组合结构的独立自应力模态数和独立机构位移模态数分别由式(2.4)和式(2.5)获得[3]

独立自应力模态数：

$$s=b-r \tag{2.4}$$

独立机构位移模态数：

$$m = 3j - r - c \tag{2.5}$$

式中，r 为平衡矩阵 $\boldsymbol{A}$ 的秩；c 为运动约束数目。机构位移模态的物理意义是结构可能发生的几何运动变位模式，自应力模态的物理意义是结构可能存在的内力传递模式。根据 s 和 m 的大小可将结构体系分为以下四类。

(1) $s = 0$，$m = 0$ 为静定动定体系(虚位移确定)。此时矩阵 $\boldsymbol{A}$、$\boldsymbol{B}$ 满秩，式(2.1)和式(2.2)均有唯一解，即通常所说的静定体系。此类静定结构不存在机构位移模态和自应力模态，即不可施加预应力且不可发生零应变几何变位，如图 2.1(a)所示。

(2) $s = 0$，$m > 0$ 为静定动不定体系(虚位移不确定)。对特定载荷，式(2.1)有唯一解，否则无解；对任意载荷，式(2.2)有无穷解。此类结构为有限机构，可以产生零应变的几何大变位，但不可施加预应力达到自平衡，如图 2.1(b)所示。

(3) $s > 0$，$m = 0$ 为静不定动定体系(虚位移确定)。对任意载荷，式(2.1)有无穷解；对特定载荷，式(2.2)有唯一解，否则无解。此类结构为超静定结构，可以施加预应力且可在零外荷载下达到自平衡，如图 2.1(c)所示。

(4) $s > 0$，$m > 0$ 为静不定动不定体系(虚位移不确定)。对特定载荷，式(2.1)有无穷解，否则无解；对特定载荷，式(2.2)有无穷解，否则无解。此类结构既可产生零应变几何大变位，又可施加预应力，如张拉整体、索穹顶等张力结构。若产生的零应变几何大变位能够在自应力作用下得到刚化，此类结构就可以成为几何稳定结构，通常称为无限小机构，如图 2.1(d)所示。

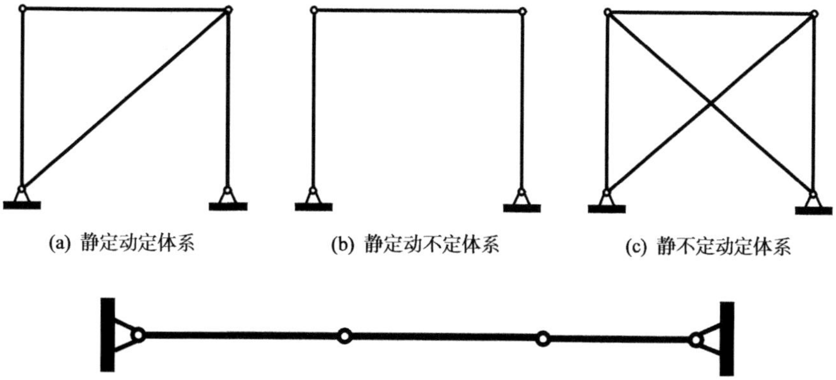

(a) 静定动定体系　(b) 静定动不定体系　(c) 静不定动定体系

(d) 静不定动不定体系

图 2.1　四类基本结构体系

由式(2.4)和式(2.5)可得到广义 Maxwell 准则[4]：

$$m - s = 3j - b - c \tag{2.6}$$

Maxwell 准则判定值等于机构位移模态数 m(动不定度)与自应力模态数 s(静不定度)的差。Maxwell 准则广泛应用于判断结构体系静力和运动特性。

2.3 索网反射面分段数

网状天线的抛物反射面由若干三角形或四边形网格小平面拼合而成。与四边形网格反射面相比，三角形网格反射面的原理误差更小，更易实现均匀预张力分布。对于三角形网格，索网反射面的工作表面一般具有 v 倍对称网格结构(图 2.2(a))，其分段数 n 的定义如图 2.2(b)所示。为获得均匀预张力分布，三角形网格反射面通常具有 6 倍对称几何，即 $v = 6$ 。工作表面的节点和索段数目可表示为

$$j = 1 + v\frac{n(1+n)}{2} \tag{2.7}$$

$$b = v\frac{n(1+3n)}{2} \tag{2.8}$$

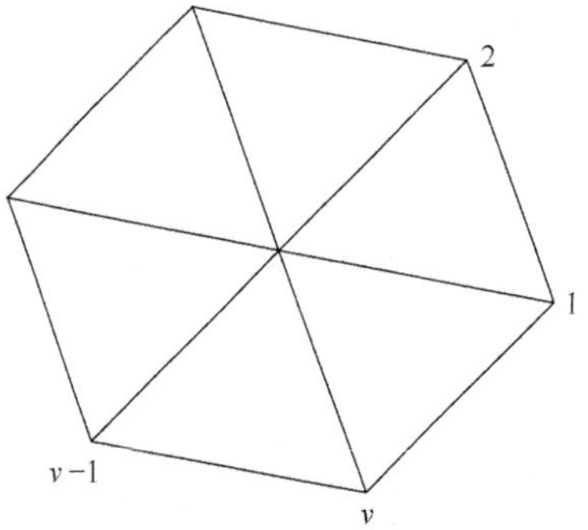

(a) v 倍对称网格结构

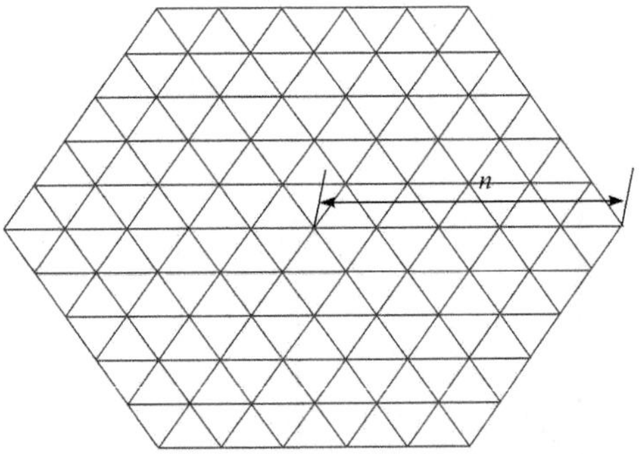

(b) 三角形索网反射面

图 2.2　三角形网格逼近的网状反射面

依据网状反射面的工作频率，工作表面分段数通常由形面精度决定。抛物反射面通常由如图 2.3 所示的球面近似，球面半径 R 可表示为

$$R = 2F + \frac{D^2}{32F} \tag{2.9}$$

式中，F 是抛物面焦距；D 是反射面口径。

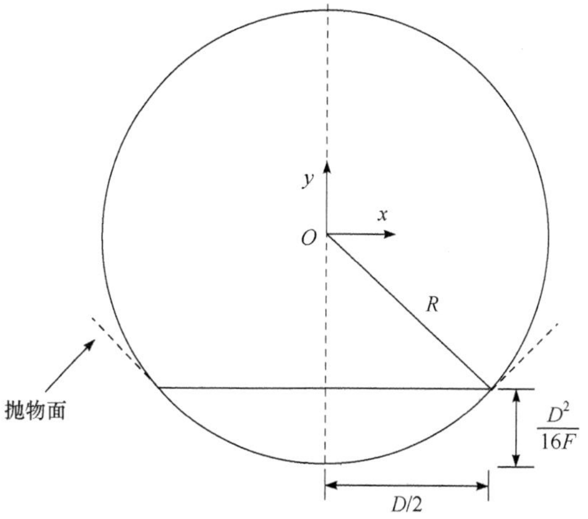

图 2.3　抛物反射面近似原理

Agrawal 等[5]建立了三角形小面片最大边长 $L_{\max}$ 与许用形面精度 δ_{rms} 的关系：

$$\delta_{\text{rms}}=\frac{L_{\max}^2}{8\sqrt{15}R} \tag{2.10}$$

将式(2.10)代入式(2.9)可得

$$L_{\max}=\sqrt{8\sqrt{15}\delta_{\text{rms}}\left(2F+\frac{D^2}{32F}\right)} \tag{2.11}$$

偏置抛物反射面的几何定义如图 2.4 所示，其中 O_1 为偏置反射面的中心，d 为偏置距离，d_1 为反射面在 X 轴方向上的跨度。反射面抛物母线 M_1M_2 的长度可表示为

$$\ell=\int_{d+d_1/2}^{d+d_1/2}\sqrt{1+\left(\mathrm{d}Z/\mathrm{d}X\right)^2}\mathrm{d}X\ ,\quad Z=\frac{X^2}{4F} \tag{2.12}$$

当 $d=0$ 时，从式(2.12)可获得轴对称反射面的抛物母线长度为

$$\ell=\frac{D}{4F}\sqrt{4F^2+\frac{D^2}{4}}+2F\left[\ln\left(\frac{D}{2}+\sqrt{4F^2+\frac{D^2}{4}}\right)-\ln(2F)\right] \tag{2.13}$$

为保证满足要求的形面精度，工作表面分段数 n 必须满足下列不等式：

$$n\geqslant\operatorname{ceil}\left(\ell/(2L_{\max})\right) \tag{2.14}$$

式中，$\operatorname{ceil}(\cdot)$ 为取整符号。

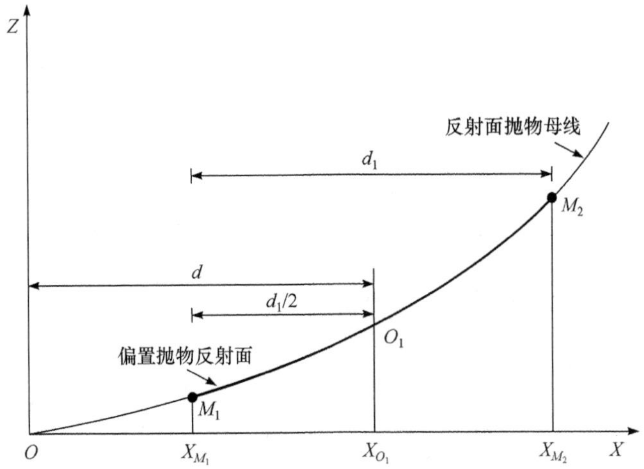

图 2.4　偏置抛物反射面的几何定义

2.4　环形桁架网状天线的拓扑构型综合

环形桁架网状天线由可展开环形桁架、前索网、背索网和张力阵四部分组成，如图 2.5 所示。前后索网结构均为碗状的单曲率结构且背对背放置。竖向张力阵为前后索网结构提供平衡预张力以保持反射面形状。因此，竖向张力阵可认为是外部负载而不是结构的组成构件，不影响天线结构组集的静力与运动特性。

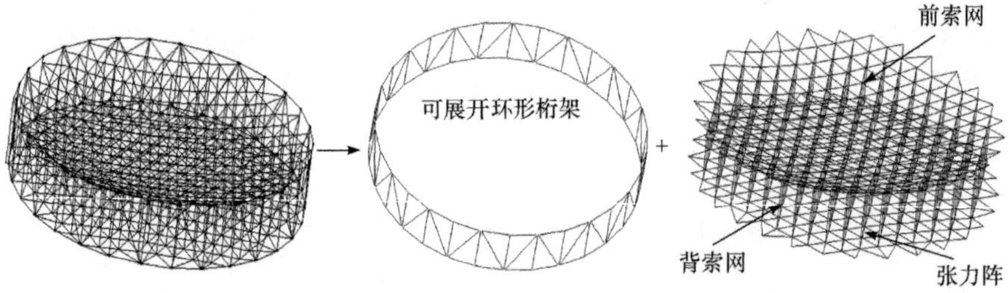

图 2.5　环形桁架网状天线结构组成

环形桁架网状天线的结构特征：一个运动不确定性的环形桁架(没有平面内的刚度)通过两个静力不确定性的索网结构构成一个静力与运动确定性的结构组集。索网结构的静力不确定性被耦合到可展开环形桁架的运动不确定性中。可展开环形桁架由一系列连杆构成，上环和下环连杆被垂直杆和对角杆分隔开，如图 2.5 所示。假定上环和下环连杆数为 B，则环形桁架连杆和铰点数目分别为 $b_{\text{ring}}=4B$ 和 $j_{\text{ring}}=4B$。此外，环形桁架结构一般固定在卫星平台的空间桅杆上，空间桅杆为天线组集提供了 6 个独立运动约束，即 $c=6$。Tibert[6]与 Pellegrino 已详细阐述了具有同方向形状的张力桁架结构(主曲率同号)不具有可行的自应力状态。不可行自应力状态的含义为没有自应力组合使所有构件产生张力。显然，索网反射面和环形桁架结构均没有可行的自应力状态，即 $s=0$ 。仅考虑环形桁架结构，其内部的独立机构位移模态数为

$$m_{\text{ring}}=2B-6 \tag{2.15}$$

当环形桁架为三棱柱($B=3$)时，结构是运动确定的。工程中环形桁架通常被分为许多段，导致独立机构位移模态数非常大。因此，当天线结构组集满足 $m-s$=0 时为静力与运动确定性结构。基本思路是利用索网结构消除环形桁架内部的独立机构位移模态数。

环形桁架网状天线的网面拓扑构型生成本质上是研究环形桁架与索网反射面工作表面的连接关系。通过增加边界索段和节点来减少天线结构组集的内部独立机构位移模态数。增加的节点和边界索段布置在工作表面的边界以保持反射面 v 倍对称性。假定六边形工作表面每边增加的节点和边界索段数目分别为 j_{an} 和 b_{an} ，天线结构组集总节点数和总边界索段数分别表示为

$$j_{\text{am}}=2\left[1+v\frac{n(1+n)}{2}+vj_{\text{an}}\right] \tag{2.16}$$

$$b_{\text{am}}=2\left[v\frac{n(1+3n)}{2}+vb_{\text{an}}\right]+4B \tag{2.17}$$

将式(2.16)和式(2.17)代入式(2.6)，可得

$$\begin{aligned} m-s&=3j_{\text{am}}-b_{\text{am}}-c \\ &=6\left[1+v\frac{n(1+n)}{2}+vj_{\text{an}}\right]-2\left[v\frac{n(1+3n)}{2}+vb_{\text{an}}\right]-4B-6=0 \end{aligned} \tag{2.18}$$

由式(2.18)可进一步推导得

$$b_{\text{an}}-3j_{\text{an}}=n-2B/v \tag{2.19}$$

式中，

$$\begin{cases} b_{\text{an}}=\sum\limits_{i=1}^{k_1}\alpha_i P_i+\sum\limits_{i=1}^{k_2}\beta_i K_i \\ j_{\text{an}}=\sum\limits_{i=1}^{k_1}P_i+\sum\limits_{i=1}^{k_2}K_i \end{cases} \quad (\alpha_i,\beta_i,P_i,K_i\in\mathbf{N}) \tag{2.20}$$

式中，α_i 为连接到环形桁架上的增加节点连通性；P_i 为连通性为 α_i 的增加节点数目；类似地，β_i 为未连接到环形桁架上的增加节点连通性；K_i 为相应的增加节点数目；k_1 、k_2 均为增加节点连通性的种类数目。α_i 和 β_i 具体值可由设计者进行指定。

依据天线结构的几何关系，P_i、n 和 B 必须满足：

$$B=6\left(\sum_{i=1}^{k_1}P_i+a\right),\quad B\leqslant 6n \tag{2.21}$$

式中，a 为指定常数。

将式(2.20)和式(2.21)代入式(2.19)中，可得

$$\boldsymbol{MT}=G \tag{2.22}$$

式中，

$$\boldsymbol{M}=\left[\left(\alpha_1-3+12/v\right),\cdots,\left(\alpha_{k_1}-3+12/v\right),\ \left(\beta_1-3\right),\cdots,\left(\beta_{k_2}-3\right)\right] \tag{2.23}$$

$$\boldsymbol{T}=[P_1,\cdots,P_{k_1},K_1,\cdots,K_{k_2}]^{\mathrm{T}},\ G=n-12a/v \tag{2.24}$$

利用线性代数理论，式(2.22)的解可表示为

$$\boldsymbol{T}=\boldsymbol{V}\boldsymbol{\gamma}+\boldsymbol{T}_{\mathrm{p}} \tag{2.25}$$

式中，$\boldsymbol{T}_{\mathrm{p}}$ 为特解；$\boldsymbol{V}=\left[\boldsymbol{\varphi}_1,\cdots,\boldsymbol{\varphi}_{k_1+k_2-1}\right]$，$\boldsymbol{\varphi}_i$ 为矩阵 $\boldsymbol{M}$ 的正交基向量；$\boldsymbol{\gamma}=[\gamma_1,\cdots,\gamma_{k_1+k_2-1}]^{\mathrm{T}}$，$\gamma_i$ 为任意正整数。利用广义逆，特解 $\boldsymbol{T}_{\mathrm{p}}$ 可表示为

$$\boldsymbol{T}_{\mathrm{p}}=\boldsymbol{M}^{\mathrm{T}}\left(\boldsymbol{MM}^{\mathrm{T}}\right)^{-1}G \tag{2.26}$$

式(2.26)包含环形桁架网状天线所有静力与运动确定性拓扑构型。当增加节点的连通性给定后，通过调节 γ_i 值可确定所有的静力与运动确定性网面拓扑构型。本书将讨论工程上较易实现的网面拓扑构型：类型Ⅰ(k_1=2、k_2=0)、类型Ⅱ(k_1=1、k_2=1)。通过式(2.25)，可确定类型Ⅰ所需增加的节点与索段数目：

$$\begin{cases} j_{\mathrm{an}}=\dfrac{n-12a/v+\left(\alpha_2-\alpha_1\right)P_1}{\alpha_2-1} \\ b_{\mathrm{an}}=\dfrac{\alpha_2\left(n-12a/v\right)+\left(\alpha_2-\alpha_1\right)P_1}{\alpha_2-1} \end{cases}\quad\left(\alpha_1,\alpha_2>1\right) \tag{2.27}$$

当 $\alpha_1=\alpha_2$ 时，式(2.27)可简化为

$$j_{\mathrm{an}}=\frac{n-12a/v}{\alpha_1-1},\quad b_{\mathrm{an}}=\alpha_1\frac{n-12a/v}{\alpha_1-1} \tag{2.28}$$

对于类型Ⅱ，根据天线结构组集的连接特性，P_1 和 K_1 之间存在一定关系。增加的环形桁架段数目、节点数目、索段数目可分别表示为

$$\begin{cases} B=6\left(P_1+1\right) \\ j_{\mathrm{an}}=\dfrac{n-12a/v+\left(\alpha_1-\beta_1-2\right)P_1}{\beta_1-3} \\ b_{\mathrm{an}}=\dfrac{\beta_1\left(n-12a/v\right)+\left(\beta_1-3\alpha_1\right)P_1}{\beta_1-3} \end{cases} \tag{2.29}$$

从式(2.27)和式(2.29)可注意到，不同的α_1、α_2、P_1和β_1可得到不同的静力与运动确定性网面拓扑构型。整个环形桁架网状天线结构组集总节点与总索段数目的通用表达式为

$$j_{\mathrm{am}}=2\left(3n^2+\varDelta\right),\quad b_{\mathrm{am}}=6\left(3n^2+\varDelta-1\right) \tag{2.30}$$

式中，

$$\varDelta=\begin{cases} 3n+\dfrac{6}{\alpha_2-1}\left[n-12a/v+(\alpha_2-\alpha_1)P_1\right]+1, & \text{类型 I} \\ 3n+\dfrac{6}{\beta_1-3}\left[n-12a/v+(\alpha_1-\beta_1-2)P_1\right]+1, & \text{类型 II} \end{cases}$$

2.5　伞状网状天线的拓扑构型综合

伞状网状天线的网状反射面通过固接在中心轮毂上的肋支撑。因为肋直接固接在航天器中心轮毂上，没有自由变形，所以可认为其是提供运动约束和预应力的固定边界。网状反射面悬浮于肋与肋之间，通过增加运动约束与肋支撑连接。不同于其他类型的索网反射面天线，伞状网状天线的支撑肋数目不确定，且肋与网状反射面的连接点众多。因此，伞状网状天线的网状反射面边界条件是未知的。伞状网状天线的拓扑构型综合主要是通过调节节点、索段与运动约束数目使索网工作表面铺设在肋上成为静力与运动确定性构型，典型的结构组成如图 2.6 所示。

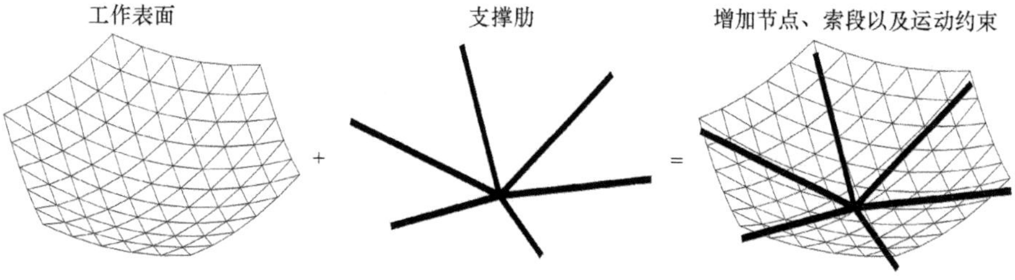

图 2.6　伞状网状天线结构组成

伞状网状天线支撑肋的数目需要根据设计指定，与分段数 n 或增加的节点数

目 j_{an} 无关。增加的节点和索段放置在工作表面的边界，连接方式要求保证工作表面 v 倍几何对称性。假定肋的数目为 A，伞状网状天线反射面的总节点数目、总索段数目与总运动约束数目分别为

$$j_{um}=1+v\frac{n(1+n)}{2}+vj_{an}, \quad b_{um}=v\frac{n(1+3n)}{2}+vb_{an}, \quad c_{um}=3A \tag{2.31}$$

利用广义 Maxwell 准则，可得

$$m-s=3(1+2n)+v(3j_{an}-b_{an})-3A\neq 0 \tag{2.32}$$

$$b_{an}=(3+s-m)/v+3(j_{an}-A/6)+n \tag{2.33}$$

不同于式(2.18)，式(2.32)仅通过增加的节点与索段不能保证网面拓扑构型是静力与运动确定性的，需根据 $m-s$ 值增加或释放运动约束。工程应用难以增加或释放大量运动约束，特别是沿半径方向的径向约束。因此，伞状网状天线的网面拓扑构型取决于 $m-s$ 、j_{an} 和 A 的取值。当 $m-s$ 和 A 给定时，不同 j_{an} 对应于不同的动不定或静不定网面拓扑构型。由于需要保证反射面 v 倍几何对称性，因此增加的节点数需满足 $j_{an}\leqslant n-1$。在未调整运动约束前，指定的网面拓扑构型的总节点数目与总索段数目分别为

$$j_{um}=3(n^2+\Delta)+1 \tag{2.34}$$

$$b_{um}=9(n^2+\Delta)+s-m+3(1-A) \tag{2.35}$$

式中，$\Delta=n+2j_{an}$。

2.6 静力与运动确定性网面拓扑构型

依据提出的网面拓扑构型综合方法，综合出的几种典型环形桁架网状天线静力与运动确定性网面拓扑构型如表 2.1 所示。综合出的构型包括 Tibert[7]提出的 4 种网面构型 AM0、AM1、AM2 和 AM3，分别对应于表 2.1 中的网面构型 AS0、AS1、AS2 和 AS3。

考虑到网状反射面天线的质量主要是环形桁架的质量，图 2.7 所示的网面构型 AS0 仅适用于较小的分段数 n。网状天线大型化与高精度的矛盾体现在：分段数 n 越大，反射面原理误差越小(形面精度越高)，但天线质量越大。为解决这一矛盾，剩余的网面拓扑构型均满足 $B<6n$。网面拓扑构型 AS1～AS10，随着 α_1 和 α_2 提高，可获得更多的网面拓扑构型，但连通性增加会使构型变得复杂且需要较大的分段数 n。图 2.8 所示的网面构型 AS13 非常适合小型网状天线的网面拓扑构型，如张拉整体天线[5]，但初步分析结果表明大型网状天线反射面采用此构型具

有高度不均匀的预张力分布。

表 2.1　环形桁架网状天线静力与运动确定性网面拓扑构型

构型类别	n	b	Δ	满足条件		
				$\alpha_1, \alpha_2, \beta_1$	P_1, P_2, K_1	a
AS0	2, 3, 4, …	$6n$	$3n+1$	$\alpha_1=1, \alpha_2=2$	—	0
AS1	3, 4, 5, …	$6(n-1)$	$9n-11$	$\alpha_1=\alpha_2=2$	—	1
AS2	4, 6, 8, …	$3n$	$6n-5$	$\alpha_1=\alpha_2=3$	—	1
AS3	5, 8, 11, …	$2(n+1)$	$5n-3$	$\alpha_1=\alpha_2=4$	—	1
AS4	6, 10, 14, …	$3n/2+3$	$9n/2-2$	$\alpha_1=\alpha_2=5$	—	1
AS5	2, 3, 4, …	12	$3n+7$	$\alpha_1=\alpha_2=n-1$	—	1
AS6	6, 8, 10, …	$3n+6$	$6n+1$	$\alpha_1=2, \alpha_2=3$	$P_1=2$	1
AS7	6, 9, 12, …	$4n$	$7n-5$	$\alpha_1=2, \alpha_2=3$	$P_1=P_2+1$	1
AS8	7, 10, 13, …	$4(n-1)$	$7n-9$	$\alpha_1=2, \alpha_2=3$	$P_2=P_1+1$	1
AS9	7, 8, 9, …	$6(n-3)$	$9n-23$	$\alpha_1=2, \alpha_2=3$	$P_2=2$	1
AS10	9, 12, 15, …	$2(n+3)$	$5n+1$	$\alpha_1=3, \alpha_2=4$	$P_1=2$	1
AS11	5, 7, 9, …	$3(n+1)$	$9n-11$	$\alpha_1=2, \beta_1=4$	$P_1=K_1+1$	1
AS12	7, 10, 13, …	$2(n+2)$	$7n-9$	$\alpha_1=3, \beta_1=4$	$P_1=K_1+1$	1
AS13	2, 3, 4, …	6	$3n+7$	—	$P_1=0, K_1=1$	1

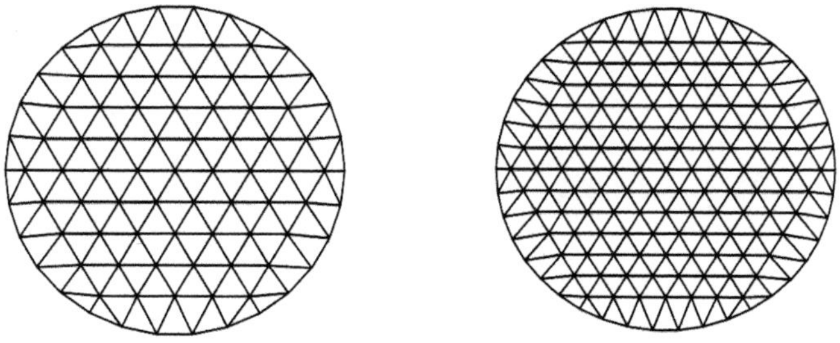

(a) $n=5, B=30$　　(b) $n=7, B=42$

图 2.7　网面构型 AS0

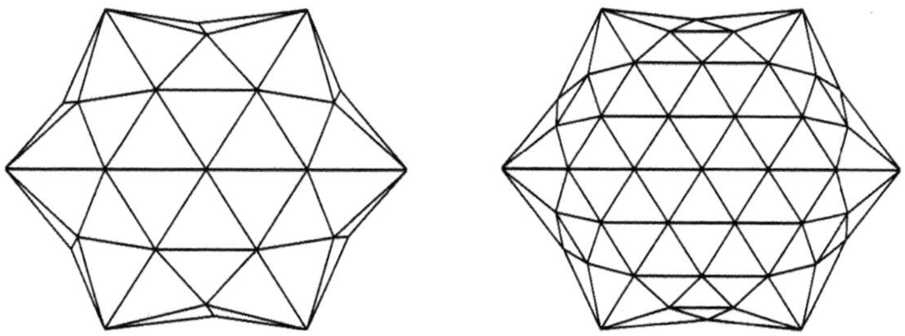

(a) $n=2, B=6$　　(b) $n=3, B=6$

图 2.8　网面构型 AS13

从表 2.1 可以发现，对于任意$n \geqslant 2$的网状反射面，网面构型 AS0、AS5 和 AS13 均适用；构型 AS1 适用于任意$n \geqslant 3$的网状反射面；AS9 适用于任意$n \geqslant 7$的网状反射面；其他构型适用于分段数具有特定规律的网状反射面。从$n=5$变化到$n=8$，适用的静力与运动确定性网面拓扑构型如图 2.9～图 2.12 所示。

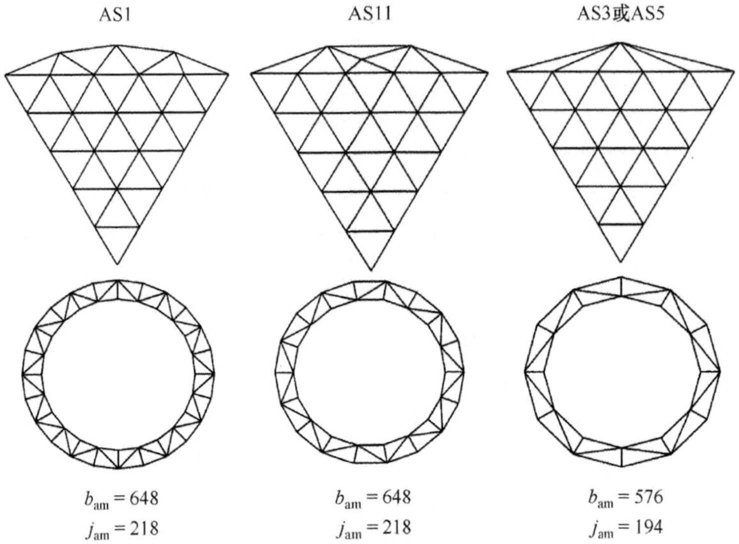

图 2.9　n=5 时静力与运动确定性网面拓扑构型

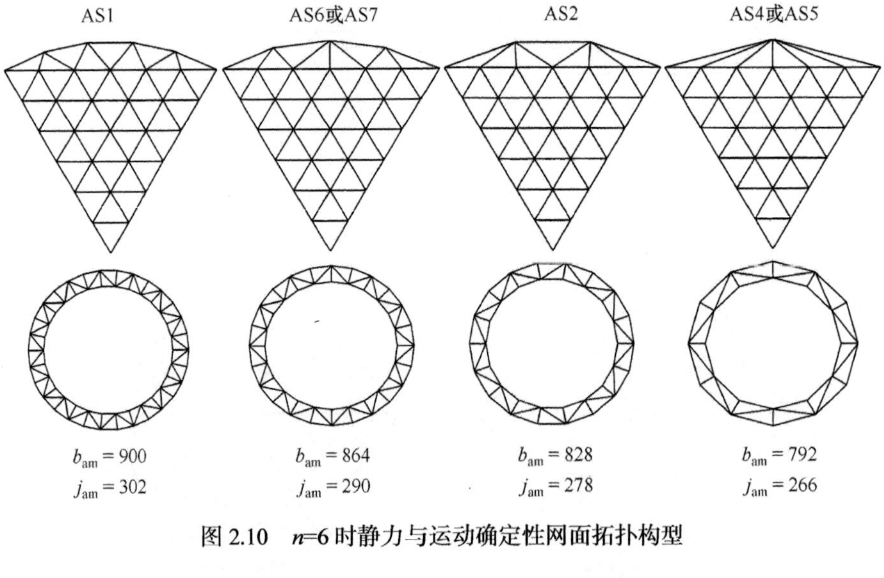

图 2.10　n=6 时静力与运动确定性网面拓扑构型

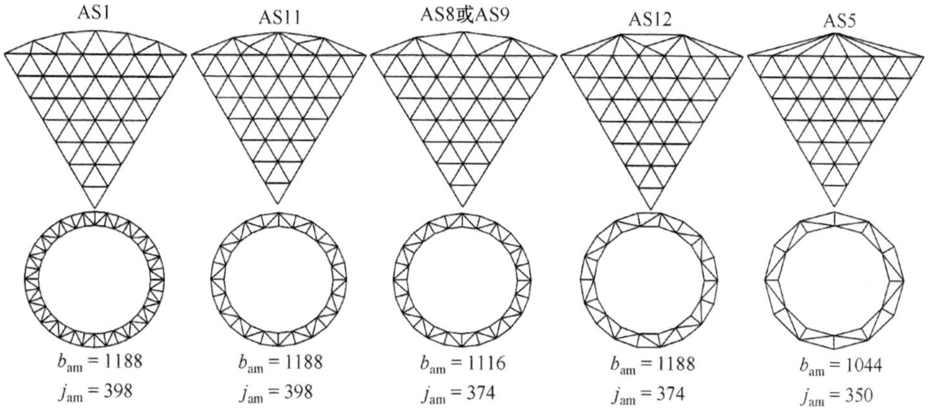

图 2.11　n=7 时静力与运动确定性网面拓扑构型

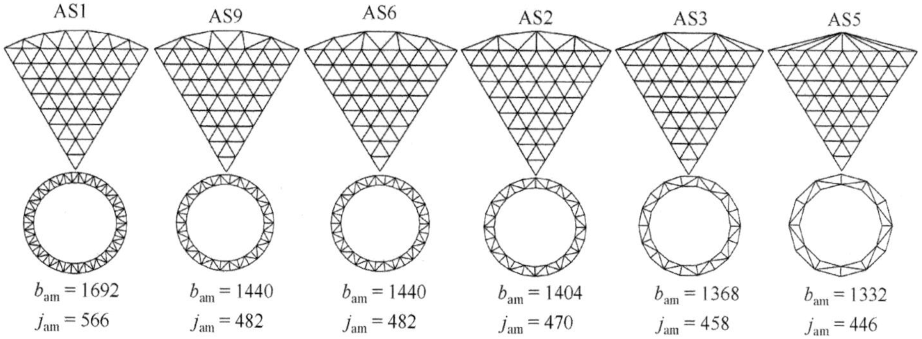

图 2.12　n=8 时静力与运动确定性网面拓扑构型

部分动不定或静不定的伞状网状天线网面拓扑构型如表 2.2 所示，其构型如图 2.13～图 2.15 所示。当 n=7 时，构型 AU2 是几何不对称的。研究结果表明，随着 j_{an} 减小，构型 AU2 的几何对称性会变差，产生具有交叉单元的复杂构型。交叉单元一方面工程实现难，另一方面会导致高度不均匀的预张力分布。考虑到同向曲率索网反射面不存在可行的自应力状态，构型 AU1 和构型 AU2 是 3 次运动不确定性的，需要增加 3 个额外的运动约束使其成为静力与运动确定性构型。构型 AU3 与构型 AS3 相同，需释放肋上的 3 个运动约束使其成为静力与运动确定性构型。

表 2.2　伞状网状天线网面拓扑构型

构型类别	A	$s-m$	j_{an}	n	Δ
AU1	12	−3	$n-1$	3, 4, 5, …	$3n-2$
AU2	12	−3	$n-2$	4, 5, 6, …	$3n-4$
AU3	6	3	1	2, 3, 4, …	$n+2$

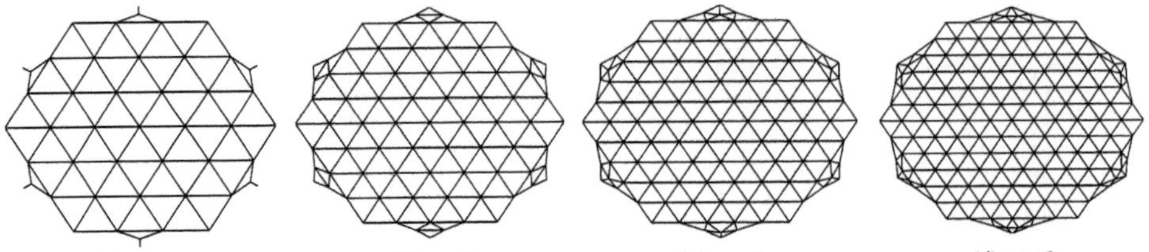

(a) $n=3$ (b) $n=4$ (c) $n=5$ (d) $n=6$

图 2.13 拓扑构型 AU1

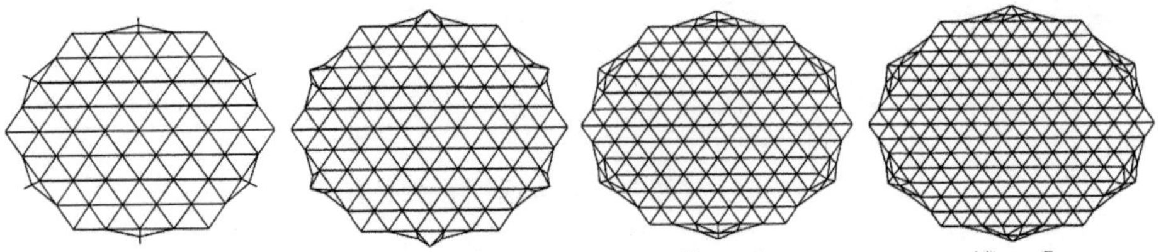

(a) $n=4$ (b) $n=5$ (c) $n=6$ (d) $n=7$

图 2.14 拓扑构型 AU2

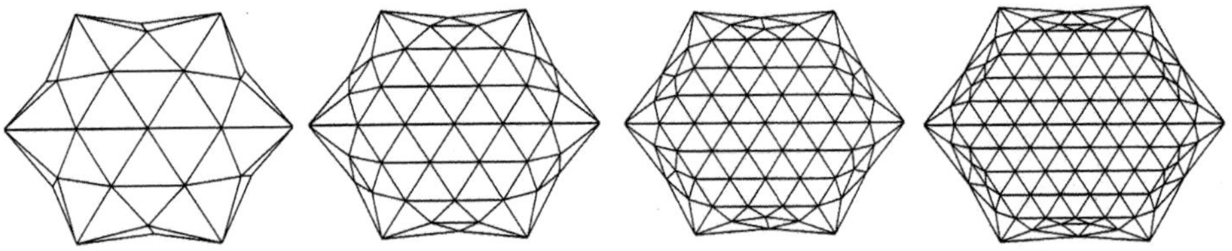

(a) $n=2$ (b) $n=3$ (c) $n=4$ (d) $n=5$

图 2.15 拓扑构型 AU3

以 n=6 时的伞状网状天线网面拓扑构型 AU1 为例，通过添加约束使其成为静力与运动确定性网面拓扑构型，如图 2.16 所示。依据工程实际，沿正六边形外接圆的切向运动约束更易实现，三个切向运动约束一般对称添加。

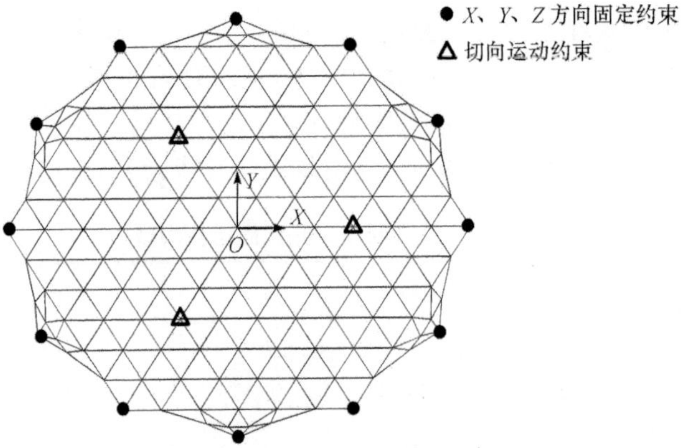

图 2.16 伞状网状天线静力与运动确定性网面拓扑构型

参 考 文 献

[1] WANG Z W, LI T J, MA X F. Method for generating statically determinate cable net topology configurations of deployable mesh antennas[J]. Journal of Structural Engineering, 2015, 141(7): 04014182.

[2] 王作为. 大型空间索网-框架组合结构形面精度保持设计方法[D]. 西安: 西安电子科技大学, 2015.

[3] PELLEGRINO S. Structural computations with the singular decomposition of the equilibrium matrix[J]. International Journal of Solids and Structures, 1993, 30(21): 3025-3035.

[4] CALLADINE C R. Buckminster fuller's "tensegrity" structures and clerk Maxwell's rules for the construction of stiff frames[J]. International Journal of Solids and Structures, 1978, 14(2): 161-172.

[5] AGRAWAL P K, ANDERSON M S, CARD M F. Preliminary design of large reflector with flat facets[J]. IEEE Transactions on Antennas and Propagation, 1980, 29: 688-694.

[6] TIBERT G. Deployable tensegrity structures for space applications[D]. Stockholm: KTH Royal Institute of Technology, 2002.

[7] TIBERT G. Optimal design of tension truss antennas[C]. 44th AIAA/ASME/ASCE/AHS Structures, Structural Dynamics, and Materials Conference, Norfolk, USA, 2003: 1629.

第 3 章　索网反射面几何设计理论与方法

3.1　概　　述

索网反射面几何设计包括反射面切割和反射面节点位置设计等内容。索网结构在空间卫星天线出现之前就已经存在，面向高保形特征的索网结构随着空间网状天线的出现得到了深入的发展。在索网反射面的发展史上出现过许多结构形式。按桁架结构的形式划分，有伞状索网结构与环形索网结构；按抛物面切割形式划分，有正馈索网结构与偏馈索网结构；按索网结构与支撑桁架之间的连接形式划分，有单层索网结构、双层索网结构、竖向拉索结构与斜向拉索结构；按网格形式划分，有三角形网格、四边形网格、六边形网格等。本章以环形三角形双层索网为例，介绍索网反射面几何设计的理论与方法，重点介绍测地线索网几何设计理论与方法[1,2]和椭圆口径反射面二次曲面索网几何设计方法[3,4]。

3.2　索网反射面切割原理与方程

传统的天线反射面通常用圆柱面切割旋转抛物面得到，根据切割位置不同可分为正馈反射面和偏馈反射面。

正馈反射面采用圆柱面正馈切割旋转抛物面，如图 3.1 所示。

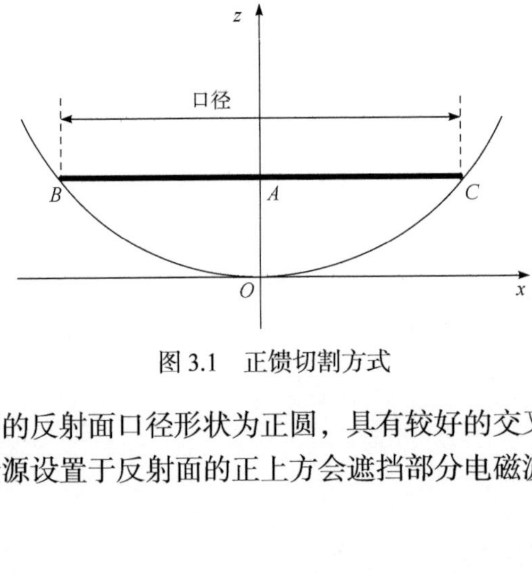

图 3.1　正馈切割方式

正馈切割得到的反射面口径形状为正圆，具有较好的交叉极化和旋转对称的力学特性，但是馈源设置于反射面的正上方会遮挡部分电磁波。正馈切割得到的

反射面方程与原抛物面方程一致，可简单表述为

$$z = \frac{1}{4f}(x^2 + y^2) \tag{3.1}$$

式中，f 为反射面焦距。

偏馈反射面采用圆柱面偏置切割旋转抛物面，即圆柱面与旋转抛物面焦轴有一定的偏置距离，如图 3.2 所示。

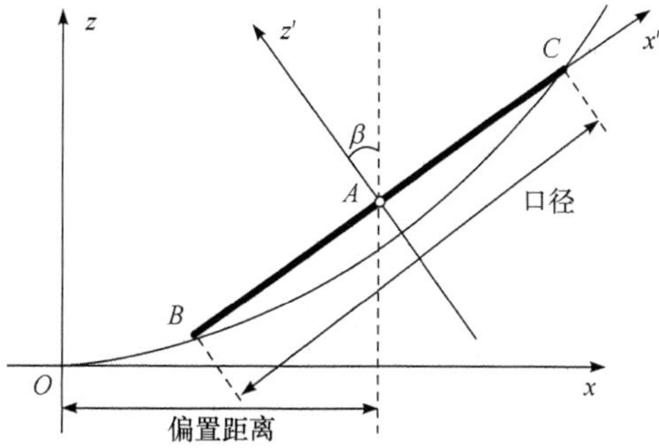

图 3.2　偏馈切割方式

当圆柱面切割方向平行于焦轴时，反射面口径形状为椭圆；当圆柱面切割方向垂直于口径面(BC)时，反射面口径形状为正圆。偏馈切割使馈源远离电磁波的辐射路径，从而避免了馈源对电磁波的遮挡，具有较高的天线效率，在相同口径下，可以获得更高的增益、更低的副瓣比和更宽的频带，其一般方程可表述为

$$z' = \frac{2f\cos\beta + x'\cos\beta\sin\beta + x_A\sin\beta}{\sin^2\beta} - \frac{\sqrt{4f^2\cos^2\beta + 4x'f\cos^2\beta\sin\beta + 4x_Af\cos\beta\sin\beta - y'^2\sin^2\beta + 4z_Af\sin^2\beta + 4x'f\sin^3\beta}}{\sin^2\beta} \tag{3.2}$$

式中，f 为抛物面焦距；β 为 z 轴与 z' 方向的夹角；x_A、z_A 为 A 点的坐标分量。

3.3　三向网格索网几何设计

三向网格是索网最简单的几何形式，如图 3.3 所示，前索网和背索网在口径面内投影重合，且内接六边形内所有三角形均为正三角形。常用网格生成法有六棱锥法和平面投影设计法两种。

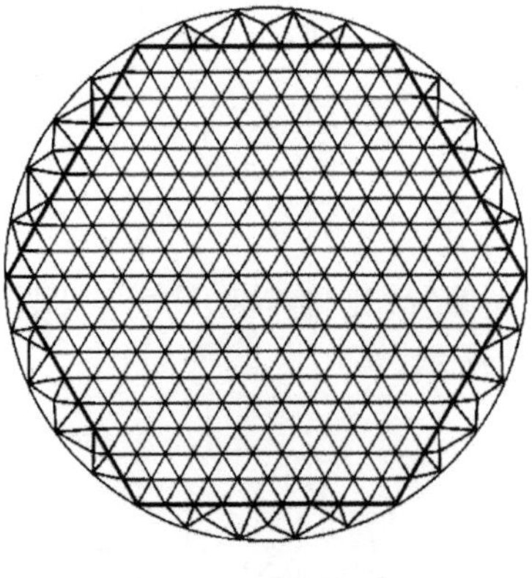

图 3.3　三向网格索网

六棱锥法的网格[1,5]生成过程如图 3.4 所示。首先，根据口径面内接正六边形的顶点和抛物面的顶点作正六棱锥。其次，根据原理误差要求确定允许的最大网格边长，并控制网格边长在六棱锥六个侧面上进行三角形网格划分。最后，将网格节点投影到抛物反射面得到最终的三角形网格反射面。

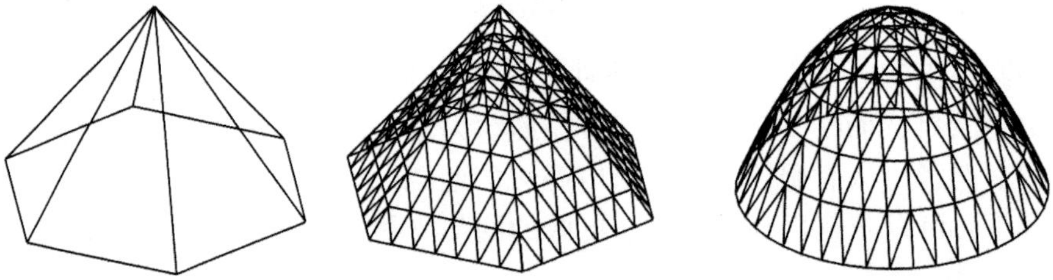

(a) 内接六棱锥　(b) 六棱锥各边等分　(c) 投影到抛物反射面

图 3.4　六棱锥法的网格生成过程[1,5]

平面投影设计法[6]的网格生成过程如图 3.5 所示。首先，在天线口径面的内接正六边形内生成正三角形网格；然后，将网格节点投影到抛物反射面得到最终的三向网格。

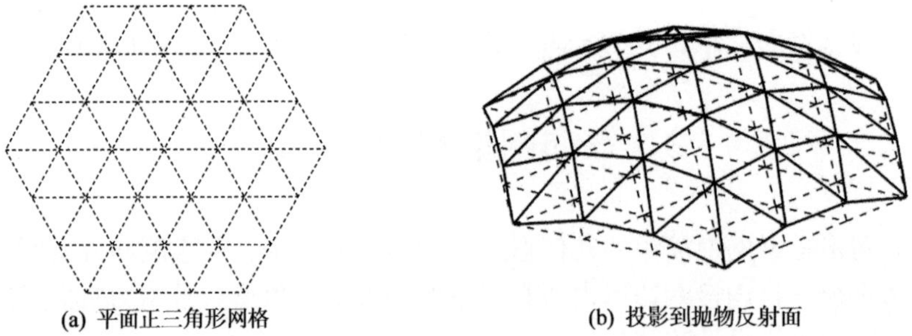

(a) 平面正三角形网格　(b) 投影到抛物反射面

图 3.5　平面投影设计法的网格生成过程[6]

3.4　测地线索网几何设计理论与方法

对于一条平面曲线，若其上每一点的曲率都等于 0，则其为一条直线。类似地，若在一条曲面曲线上每一点的测地曲率都等于 0，则称该曲线为曲面上的一条测地线。测地线也可以定义为在一个曲面上两点之间最短距离的曲线。测地线网格保证了索网任意边界两点间连线为测地线，即每一点的曲率都等于 0。当采用非圆截面半刚性单元编织索网时，可保证单元不发生扭曲变形。

3.4.1　旋转抛物面的测地线

1. 测地曲率

如图 3.6 所示，假设参数曲面 $S: \boldsymbol{r} = \boldsymbol{r}(u,v)$ 是正则、非周期的非均匀有理 B 样条(non-uniform rational B-spline，NURBS)，那么该曲面上两点之间总存在一条最短路径[7]。

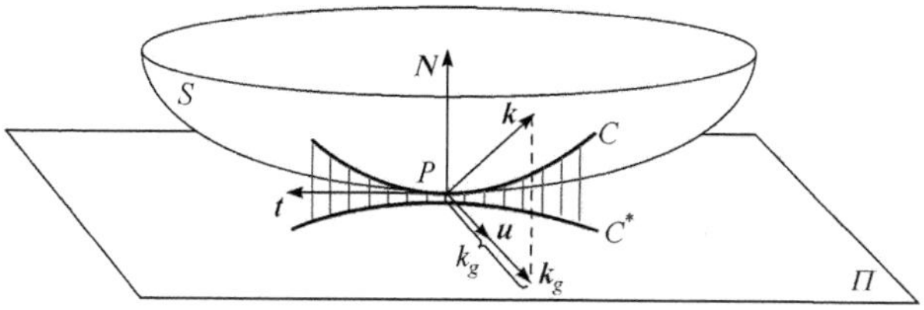

图 3.6　测地曲率

设曲面 S 上一点 P 的切平面为 Π，单位法向量为 $\boldsymbol{N}$；曲面 S 上的一条曲线 $C: \boldsymbol{r}(s) = \boldsymbol{r}(u(s), v(s))$ 在 P 点处的单位切向量为 $\boldsymbol{t}$、法向量为 $\boldsymbol{k}$(曲率向量)，曲率向量 $\boldsymbol{k}$ 在切平面 Π 上的投影 $\boldsymbol{k}_g = (\boldsymbol{k} \cdot \boldsymbol{u})\boldsymbol{u}$，其中 $\boldsymbol{u} = \boldsymbol{N} \times \boldsymbol{t}$，为 $\boldsymbol{k}_g$ 的单位向量。若曲线 C^*为曲线 C 在切平面 Π 上的投影，则 $\boldsymbol{k}_g$ 也为曲线 C^*的曲率向量。定义 k_g 为 $\boldsymbol{k}_g$ 的模，即曲线的测地曲率，则

$$\boldsymbol{k}_g = \boldsymbol{k} \cdot \boldsymbol{u} = \boldsymbol{k} \cdot (\boldsymbol{N} \times \boldsymbol{t}) \tag{3.3}$$

对曲线 C 取微分得到：

$$\mathrm{d}\boldsymbol{r} = \boldsymbol{r}_u \mathrm{d}u + \boldsymbol{r}_v \mathrm{d}v \tag{3.4}$$

则曲面 S 的第一基本形式为

$$\mathrm{d}s^2 = \mathrm{d}\boldsymbol{r}^2 = E_1 \mathrm{d}u^2 + 2F_1 \mathrm{d}u\mathrm{d}v + G_1 \mathrm{d}v^2 \tag{3.5}$$

式中，s 为弧长；E_1、F_1 和 G_1 为曲面第一基本形式的三个参数，具体如下：

$$\begin{cases} E_1 = \boldsymbol{r}_u \cdot \boldsymbol{r}_u = \dfrac{\partial \boldsymbol{r}}{\partial u} \cdot \dfrac{\partial \boldsymbol{r}}{\partial u} \\ F_1 = \boldsymbol{r}_u \cdot \boldsymbol{r}_v = \dfrac{\partial \boldsymbol{r}}{\partial u} \cdot \dfrac{\partial \boldsymbol{r}}{\partial v} \\ G_1 = \boldsymbol{r}_v \cdot \boldsymbol{r}_v = \dfrac{\partial \boldsymbol{r}}{\partial v} \cdot \dfrac{\partial \boldsymbol{r}}{\partial v} \end{cases} \tag{3.6}$$

单位切向量 $\boldsymbol{t}$ 表现为曲线对弧长 s 的微分：

$$\boldsymbol{t} = \frac{\mathrm{d}\boldsymbol{r}}{\mathrm{d}s} \tag{3.7}$$

那么，曲率向量 $\boldsymbol{k}$ 为单位切向量 $\boldsymbol{t}$ 对弧长 s 的微分：

$$\boldsymbol{k} = \frac{\mathrm{d}\boldsymbol{t}}{\mathrm{d}s} \tag{3.8}$$

将式(3.7)和式(3.8)代入式(3.3)可以得到曲线 C 的测地曲率：

$$\begin{aligned} k_g = \sqrt{E_1 G_1 - F_1^2}\Big[&\left(u'' + \Gamma_{11}^1 u'^2 + 2\Gamma_{12}^1 u'v' + \Gamma_{22}^1 v'^2\right)v' \\ &-\left(v'' + \Gamma_{11}^2 u'^2 + 2\Gamma_{12}^2 u'v' + \Gamma_{22}^2 v'^2\right)u'\Big] \end{aligned} \tag{3.9}$$

式中，符号 Γ_{ij}^k 为

$$\begin{cases} \Gamma_{11}^1 = \dfrac{G_1 E_{1u} - 2F_1 F_{1u} + F_1 E_{1v}}{2(E_1 G_1 - F_1^2)} \\ \Gamma_{12}^1 = \dfrac{G_1 E_{1v} - F_1 G_{1u}}{2(E_1 G_1 - F_1^2)} \\ \Gamma_{22}^1 = \dfrac{2G_1 F_{1v} - G_1 G_{1u} + F_1 G_{1v}}{2(E_1 G_1 - F_1^2)} \\ \Gamma_{11}^2 = \dfrac{2E_1 F_{1u} - E_1 F_{1v} + F_1 E_{1u}}{2(E_1 G_1 - F_1^2)} \\ \Gamma_{12}^2 = \dfrac{E_1 G_{1u} - F_1 E_{1v}}{2(E_1 G_1 - F_1^2)} \\ \Gamma_{22}^2 = \dfrac{E_1 G_{1v} - 2F_1 F_{1v} + F_1 G_{1u}}{2(E_1 G_1 - F_1^2)} \end{cases} \tag{3.10}$$

式中，E_{1u}、E_{1v}，F_{1u}、F_{1v} 和 G_{1u}、G_{1v} 分别为 E_1、F_1 和 G_1 对 u、v 的偏导。

2. 测地线方程

在笛卡儿坐标系下，以 f 作为抛物面的焦距，则旋转抛物面标准方程为

$$z = \frac{x^2 + y^2}{4f} \tag{3.11}$$

以 u 和 v 为曲面参数，将其表示为距离和角度的极坐标系类型，可以用面内几何参数方程将旋转抛物面表示为

$$\boldsymbol{r}(u,v) = (u\cos(v), u\sin(v), \frac{u^2}{4f}) \tag{3.12}$$

计算得到旋转抛物面的第一基本形式为

$$\mathrm{d}s^2 = (1 + \frac{u^2}{4f^2})\mathrm{d}u^2 + u^2\mathrm{d}v^2 \tag{3.13}$$

得到相应的符号参数为

$$\begin{cases} E_1 = 1 + \dfrac{u^2}{4f^2}, \quad F_1 = 0, \quad G_1 = u^2 \\ \Gamma_{11}^1 = \dfrac{u}{4f^2 + u^2}, \quad \Gamma_{12}^1 = 0, \quad \Gamma_{22}^1 = \dfrac{-4f^2 u}{4f^2 + u^2} \\ \Gamma_{11}^2 = 0, \quad \Gamma_{12}^2 = \dfrac{1}{u}, \quad \Gamma_{22}^2 = 0 \end{cases} \tag{3.14}$$

将式(3.14)中的参数代入式(3.9)，得到旋转抛物面上曲线的测地曲率为

$$k_g = \sqrt{u^2 + \frac{u^4}{4f^2}}\left[\left(u'' + \frac{uu'^2}{4f^2 + u^2} - \frac{4f^2 uv'^2}{4f^2 + u^2}\right)v' - \left(v'' + \frac{2}{u}u'v'\right)u'\right] \tag{3.15}$$

按照微分几何上对测地线的定义，对于曲面上任一条曲线，如果其上任意一点的测地曲率均为 0，即 $k_g \equiv 0$，那么该曲线为测地线。根据式(3.15)，可以将抛物面上的曲线分为以下 4 类。

第 1 类：$u' = 0, v' = 0$。

这种情况中虽然 $k_g = 0$，但是曲线表示为一定点，并非一条连续曲线。

第 2 类：$u' = 0, v' \neq 0$。

由于 $u' = 0$，可以设 u 为一常数，即 $u = c_0$，则

$$k_g = -\frac{4f^2 c_0^2 v'^3}{4f^2 + c_0{}^2}\sqrt{1 + \frac{c_0{}^2}{4f^2}} \tag{3.16}$$

当且仅当 $c_0 = 0$ 时，$k_g = 0$，但是此时曲线也表示为一定点，并非一条连续曲线。

第 3 类：$u' \neq 0, v' = 0$。

将$u' \neq 0$、$v' = 0$代入式(3.15)可得$k_g \equiv 0$，由此可见第 3 类曲线为测地线，此类曲线为旋转抛物面的母线。

第 4 类：$u' \neq 0, v' \neq 0$ 。

在这种情况下，为得到测地线，可以使式(3.15)中的系数同时为 0，即

$$\begin{cases} u'' + \dfrac{uu'^2}{4f^2 + u^2} - \dfrac{4f^2 uv'^2}{4f^2 + u^2} = 0 \\ v'' + \dfrac{2}{u}u'v' = 0 \end{cases} \tag{3.17}$$

式(3.17)为旋转抛物面上一般测地线的方程。换句话说，在第 4 类情况下，只有满足式(3.17)的曲线才能称为测地线。

3. 测地线求解

对方程组(3.17)的第二式进行变换得到：

$$\frac{v''}{v'} = -\frac{2}{u}u' \tag{3.18}$$

对式(3.18)等号两端同时积分得到：

$$v' = \frac{c_1}{u^2} \tag{3.19}$$

式中，c_1为常数。

为得到v关于u的表达式，将式(3.19)代入式(3.17)中，整理可得

$$\mathrm{d}v = \frac{c_1}{2fu}\sqrt{\frac{u^2 + 4f^2}{u^2 - {c_1}^2}}\mathrm{d}u \tag{3.20}$$

对式(3.20)等号两端同时积分，得到：

$$v = \int \frac{c_1}{2fu}\sqrt{\frac{u^2 + 4f^2}{u^2 - {c_1}^2}}\mathrm{d}u + c_2 \tag{3.21}$$

式中，c_2为常数。

当测地线上两点$A(u_A, v_A)$和$B(u_B, v_B)$已知时，将两点坐标代入式(3.21)中即可求得常数c_1和c_2，整个测地线也就随之确定。但是，式(3.21)的积分十分复杂，无法直接求解，因此采用差分法(松弛法)对方程组(3.17)的二阶常微分方程进行求解。

首先，通过降阶变换，将方程组(3.17)转化为一阶常微分方程组：

$$\begin{cases}\dfrac{\mathrm{d}u}{\mathrm{d}s}=p\\ \dfrac{\mathrm{d}v}{\mathrm{d}s}=q\\ \dfrac{\mathrm{d}p}{\mathrm{d}s}=-\dfrac{up^2}{4f^2+u^2}+\dfrac{4f^2uq^2}{4f^2+u^2}\\ \dfrac{\mathrm{d}q}{\mathrm{d}s}=-\dfrac{2}{u}pq\end{cases}\tag{3.22}$$

为了方便求解，将方程组(3.22)改为如下形式：

$$\begin{cases}\boldsymbol{Y}=(u,v,p,q)^{\mathrm{T}}\\ \boldsymbol{X}=\left(p,q,-\dfrac{up^2}{4f^2+u^2}+\dfrac{4f^2uq^2}{4f^2+u^2},-\dfrac{2}{u}pq\right)^{\mathrm{T}}\end{cases}\tag{3.23}$$

式中，边界条件为

$$\begin{cases}\boldsymbol{\alpha}_A=(u_A,v_A,p_A,q_A)^{\mathrm{T}}\\ \boldsymbol{\alpha}_B=(u_B,v_B,p_B,q_B)^{\mathrm{T}}\end{cases}\tag{3.24}$$

方程组(3.22)由此可以变为

$$\begin{cases}\dfrac{\mathrm{d}\boldsymbol{Y}}{\mathrm{d}s}=\boldsymbol{X}\\ \boldsymbol{Y}(A)=\boldsymbol{\alpha}_A\\ \boldsymbol{Y}(B)=\boldsymbol{\alpha}_B\end{cases}\tag{3.25}$$

式中，A 和 B 分别为测地线的起点和终点。

在测地线 AB 之间取 m 个点进行有限差分离散，$\boldsymbol{Y}=\{\boldsymbol{Y}_1,\boldsymbol{Y}_2,\cdots,\boldsymbol{Y}_m\}$，$\boldsymbol{X}=\{\boldsymbol{X}_1,\boldsymbol{X}_2,\cdots,\boldsymbol{X}_m\}$，则对于弧长 s 有如下微分逼近方程组：

$$\frac{\boldsymbol{Y}_k-\boldsymbol{Y}_{k-1}}{s_k-s_{k-1}}=\frac{1}{2}(\boldsymbol{X}_k+\boldsymbol{X}_{k-1}),\quad k=2,3,\cdots,m\tag{3.26}$$

式中，边界条件为 $\boldsymbol{Y}_1=\boldsymbol{\alpha}_A,\boldsymbol{Y}_m=\boldsymbol{\alpha}_B$。

由式(3.26)可知，除去边界条件为已知量，共有 $4(m-1)$ 个未知数，以及 $4(m-1)$ 个方程。可以将式(3.26)标记为以下方程组：

$$\boldsymbol{F}_k=\left(F_{1k},F_{2k},F_{3k},F_{4k}\right)^{\mathrm{T}}=\frac{\boldsymbol{Y}_k-\boldsymbol{Y}_{k-1}}{s_k-s_{k-1}}-\frac{1}{2}(\boldsymbol{X}_k+\boldsymbol{X}_{k-1})=0,\quad k=2,3,\cdots,m\tag{3.27}$$

在给定初始量 Y^0 的情况下，方程组(3.26)可以通过二次收敛的牛顿(Newton)

迭代法进行求解，求解形式如下：

$$\begin{cases} -\boldsymbol{F}_k = \boldsymbol{J}_{\mathrm{a}} \Delta \boldsymbol{Y}_k \\ \boldsymbol{Y}_{k+1} = \boldsymbol{Y}_k + \Delta \boldsymbol{Y}_k \end{cases} \tag{3.28}$$

式中，$\boldsymbol{J}_{\mathrm{a}}$ 为方程组(3.26)的雅可比矩阵。

3.4.2　测地线索网几何设计方法

1. 测地线索网主要问题

根据 3.4.1 小节的数值算法，可以生成旋转抛物面上任意两点之间的测地线，经过一定变换甚至可以求得两点以外的测地线。然而，测地线索网结构并不能直接由这些生成的测地线构成。这里存在测地线索网形成的一个主要问题，即测地线之间的相交点不一定都在预定的节点上。

图 3.7 展示了一个测地线组成的索网。首先将圆桁架均匀等分，其次分别利用其上相对应的两点作为测地线的边界点生成测地线，最后构成索网。从图中放大区域可以看出，测地线之间的相交点不一定都在预定的节点上。图中放大处测地线本应该交于一拓扑节点以使周围形成三角形网格，但是实际上三线两两相交形成一个三角形，导致旁边形成了多个多边形网格。这反映了测地线索网生成的主要问题：如何保证测地线组成的索网满足预定的拓扑结构。

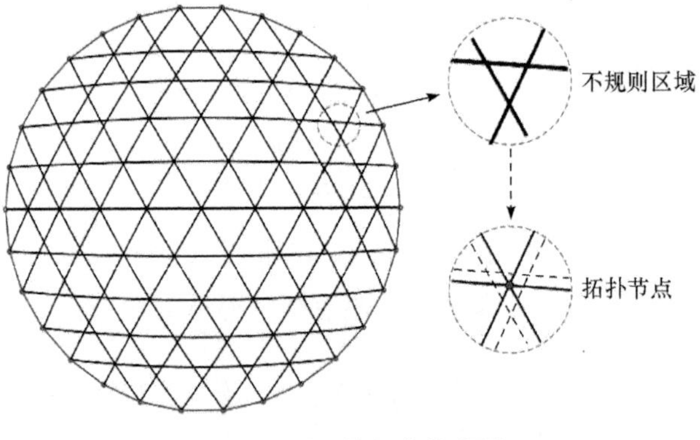

图 3.7　测地线组成的索网

对于环形桁架天线，桁架由尺度相同的多个单元构成。因此，不可能直接选取桁架节点作为测地线索网的边界。对于三向网格拓扑构型，一般在圆桁架内形成一个内接六边形，然后对六边形内外的网格进行设计。这样得到的索网构型在保证索网分段数一定的情况下，可以控制桁架上的分段数较少，在实际工程应用中使用较多。由此，可以将内接六边形作为测地线的边界，但是将内接六边形均匀离散并作为内部测地线的边界点得到的索网同样存在图 3.7 所示的问题。然而，内接六边形与桁架不同的是，其上的节点并不一定均匀离散。

为了保证测地线在预定的位置相交，得到预定拓扑的测地线索网，本书对测地线索网的边界采用非均匀离散的方式，引入了“动态边界点”的概念。如图 3.8 所示，根据索网分段数，在内接六边形边上选定一定数目的节点作为内部测地线的端点。由于这些端点起到测地线方程边界条件的作用，因此将这些端点称为边界点。通过边界点的动态调整，优化内部测地线相交的情况。

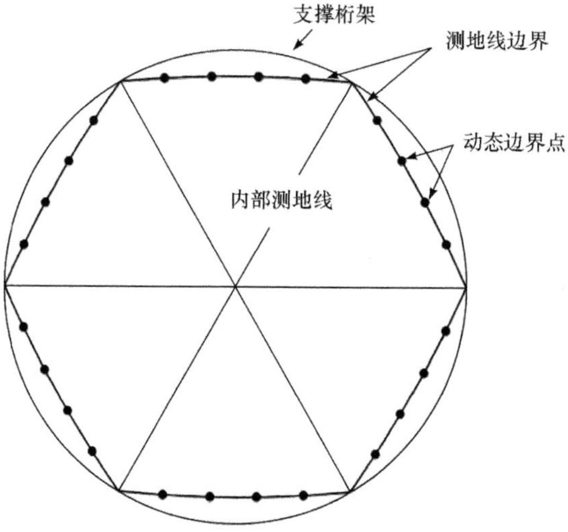

图 3.8　索网内接六边形动态边界点示意图

其实，边界点不一定要选定在内接六边形的边上。根据前面的分析，动态边界必须放在索网内部，而且是内部“可以确定的”曲线上。在测地线索网形成之前，只有内接六边形六个顶点为固定点，由此可以形成两种固定的边界线。如图 3.8 所示，一种是内接六边形的对角线，也称为旋转抛物面的母线，这些母线已经在 3.4.1 小节中被证明为测地线。在内接六边形对角线的一半中取 n–1 个“动点”，将对角线一半分成 n 段。以相邻两段对角线中相应两“动点”作为边界，可以得到这两点间以及两点之外的测地线。另一种则为内接六边形的六条边，由于六个顶点固定，六条边也可以随之按照一定的规则确定。在六边形的每条边上取 n–1 个“动点”，将边线分成 n 段。以六边形对边上相应两“动点”作为边界，可以得到这两点之间的内部测地线。第一种方法可保证母线上的点不动，由于测地线相交情况中外围的相交情况最差，因此第二种方法优化效果更佳。

取边界上的“动点”作为内部测地线的端点，则通过调节“动点”的位置即可对测地线相交的情况进行优化，最终使得所有测地线的相交均得到预定的索网拓扑。以上两种方法在原理上均可行。

2. 动态边界调整法

作为“动态边界点”所在曲线的桁架圆内接六边形的边，仅是通俗意义上的“边”。给定桁架圆上的六个顶点，根据索网总长、反射面有效面积、索网受力情况等不同方面的需求，可以确定多种边界线，该边界线并不一定是测地线。如图 3.9 所示，一类边界为测地线边界，即边界线为内接六边形两个顶点间的测地线；二类边界为直线投影边界，由连接内接六边形两个顶点的直线投影到抛物面上形成；三类边界为添加垂跨比的边界，通过引入拉索桥中垂跨比的概念而形成，有利于改善边界索段的受力[8,9]。根据测地线边界的不同，将生成的索网分别定义为 G1 类、G2 类和 G3 类测地线索网。

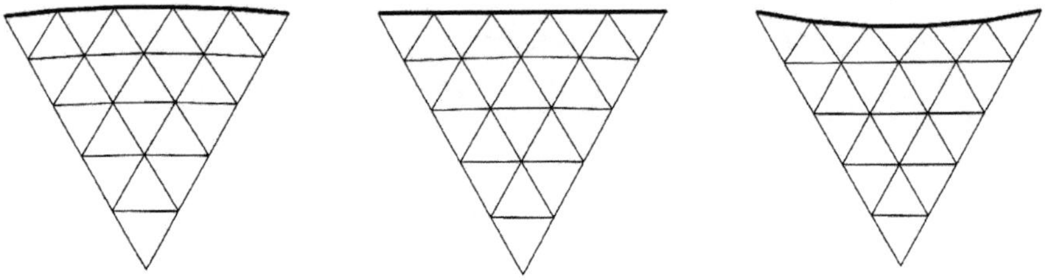

(a) 一类边界　　(b) 二类边界　　(c) 三类边界

图 3.9　测地线索网的三类边界

确定测地线索网的边界之后，边界动点也就可以随之生成。根据索网拓扑，每两个边界点之间即可生成一条测地线。然而，索网内部生成的测地线在“拓扑节点”处往往两两相交为一个三角形。为了衡量测地线相交的情况，假设测地线索网内部的每一个“拓扑节点”处，均由三条测地线两两相交而得到一个三角形(三线相交于一点时可以认为三角形面积为零)。因此，在动态调整的过程中，通过计算所有“拓扑节点”处三角形的面积，即可判断内部测地线相交的情况。将整个动态调整过程描述为一个优化过程，优化模型为

$$
\begin{aligned}
&\text{find} && M_{ki} \quad (k=1,2,\cdots,6;\ i=1,2,\cdots,N-1) \\
&\min && z=\sum_{j=1}^{\text{Num}} s_{\Delta j} \quad (j=1,2,\cdots,\text{Num}) \\
&\text{s.t.} && 1<M_{ki}<M \\
& && s_{\Delta j}<\text{Tol}_g \\
&\text{with} && \\
& && s_{\Delta j}=\text{GetArea}\left(P_{m,n},P_{n,q},P_{q,m}\right) \\
& && P_{m,n}=\text{GetPoint}\left(C_m,C_n\right)
\end{aligned}
\tag{3.29}
$$

式中，M_{ki} 表示动态边界点在边界上的位置，即离散点序号；M 表示测地线离散点的数量；$s_{\Delta j}$ 表示第 j 个“拓扑节点”处的三角形面积；Tol_g 表示允许误差；Num 表示内部节点的总数；$\mathrm{GetArea}\left(P_{m,n}, P_{n,q}, P_{q,m}\right)$ 表示 $P_{m,n}$ 、$P_{n,q}$ 和 $P_{q,m}$ 三点构成的三角形的面积，可以由海伦公式计算得到：

$$\begin{cases} a = \sqrt{(P_{1x} - P_{2x})^2 + (P_{1y} - P_{2y})^2 + (P_{1z} - P_{2z})^2} \\ b = \sqrt{(P_{2x} - P_{3x})^2 + (P_{2y} - P_{3y})^2 + (P_{2z} - P_{3z})^2} \\ c = \sqrt{(P_{3x} - P_{1x})^2 + (P_{3y} - P_{1y})^2 + (P_{3z} - P_{1z})^2} \\ \rho = (a + b + c)/2 \\ \mathrm{GetArea}\left(P_1, P_2, P_3\right) = \sqrt{\rho(\rho - a)(\rho - b)(\rho - c)} \end{cases} \tag{3.30}$$

式中，$P_{i(x,\,y,\,z)}(i = 1,2,3)$ 表示空间的三点坐标。$\mathrm{GetPoint}\left(\mathrm{Cruve}_m, \mathrm{Cruve}_n\right)$ 表示获取 Cruve_m 和 Cruve_n 两条离散点测地线的交点。该交点可以通过求两条测地线的交集，添加离散点，然后由两曲线相减求跳变点的方式求得，计算步骤如下。

(1) 将两条空间离散曲线投影到桁架平面(如 xoy 平面)，得到两条平面曲线：$\boldsymbol{C}_1 = \{\boldsymbol{X}_1, \boldsymbol{Y}_1\}$ 和 $\boldsymbol{C}_2 = \{\boldsymbol{X}_2, \boldsymbol{Y}_2\}$ ；

(2) 如图 3.10(a)所示，获取两曲线的相交区域 $\boldsymbol{R}$ ：

$$\boldsymbol{R} = \{\boldsymbol{X}, \boldsymbol{Y}\} = \left\{x \in \boldsymbol{X},\ y \in \boldsymbol{Y} \middle| x_{m1} \leqslant x \leqslant x_{m2},\ y_{m1} \leqslant y \leqslant y_{m2}\right\} \tag{3.31}$$

式中，

$$\begin{cases} x_{m1} = \max\left\{\min\{\boldsymbol{X}_1\}, \min\{\boldsymbol{X}_2\}\right\} \\ x_{m2} = \min\left\{\max\{\boldsymbol{X}_1\}, \max\{\boldsymbol{X}_2\}\right\} \\ y_{m1} = \max\left\{\min\{\boldsymbol{Y}_1\}, \min\{\boldsymbol{Y}_2\}\right\} \\ y_{m2} = \min\left\{\max\{\boldsymbol{Y}_1\}, \max\{\boldsymbol{Y}_2\}\right\} \end{cases} \tag{3.32}$$

可以获得相交区域 $\boldsymbol{R}$ 内所有点的 x 坐标：

$$\{\boldsymbol{X}_P\} = \left(\{\boldsymbol{X}\} \cap \{\boldsymbol{X}_1\}\right) \cup \left(\{\boldsymbol{X}\} \cap \{\boldsymbol{X}_2\}\right) \tag{3.33}$$

(3) 如图 3.10 (b)所示，通过线性插值，重新生成 $\boldsymbol{C}_{1P}$ 、$\boldsymbol{C}_{2P}$ 两条曲线，分别为 $\boldsymbol{C}_{1P} = \{\boldsymbol{X}_P, \boldsymbol{Y}_{1P}\}$ 和 $\boldsymbol{C}_{2P} = \{\boldsymbol{X}_P, \boldsymbol{Y}_{2P}\}$ ；

(4) 如果存在相同点，则该点为交点，转到步骤(7)，否则转到下一步；

(5) 计算两条曲线 y 坐标的差值：$\{\Delta \boldsymbol{Y}\}=\{\boldsymbol{Y}_{1P}\}-\{\boldsymbol{Y}_{2P}\}$，如图 3.10(c)所示，找到差值$\{\Delta \boldsymbol{Y}\}$中 $\Delta y_k \cdot \Delta y_{k+1}<0$ 的位置，得到四个点：$P_1\left(x_k, y_{1k}\right)$、$P_2\left(x_{k+1}, y_{1k+1}\right)$、$P_3\left(x_k, y_{2k}\right)$和 $P_4\left(x_{k+1}, y_{2k+1}\right)$；

(6) 由这四个点作对角线，求其交点为

$$\begin{pmatrix} x \\ y \end{pmatrix}=\begin{pmatrix} y_{1k+1}-y_{1k} & x_k-x_{k+1} \\ y_{2k+1}-y_{2k} & x_k-x_{k+1} \end{pmatrix}^{-1}\begin{pmatrix} \left(y_{1k+1}-y_{1k}\right)x_k+\left(x_k-x_{k+1}\right)y_{1k} \\ \left(y_{2k+1}-y_{2k}\right)x_k+\left(x_k-x_{k+1}\right)y_{2k} \end{pmatrix} \tag{3.34}$$

(7) 利用式(3.11)，将平面交点重新投影到抛物面，得到空间两条离散曲线的交点：

$$\operatorname{GetPoint}\left(\boldsymbol{C}_1, \boldsymbol{C}_2\right)=\left(x, y,\left(x^2+y^2\right)/4f\right) \tag{3.35}$$

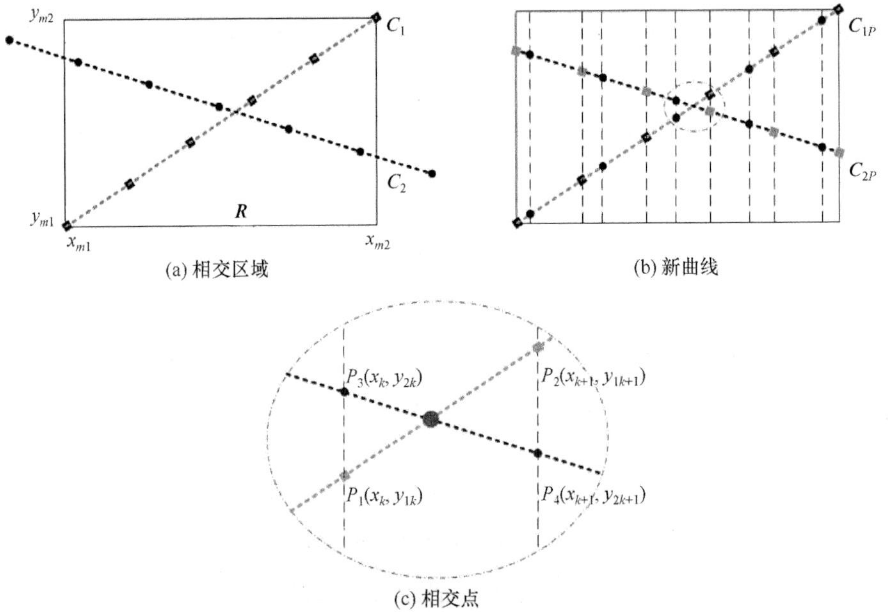

(a) 相交区域　　(b) 新曲线

(c) 相交点

图 3.10　离散曲线交点计算

根据前面的介绍，可以将动态边界调整法总结如下：首先选择边界类型，根据已知内接六边形顶点确定六条边界；其次以六条固定边界作为内部测地线的动态边界，从边界上选取一定数量的点作为内部测地线的边界点(端点)，生成内部动态测地线；再次根据内部动态测地线的相交情况调整端点在边界上的位置，并找到内部动态测地线相交情况最好的位置，即式(3.29)所示的优化模型；最后提取最终节点，生成最终的测地线索网。

3.4.3　环形测地线索网几何设计方法

在焦距为 10m 的旋转抛物面上，取两点$(-10,0,2.5)$和$(0,10,2.5)$作测地线。以两点的 *xoy* 平面连线在抛物面上的投影作为测地线的初始曲线，如图 3.11(a)中的虚线所示，并将其离散为 1000 个初始点。利用牛顿迭代法进行迭代计算，得到两点间的初始曲线与测地线如图 3.11(a)所示，迭代曲线如图 3.11(b)所示。

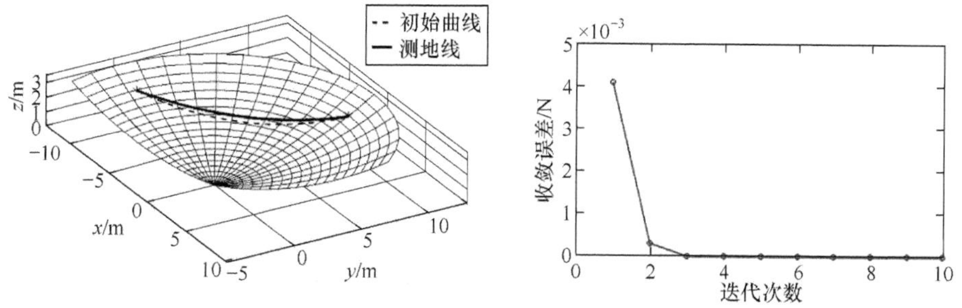

(a) 初始曲线与测地线　　(b) 迭代曲线

图 3.11　单个测地线生成

图 3.11(a)中粗实线为最终计算得到的测地线，长度比初始曲线短 0.0330m。图 3.11(b)中，收敛误差表示每次迭代得到方程组 $\boldsymbol{F}_k$ 的二范数。由计算结果可以看出，方程组的迭代收敛性较好，最终收敛误差达到7.6393×10^{-9} N，增加离散点数量还可以进一步提高计算的精度。

以 AstroMesh 公司的 AM1 索网形式作为索网的拓扑结构[10]，基于动态边界法生成了三类测地线索网。索网结构的几何参数如表 3.1 所示，其中“分段数”表示索网半径的分段数，得到的三类测地线索网与三向网格如图 3.12 所示。测地线索网结果分析如表 3.2 所示。G1 类测地线索网的侧视图如图 3.13 所示。

表 3.1　索网结构的几何参数(AM1)

参数类型	天线口径/m	焦距/m	分段数	离散点数
取值	20	10	9	1000

表 3.2　测地线索网结果分析

索网类型	G1 类测地线索网	G2 类测地线索网	G3 类测地线索网	三向网格
索网总长/m	998.66	996.17	992.83	998.04
有效面积/m²	268.96	259.81	241.11	259.81

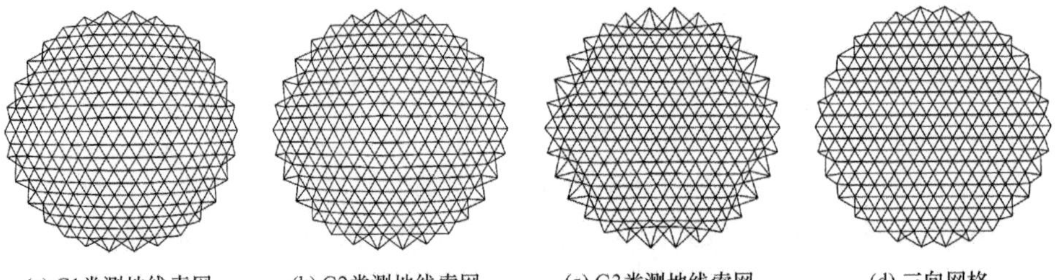

图 3.12　三类测地线索网与三向网格(AM1)

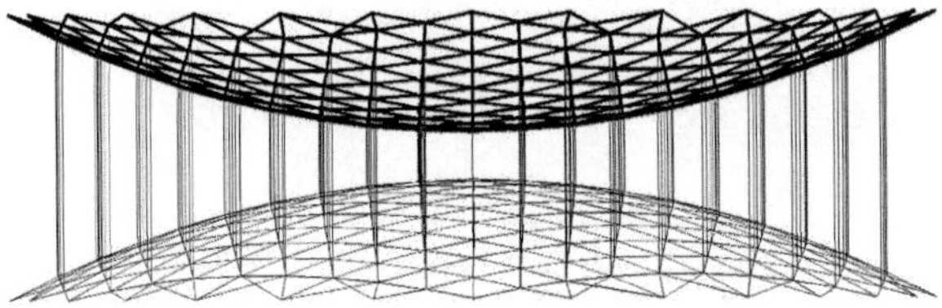

图 3.13　G1 类测地线索网的侧视图

从图 3.12 和表 3.2 的分析结果可以看出，边界条件不同，各类索网的有效面积有所不同。由于天线桁架圆内接六边形边界与桁架之间的单元长度较大，最终拟合形成的抛物面精度较差，因此六边形内部的面积一般可以认为是反射面的有效面积。G1 类测地线索网由于采用测地线边界，与直线三向网格相比，边界明显向外突出，使得边界内的有效面积增大，索网总长仅仅少量增加；G2 类测地线索网采用与三向网格同样的直线投影边界，在保证有效面积一致的情况下，使得索网总长有大幅度的缩短；G3 测地线索网采用 0.1 的垂跨比，边界明显向内凹，有效面积变小，得到的索网总长最短。

图 3.14 为 G1 类测地线索网的迭代曲线，可以看出测地线索网的三角形最大面积与三角形平均面积均逐步收敛于 0 处，算法收敛性良好。

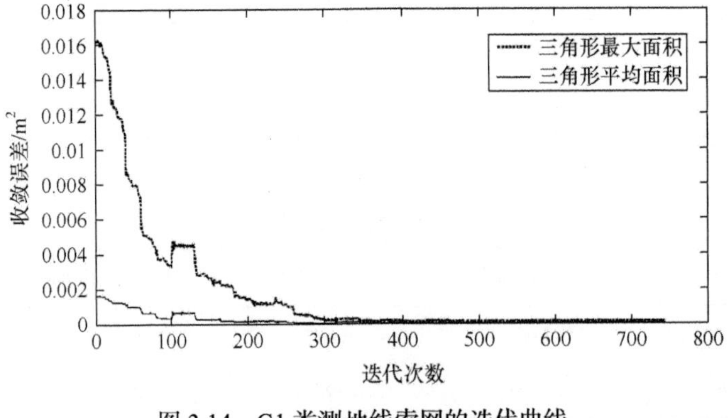

图 3.14　G1 类测地线索网的迭代曲线

3.5　椭圆口径反射面二次曲面索网几何设计

索网结构通过在索段中施加预张力获得刚度和形状，为增强抗干扰能力，索段预张力应尽量均匀。索网结构几何与预张力相互耦合，网面形状影响预张力设计效果，为获得均匀预张力，反射面网格角度应尽量均匀。现有反射面网面构型中，三向网格角度均匀，预张力设计效果好，但有效口径小，影响天线增益，准测地线网格有效口径大但网格角度均匀性差，预张力设计效果差。综合考虑反射面有效口径和网格角度均匀性，可以采用二次抛物曲线代替三向网格索段直线，获得二次曲线构型。

3.5.1　索网节点与单元分类

如图 3.15 所示，为了方便对几何设计过程的描述，将节点和索段进行分类，并定义前网面与支撑结构的连接点为边界节点，前网面上与边界节点有连接关系的节点为外部节点，前网面上其余节点为内部节点，支撑结构连接的索段单元为边界单元，其余索段单元为内部单元。内部节点和内部单元组成网状反射面的有效区域。

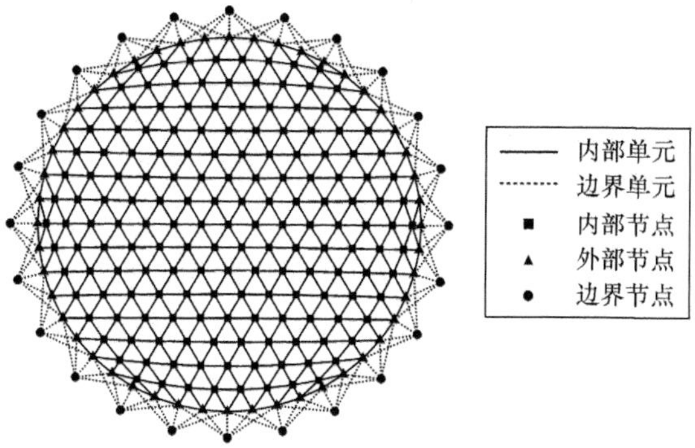

图 3.15　前网面节点和索段分类

3.5.2　平面二次曲线

1. 确定边界节点坐标

不失一般性，假设反射面为一椭圆，如图 3.16 所示，指定第一个边界节点位于椭圆长轴左端，边界节点编号方向为顺时针，边界节点数为 N_B，每段横杆长度(弦长)为 L_c。

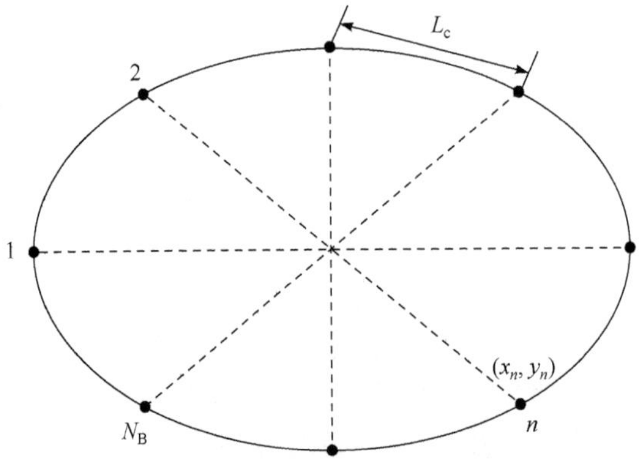

图 3.16 边界节点编号说明

若第 $n(n \leqslant N_B)$ 个边界节点坐标为 (x_n, y_n)，则第 $n+1$ 个边界节点坐标 (x_{n+1}, y_{n+1}) 满足方程：

$$\begin{cases} R_c^2 = x_{n+1}^2 \cos^2 \beta + y_{n+1}^2 \\ (x_{n+1} - x_n)^2 + (y_{n+1} - y_n)^2 = L_c^2 \end{cases} \tag{3.36}$$

式中，弦长 L_c 通过下列优化模型求解：

$$\begin{aligned} &\text{find} \quad L_c \\ &\min \quad \varepsilon = (x_{N_B+1} - x_1)^2 + (y_{N_B+1} - y_1)^2 \\ &\text{s.t.} \quad (x_{N_B+1}, y_{N_B+1}) = f(x_1, y_1, L_c) \end{aligned} \tag{3.37}$$

式(3.37)理论上有两个解，根据边界节点编号规则，排除不符合要求的解。根据式(3.36)，若已知第一个边界节点坐标和横杆长度，可计算得到其他边界节点坐标，且最后一个边界节点与第一个边界节点重合，即 $(x_{N_B+1}, y_{N_B+1}) = (x_1, y_1)$。

2. 确定外部节点坐标

为保证天线有效口径，约束外部节点位于与边界节点所在椭圆相同轴比的另一椭圆上，定义该椭圆为内椭圆，方程为 $R_0{}^2 = x^2 \cos^2 \beta + y^2$，$R_0 < R_c$。为便于区分，边界节点所在椭圆称为外椭圆。

考虑支撑结构受力特性，希望索网张力作用方向关于支撑结构对称，为此，通过如下步骤确定外部节点位置：

(1) 如图 3.17 所示，依次连接各边界节点，得到外椭圆的内接多边形；

(2) 求解外椭圆内接多边形对角线与内椭圆的 N_B 个交点；

(3) 选择第 1 个、第 $N_B/6+1$ 个、第 $2N_B/6+1$ 个、第 $3N_B/6+1$ 个、第 $4N_B/6+1$

个、第 $5N_B/6+1$ 个，共 6 个边界节点对应的内椭圆交点，分别编号为 1～6。这 6 个点将内椭圆分为互不重叠的 6 段弧，编号为弧 1～弧 6。根据网面分段数要求，在各条弧线上均匀插值，得到所有的外部节点。

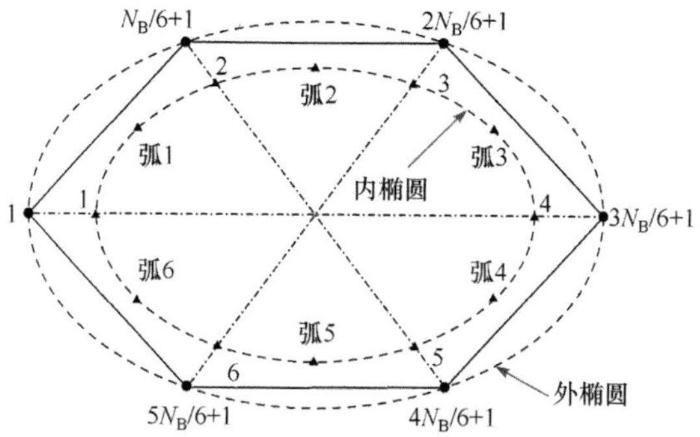

图 3.17　外部节点位置确定

3. 生成初始二次曲线

内部单元沿三个方向分布，以水平方向单元为例，简述初始二次曲线生成过程。如图 3.18 所示，对弧 1 和弧 3 上的点进行编号。内椭圆上任意点 (x_0, y_0) 处的切线斜率为

$$k_0 = -x_0 \cos^2 \beta / y_0 \tag{3.38}$$

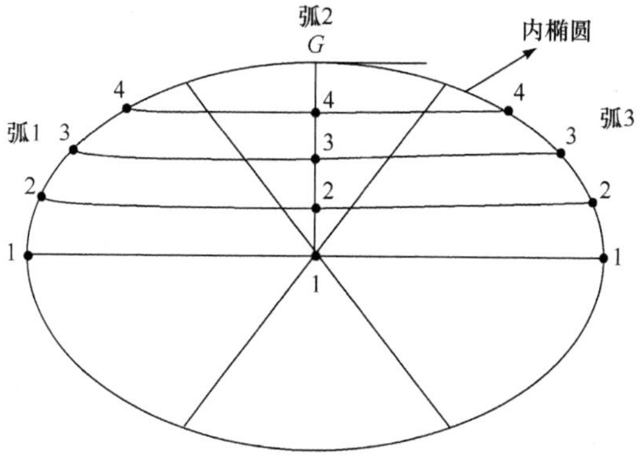

图 3.18　水平方向初始二次曲线生成

相应地，内椭圆上切线斜率为 k_0 的点的坐标为

$$\begin{cases} k_0 = -x_0 \cos^2 \beta / y_0 \\ {x_0}^2 \cos^2 \beta + {y_0}^2 = {R_0}^2 \end{cases} \tag{3.39}$$

整理得

$$\begin{cases} y_0 = \sqrt{\dfrac{{R_0}^2 \cos^2 \beta}{k_0^2 + \cos^2 \beta}} \\ x_0 = -\dfrac{k_0 y_0}{\cos^2 \beta} \end{cases} \tag{3.40}$$

假设过弧 1 和弧 3 第 1 个点的直线的斜率为 k_0，选择弧 2 上具有相同斜率的点标记为 G。过 G 点作上述直线的垂线，将垂线按圆弧分段数等分并将节点编号，弧 1、弧 3 与垂线上具有相同编号的三个点被用来确定一条二次抛物曲线。水平方向初始二次曲线生成效果如图 3.18 所示，其他方向初始二次曲线可按相同方法生成。

3.5.3　二次曲线索网几何设计

与测地线网格相似，二次曲线索网几何生成过程中同样存在如图 3.7 所示的三根索不能交于一点的问题，需要动态调整各二次抛物曲线关键节点位置，使内部二次曲线相交。以“拓扑节点”处三角形面积来表征二次曲线的相交情况，以动态调整节点位置为变量，以“拓扑节点”处相交区域三角形面积最小为目标，建立如式(3.41)所示优化模型。

$$\begin{aligned} &\text{find} \quad M_{pi} \quad (p=1,2,3;\ i=1,2,\cdots,M-1) \\ &\min \quad \varepsilon = \sum_{j=1}^{\text{Num}} s_{\Delta j} \quad (j=1,2,\cdots,\text{Num}) \\ &\text{s.t.} \quad 1 < M_{ki} < M \\ &\qquad s_{\Delta j} = \text{GetArea}\left(P_{m,n}, P_{n,q}, P_{q,m}\right) \\ &\qquad P_{m,n} = \text{GetPoint}\left(\boldsymbol{C}_m, \boldsymbol{C}_n\right) \end{aligned} \tag{3.41}$$

式中，M 表示垂线离散点数量；M_{pi} 表示离散点序号；$s_{\Delta j}$ 表示第 j 个“拓扑节点”处三角形面积；Num 表示“拓扑节点”总数；$\text{GetArea}\left(P_{m,n}, P_{n,q}, P_{q,m}\right)$ 表示求解由 $P_{m,n}$、$P_{n,q}$、$P_{q,m}$ 三点构成的三角形面积，可以由式(3.42)计算，其中 $P_{i(x,y)}(i=1,2,3)$ 表示椭圆交线平面内的三点坐标。

$$\begin{cases} a = \sqrt{(P_{1x} - P_{2x})^2 + (P_{1y} - P_{2y})^2} \\ b = \sqrt{(P_{2x} - P_{3x})^2 + (P_{2y} - P_{3y})^2} \\ c = \sqrt{(P_{1x} - P_{3x})^2 + (P_{1y} - P_{3y})^2} \\ \rho = (a+b+c)/2 \\ \text{GetArea}\left(P_1, P_2, P_3\right) = \sqrt{\rho(\rho-a)(\rho-b)(\rho-c)} \end{cases} \tag{3.42}$$

$\text{GetPoint}(\boldsymbol{C}_m, \boldsymbol{C}_n)$ 表示获取 $\boldsymbol{C}_m$ 和 $\boldsymbol{C}_n$ 两条二次曲线的交点，可通过如下步骤求解。

(1) 两条曲线分别表示为 $\boldsymbol{C}_1 = \{\boldsymbol{X}_1, \boldsymbol{Y}_1\}$ 和 $\boldsymbol{C}_2 = \{\boldsymbol{X}_2, \boldsymbol{Y}_2\}$；

(2) 如图 3.19(a)所示，获取 $\boldsymbol{C}_1$ 和 $\boldsymbol{C}_2$ 的相交区域 $\boldsymbol{R}$：

$$\boldsymbol{R} = \{\boldsymbol{X}, \boldsymbol{Y}\} = \left\{x \in \boldsymbol{X}, y \in \boldsymbol{Y} \middle| x_{m1} \leqslant x \leqslant x_{m2}, y_{m1} \leqslant y \leqslant y_{m2}\right\} \tag{3.43}$$

式中，

$$\begin{cases} x_{m1} = \max\{\min\{\boldsymbol{X}_1\}, \min\{\boldsymbol{X}_2\}\} \\ x_{m2} = \min\{\max\{\boldsymbol{X}_1\}, \max\{\boldsymbol{X}_2\}\} \\ y_{m1} = \max\{\min\{\boldsymbol{Y}_1\}, \min\{\boldsymbol{Y}_2\}\} \\ y_{m2} = \min\{\max\{\boldsymbol{Y}_1\}, \max\{\boldsymbol{Y}_2\}\} \end{cases} \tag{3.44}$$

相交区域 $\boldsymbol{R}$ 内所有点的 x 坐标为

$$\{\boldsymbol{X}_P\} = (\{\boldsymbol{X}\} \cap \{\boldsymbol{X}_1\}) \cup (\{\boldsymbol{X}\} \cap \{\boldsymbol{X}_2\}) \tag{3.45}$$

(3) 如图 3.19(b)所示，根据点的 x 坐标和曲线方程，重新生成 $\boldsymbol{C}_{1P}$、$\boldsymbol{C}_{2P}$ 两条曲线：$\boldsymbol{C}_{1P} = \{\boldsymbol{X}_P, \boldsymbol{Y}_{1P}\}$ 和 $\boldsymbol{C}_{2P} = \{\boldsymbol{X}_P, \boldsymbol{Y}_{2P}\}$；

(4) 如果 $\boldsymbol{C}_{1P}$、$\boldsymbol{C}_{2P}$ 上存在相同点，则该点为交点，否则转到下一步；

(5) 如图 3.19(c)所示，计算 $\boldsymbol{C}_{1P}$、$\boldsymbol{C}_{2P}$ 的 y 坐标差值 $\{\Delta\boldsymbol{Y}\} = \{\boldsymbol{Y}_{1P}\} - \{\boldsymbol{Y}_{2P}\}$，找到 $\{\Delta\boldsymbol{Y}\}$ 中满足 $\Delta y_k \cdot \Delta y_{k+1} < 0$ 的四个点：$P_1(x_k, y_{1k})$、$P_2(x_{k+1}, y_{1k+1})$、$P_3(x_k, y_{2k})$ 和 $P_4(x_{k+1}, y_{2k+1})$；

(6) 以 $P_1 \sim P_4$ 作对角线，得到两条离散曲线的交点 $\text{GetPoint}(\boldsymbol{C}_1, \boldsymbol{C}_2) = (x, y)$：

$$\begin{pmatrix} x \\ y \end{pmatrix} = \begin{bmatrix} y_{1k+1} - y_{1k} & x_k - x_{k+1} \\ y_{2k+1} - y_{2k} & x_k - x_{k+1} \end{bmatrix}^{-1} \begin{bmatrix} (y_{1k+1} - y_{1k})x_k + (x_k - x_{k+1})y_{1k} \\ (y_{2k+1} - y_{2k})x_k + (x_k - x_{k+1})y_{2k} \end{bmatrix} \tag{3.46}$$

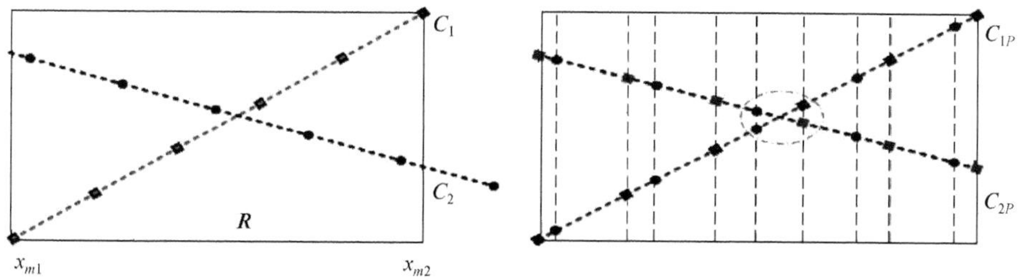

(a) 相交区域　　(b) 新曲线

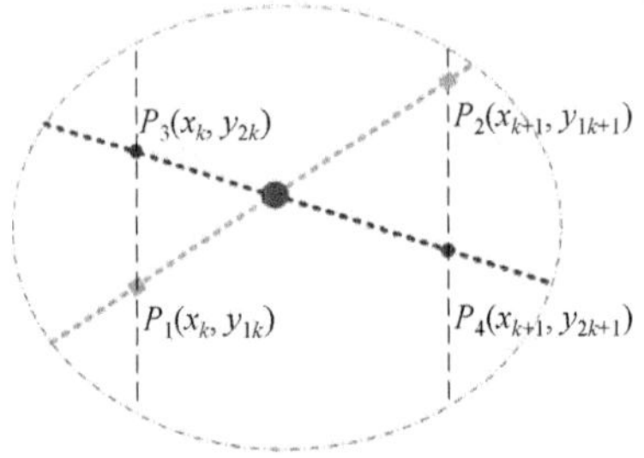

(c) 相交点

图 3.19　离散曲线交点计算

动态关键点调整法总结如下：首先将三个方向垂线离散，从垂线上选取一定数量点作为内部二次曲线关键点，生成内部动态二次曲线；其次使用式(3.41)所示优化模型，根据曲线相交情况调整关键点在垂线上位置；最后提取优化后“拓扑节点”坐标。

利用式(3.2)将“拓扑节点”投影到抛物面，便可得到二次曲线型网状反射面。

3.5.4　二次曲面索网几何设计

分别使用三向网格、测地线网格、准测地线网格和二次曲线网格根据表 3.3 所示的参数进行反射面几何设计，得到的反射面网格如图 3.20 所示。分析对比几种构型的有效口径和索段长度，结果如表 3.4 所示。从表中数据可以看出，对于单位有效口径，二次曲线网格具有最小的索段长度。

表 3.3　反射面几何参数

几何参数	口径/m	焦距/m	分段数	偏置距离/m
取值	14	12	8	8

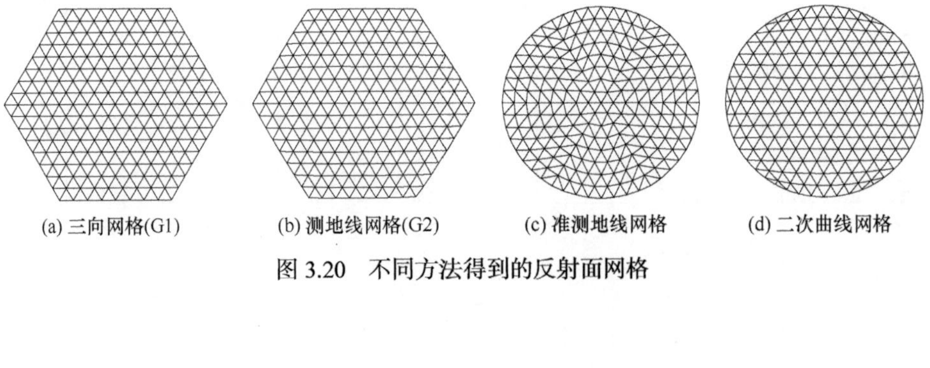

(a) 三向网格(G1)　(b) 测地线网格(G2)　(c) 准测地线网格　(d) 二次曲线网格

图 3.20　不同方法得到的反射面网格

表 3.4　不同构型有效口径与索段长度对比

天线参数	索段长度/m	有效口径/m^2	索段长度/有效口径
三向网格	543.2308	134.1920	4.0482
测地线网格	545.9321	135.6826	4.0236
准测地线网格	600.1494	161.8015	3.7092
二次曲线网格	599.2620	161.8003	3.7037

参 考 文 献

[1] DENG H Q, LI T J, WANG Z W. Design of geodesic cable net for space deployable mesh reflectors[J]. Acta Astronautica, 2015, 119: 13-21.

[2] 邓汉卿. 空间可展开索网天线的机构构型综合与形面设计方法研究[D].西安: 西安电子科技大学, 2016.

[3] CHEN C C, LI T J, TANG Y Q. Mesh generation of elliptical aperture reflectors[J]. Journal of Aerospace Engineering, 2019, 32(4): 04019025.

[4] 陈聪聪. 空间可展开网状天线高精度型面设计方法[D]. 西安: 西安电子科技大学, 2022.

[5] AGRAWAL P K, ANDERSON M S, CARD M F. Preliminary design of large reflectors with flat facets[J]. IEEE Transactions on Antennas and Propagation, 1981, 29(4): 688-694.

[6] 杨东武, 尤国强, 保宏. 抛物面索网天线的最佳型面设计方法[J]. 机械工程学报, 2011, 47(19): 123-128.

[7] WOLTER F E. Interior metric shortest paths and loops in riemannian manifolds with not necessarily smooth boundary[D]. Berlin: Free University of Berlin, 1979.

[8] TIBERT G, PELLEGRINO S. Furlable reflector concept for small satellites[C]. 42nd AIAA/ ASME/ASCE/AHS/ASC Structures, Structural Dynamics, and Material Conference, Seattle, USA, 2001: 1261.

[9] 李团结, 周懋花, 段宝岩. 可展天线的柔性索网结构找形分析方法[J]. 宇航学报, 2008, 29(3): 794-798.

[10] TIBERT A G. Optimal design of tension truss antennas[C]. 44th AIAA/ASME/ASCE/AHS Structures, Structural Dynamics, and Materials Conference, Norfolk, USA, 2003: 1629.

第 4 章　索网反射面形态设计理论与方法

4.1　概　　述

为了使索网反射面具备承载所需的刚度和形状，需要给索网施加一定的预张力，这个过程称为形态设计。形态设计方法可以分成三类，包括节点坐标已知索网结构的预张力设计、节点坐标与张力均未知索网结构的形态设计和特殊形态设计方法。本章介绍环形网状天线的形态设计，针对节点坐标已知索网结构的形态设计，介绍一些通用、简单、有效的形态设计方法，包括平面投影设计法[1,2]和力密度设计法[3]；针对节点坐标与张力均未知索网结构的形态设计，介绍一些更加便捷和完善的形态设计法，包括等力密度设计法、等张力设计法等[3]；针对考虑桁架变形索网结构的形态设计，介绍一类力密度/有限元混合设计法[4]；最后介绍一类考虑电性能的索网机/电耦合形态设计方法[4,5]。

4.2　平面投影设计法

如图 4.1 所示，环形可展开天线由三部分索网构成：前索网、背索网和张力阵。三部分索网互相耦合，具有一定的关系。直接设计三部分索网的张力比较复杂，因此可以利用三部分索网之间的关系进行设计。在桁架天线中，张力阵垂直于桁架平面，前后索网在桁架平面的投影重合，由此可以形成这样一种形态设计方法：首先，将空间索网结构投影到桁架平面上得到平面索网结构，对其进行形态设计，得到平面索网结构的预张力分布；然后，将得到的平面索网平衡预张力按照几何关系投影到空间索网结构，得到使索网结构整体达到平衡的预张力分布。

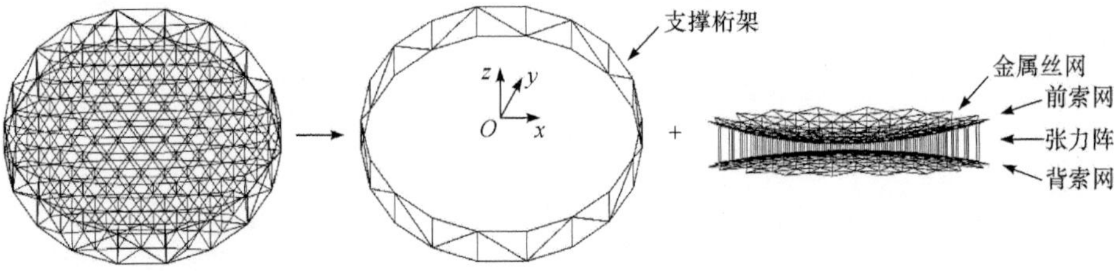

图 4.1　环形可展开天线构成

4.2.1　平面索网形态设计

为了设计一个平衡张力索网，索网预张力必须满足如下节点力平衡方程：

$$\begin{cases} \sum F_{ij}\dfrac{x_j - x_i}{l_{ij}} = 0 \\ \sum F_{ij}\dfrac{y_j - y_i}{l_{ij}} = 0 \\ \sum F_{ij}\dfrac{z_j - z_i}{l_{ij}} = 0 \end{cases} \tag{4.1}$$

式中，F_{ij} 为连接到节点 i 和 j 的索段的张力；$x_{i,j}$、$y_{i,j}$ 和 $z_{i,j}$ 为节点 i 和 j 的坐标分量；l_{ij} 为连接到节点 i 和 j 的索段的长度，$l_{ij} = \sqrt{(x_i - x_j)^2 + (y_i - y_j)^2 + (z_i - z_j)^2}$ 。

式(4.1)可以写为矩阵形式：

$$\boldsymbol{MF} = \boldsymbol{0} \tag{4.2}$$

式中，$\boldsymbol{M}$ 称为节点力平衡方程的系数矩阵。

对于一个给定索网结构，其系数矩阵 $\boldsymbol{M}$ 一定，根据式(4.2)即可计算索网预张力。但是，式(4.2)是一个具有多解的齐次方程组，其求解存在一定的难度，而且得到的解也不一定满足工程实际的要求。因此，利用投影原理，可以对式(4.1)进行化简，使其变为 xoy 平面的节点力平衡方程组，并且可以添加工程需求，以得到更有用的解。

如图 4.2 所示，选取桁架口径平面作为索网天线的投影平面，张力阵方向为 z 方向。

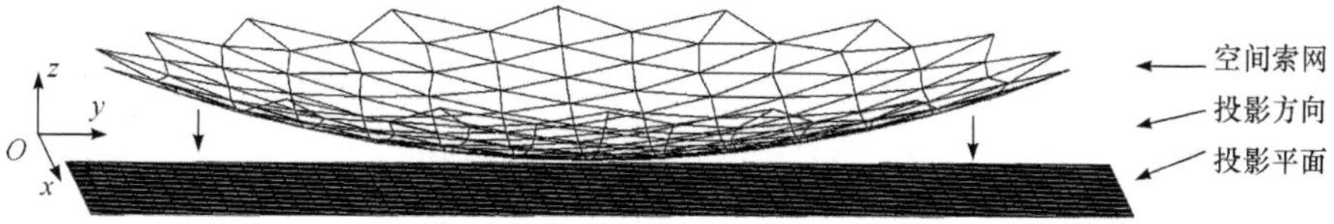

图 4.2　空间索网投影

给定平面索网的张力均值为 F^0，并将其代入式(4.2)，得到改进的力平衡方程：

$$\begin{bmatrix} \boldsymbol{M}_{2N_\text{n}\times N_\text{e}} \\ \boldsymbol{\alpha}_{1\times N_\text{e}} \end{bmatrix} \boldsymbol{F}_{N_\text{e}\times 1} = \begin{bmatrix} \boldsymbol{0}_{2N_\text{n}} \\ F^0 \end{bmatrix} \tag{4.3}$$

$$\boldsymbol{\alpha}_{1\times N_\text{e}} = \underbrace{(\frac{1}{N_\text{e}}\ \frac{1}{N_\text{e}}\ \cdots\ \frac{1}{N_\text{e}})}_{N_\text{e}\text{个}} \tag{4.4}$$

即

$$\boldsymbol{\Phi}_{(2N_n+1)\times N_e}\boldsymbol{F}_{N_e\times 1}=\boldsymbol{b}_{(2N_n+1)\times 1} \tag{4.5}$$

式中，$\boldsymbol{M}_{2N_n\times N_e}$ 为节点力平衡方程的系数矩阵，只考虑 x、y 方向，N_e 为平面索网结构的索段单元数量，N_n 为自由节点的数量。对索网结构各部分的定义如图 4.3 所示，“•”表示自由节点，其位置由竖向索和前网面共同决定；“■”表示边界节点(或桁架节点)，即与桁架连接的节点，其位置在网面设计时给定；粗线表示边界索网；虚线环形表示桁架；其余细线表示内部索网。

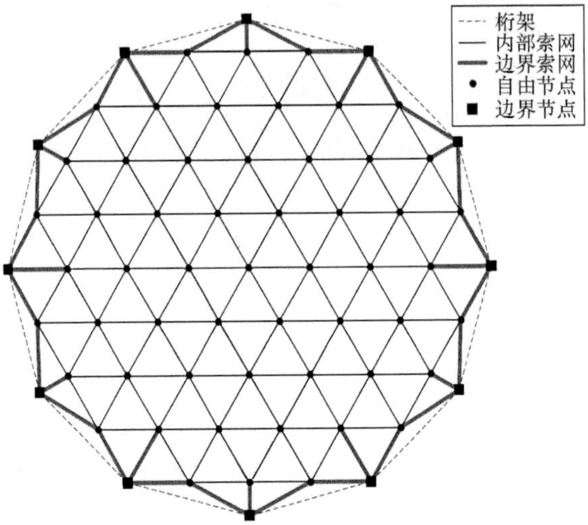

图 4.3　索网结构各部分的定义

通常情况下，$N_e>2N_n+1$，即式(4.3)所示力平衡方程组中方程数小于变量数，其仍是一个具有多解的齐次方程组。为了进一步简化计算，可以设定其中 $N_e-(2N_n+1)$ 个变量，将原欠定方程组变成一个静定方程组进行求解。这里不妨将张力向量 $\boldsymbol{F}_{N_e\times 1}$ 中靠后的变量 $\boldsymbol{F}_{N_e-(2N_n+1)\times 1}$ 假设为已知的，则

$$\begin{aligned}\boldsymbol{Q}_{N_e\times N_e}\boldsymbol{F}_{N_e\times 1}&=\begin{bmatrix}\boldsymbol{\Phi}_{(2N_n+1)\times N_e}\\ \boldsymbol{0}_{[N_e-(2N_n+1)]\times(2N_n+1)} \quad \boldsymbol{I}_{[N_e-(2N_n+1)]\times[N_e-(2N_n+1)]}\end{bmatrix}\boldsymbol{F}_{N_e\times 1}\\&=\begin{bmatrix}\boldsymbol{b}_{(2N_n+1)\times 1}\\ \boldsymbol{F}_{N_e-(2N_n+1)\times 1}\end{bmatrix}=\boldsymbol{B}_{N_e\times 1}\end{aligned} \tag{4.6}$$

式中，$\boldsymbol{0}_{[N_e-(2N_n+1)]\times(2N_n+1)}$ 为零矩阵；$\boldsymbol{I}_{[N_e-(2N_n+1)]\times[N_e-(2N_n+1)]}$ 为单位矩阵。

由式(4.1)可以看出，对于任意节点处连接的多个索段，只有当所有力平衡方程系数中 $y_j-y_i=k\left(x_j-x_i\right)$ 时，力平衡方程之间线性相关，最终导致方阵 $\boldsymbol{Q}_{N_e\times N_e}$

不满秩。$y_j - y_i = k\left(x_j - x_i\right)$意味着所有与该节点相连接的索段共线，对于常用的索网而言，这显然是不成立的。对于索段张力的计算，可以由式(4.6)得到：

$$\boldsymbol{F}_{N_e\times 1} = \boldsymbol{Q}_{N_e\times N_e}^{-1}\boldsymbol{B}_{N_e\times 1} \tag{4.7}$$

因此，只要给定张力向量$\boldsymbol{F}_{N_e\times 1}$中$N_e-\left(2N_n+1\right)$个变量，结合式(4.7)即可求得所有索段张力。为了保证求得的索段张力的均匀性以及索网受力均为张力，建立优化模型如下：

$$\begin{aligned}
&\text{find} \quad \boldsymbol{F}_{N_e-(2N_n+1)\times 1}\\
&\min \quad \frac{F_{\max}}{F_{\min}}\\
&\text{s.t.} \quad \boldsymbol{Q}_{N_e\times N_e}\boldsymbol{F}_{N_e\times 1} = \boldsymbol{B}_{N_e\times 1}\\
&\qquad\ F_i > 0, \quad i = 1,2,\cdots,N_e
\end{aligned} \tag{4.8}$$

式中，$F_{\max}$和$F_{\min}$分别表示计算得到的平面索网张力的最大值和最小值，结合下文介绍的空间索网张力的设计，可以将其变为前索网张力的最大值和最小值。

4.2.2　空间索网形态设计

根据 4.2.1 小节对平面索网张力的计算，可以将其反投影到空间索网中，得到空间索网的张力分布。如图 4.4 所示，空间索网中任意节点处，取其中前索网、竖向索和背索网各一段进行形态设计。设前索网上连接i、j两节点索段的长度为l_{ij}^{s}，张力为F_{ij}^{s}；对应投影平面索网长度为l_{ij}^{p}，张力为F_{ij}^{p}；背索网的长度为l_{ij}^{b}，张力为F_{ij}^{b}，背索网投影平面索网张力为F_{ij}^{pb}；节点i处的竖向索张力为F_i^{v}。

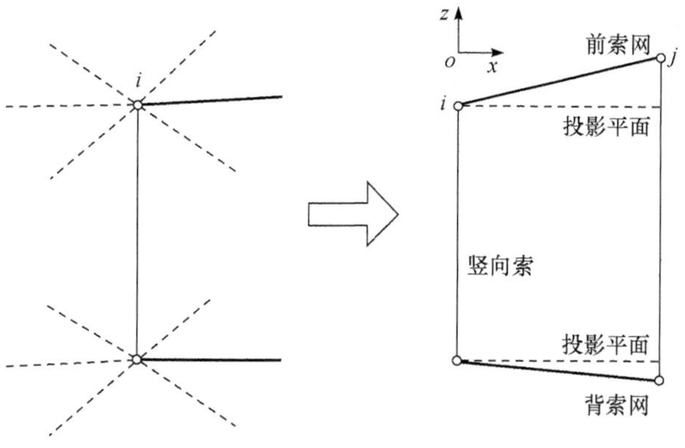

图 4.4　空间索网形态设计

根据投影原理，将平面索网张力投影到前索网，得到：

$$F_{ij}^{\mathrm{s}}=\frac{l_{ij}^{\mathrm{s}}}{l_{ij}^{\mathrm{p}}}F_{ij}^{\mathrm{p}} \tag{4.9}$$

设连接到节点 i 的索段总数为 m，则节点 i 处的竖向索张力为

$$F_{i}^{\mathrm{v}}=\sum_{t=1}^{m}\frac{z_t-z_i}{l_{it}^{\mathrm{p}}}F_{it}^{\mathrm{p}} \tag{4.10}$$

同理，可以得到背索网张力为

$$F_{ij}^{\mathrm{b}}=\frac{l_{ij}^{\mathrm{b}}}{l_{ij}^{\mathrm{p}}}F_{ij}^{\mathrm{pb}}=\frac{l_{ij}^{\mathrm{b}}}{l_{ij}^{\mathrm{p}}}F_{ij}^{\mathrm{p}}\times\rho \tag{4.11}$$

式中，ρ 为背索网与前索网在投影平面上索力之比，即 $\rho=F_{ij}^{\mathrm{pb}}/F_{ij}^{\mathrm{p}}$。

为使背索网满足张力平衡条件，ρ 必须为非零常数。对于图 4.4 中的前后索段，张力在竖向的分量分别为

$$\begin{cases}F_{ij}^{\mathrm{vs}}=\dfrac{z_j^{\mathrm{s}}-z_i^{\mathrm{s}}}{l_{ij}^{\mathrm{p}}}F_{ij}^{\mathrm{p}}\\[2ex] F_{ij}^{\mathrm{vb}}=\dfrac{z_i^{\mathrm{b}}-z_j^{\mathrm{b}}}{l_{ij}^{\mathrm{p}}}F_{ij}^{\mathrm{pb}}=\dfrac{z_i^{\mathrm{b}}-z_j^{\mathrm{b}}}{l_{ij}^{\mathrm{p}}}F_{ij}^{\mathrm{p}}\cdot\rho\end{cases} \tag{4.12}$$

令 $F_{ij}^{\mathrm{vs}}=F_{ij}^{\mathrm{vb}}$，则前索网和背索网在竖向方向上满足静力平衡，有

$$\rho=\frac{z_j^{\mathrm{s}}-z_i^{\mathrm{s}}}{z_i^{\mathrm{b}}-z_j^{\mathrm{b}}} \tag{4.13}$$

由式(4.13)可以看出，为了使 ρ 满足非零条件，仍需对不同的反射面天线做相应的处理。根据反射面天线的设计原理，分为以下三种情况。

D1 类：对于前索网和背索网对称的索网，$\rho=1$，同时背索网张力与前索网张力一致，$\boldsymbol{F}^{\mathrm{b}}=\boldsymbol{F}^{\mathrm{s}}$。

D2 类：对于前索网和背索网不对称的天线，分正馈天线和偏馈天线来处理。D2 类表示其中正馈天线的情况。对于正馈天线，其前后抛物面方程为

$$\begin{cases}z^{\mathrm{s}}=\dfrac{x^2+y^2}{4f^{\mathrm{s}}}\\[2ex] z^{\mathrm{b}}=-\dfrac{x^2+y^2}{4f^{\mathrm{b}}}-H\end{cases} \tag{4.14}$$

式中，H 为背索网的 z 向偏置距离；f^{s} 和 f^{b} 分别表示前后抛物面的焦距。

将式(4.14)代入式(4.13)，并化简得到：

$$\rho=\frac{f^{\mathrm{b}}}{f^{\mathrm{s}}} \tag{4.15}$$

将式(4.15)代入式(4.11)并结合式(4.9)，可以得到：

$$\frac{F_{ij}^{\mathrm{b}}}{F_{ij}^{\mathrm{s}}}=\frac{l_{ij}^{\mathrm{b}}}{l_{ij}^{\mathrm{s}}}\times\rho=\frac{l_{ij}^{\mathrm{b}}}{l_{ij}^{\mathrm{s}}}\times\frac{f^{\mathrm{b}}}{f^{\mathrm{s}}} \tag{4.16}$$

可以看出，在给定反射面焦距的情况下，这一类天线前后索网张力之比只与索段长度有关。

D3 类： 对于偏馈天线并且前索网和背索网不对称的情况，ρ 满足非零常数条件，因此在这种情况下不能使用式(4.11)直接计算背索网预张力。此时前索网和竖向索张力已知，如图 4.5 所示，背索网张力可以由以下优化模型求得

$$\begin{aligned}
&\text{find} && \boldsymbol{F}_{N_{\mathrm{e}}-(3N_{\mathrm{n}}+1)}^{\mathrm{b}}\\
&\min && \frac{F_{\max}^{\mathrm{b}}}{F_{\min}^{\mathrm{b}}}\\
&\text{s.t.} && \boldsymbol{Q}_{N_{\mathrm{e}}\times N_{\mathrm{e}}}^{\mathrm{b}}\boldsymbol{F}_{N_{\mathrm{e}}\times 1}^{\mathrm{b}}=\boldsymbol{B}_{N_{\mathrm{e}}\times 1}^{\mathrm{b}}\\
& && F_i^{\mathrm{b}}>0,\quad i=1,2,\cdots,N_{\mathrm{e}}
\end{aligned} \tag{4.17}$$

式中，

$$\boldsymbol{Q}_{N_{\mathrm{e}}\times N_{\mathrm{e}}}^{\mathrm{b}}=\begin{bmatrix}\boldsymbol{M}_{3N_{\mathrm{n}}\times N_{\mathrm{e}}}^{\mathrm{b}}\\ \boldsymbol{\alpha}_{1\times N_{\mathrm{e}}}\\ \boldsymbol{0}_{[N_{\mathrm{e}}-(3N_{\mathrm{n}}+1)]\times(3N_{\mathrm{n}}+1)}\quad \boldsymbol{I}_{[N_{\mathrm{e}}-(3N_{\mathrm{n}}+1)]\times[N_{\mathrm{e}}-(3N_{\mathrm{n}}+1)]}\end{bmatrix} \tag{4.18}$$

$$\boldsymbol{B}_{N_{\mathrm{e}}\times 1}^{\mathrm{b}}=\begin{bmatrix}\boldsymbol{b}_{3N_{\mathrm{n}}\times 1}^{\mathrm{b}}\\ F^{0\mathrm{b}}\\ \boldsymbol{F}_{N_{\mathrm{e}}-(3N_{\mathrm{n}}+1)\times 1}^{\mathrm{b}}\end{bmatrix} \tag{4.19}$$

式中，$\boldsymbol{b}_{3N_{\mathrm{n}}\times 1}^{\mathrm{b}}=[0,0,F_1^{\mathrm{v}},0,0,F_2^{\mathrm{v}},\cdots,0,0,F_j^{\mathrm{v}},\cdots,0,0,F_{N_{\mathrm{n}}}^{\mathrm{v}}]^{\mathrm{T}}$，由竖向索张力 $F_j^{\mathrm{v}}\,(j=1,2,\cdots,N_{\mathrm{n}})$ 组成；$\boldsymbol{M}_{3N_{\mathrm{n}}\times N_{\mathrm{e}}}^{\mathrm{b}}$ 为背索网节点力平衡矩阵系数；$F^{0\mathrm{b}}$ 为背索网张力均值。

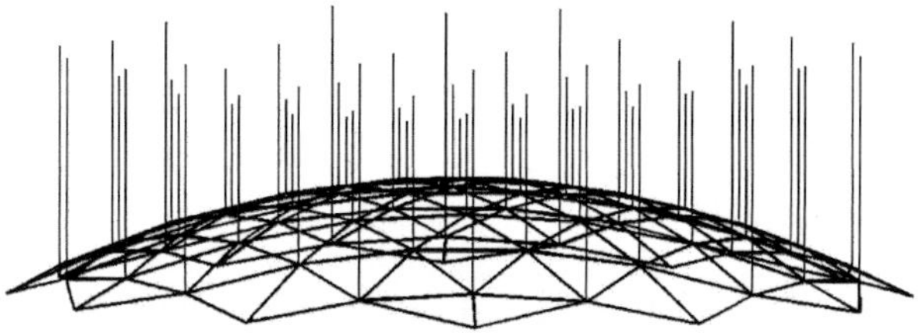

图 4.5　背索网张力计算

综上所述，平面投影设计法主要分为两个步骤：首先，将索网投影到平面，由式(4.8)优化计算平面索网张力；然后，根据反射面天线的特点，对于 D1 类和 D2 类情况，由式(4.9)～式(4.13)直接计算前索网、竖向索和背索网的张力。对于 D3 类情况，背索网张力由式(4.17)优化计算得到。

4.2.3 三向网格形态设计

针对图 4.6 所示的三向网格索网结构，采用平面投影设计法对其进行形态设计。索网结构的几何参数如表 4.1 所示，计算结果如表 4.2 所示。

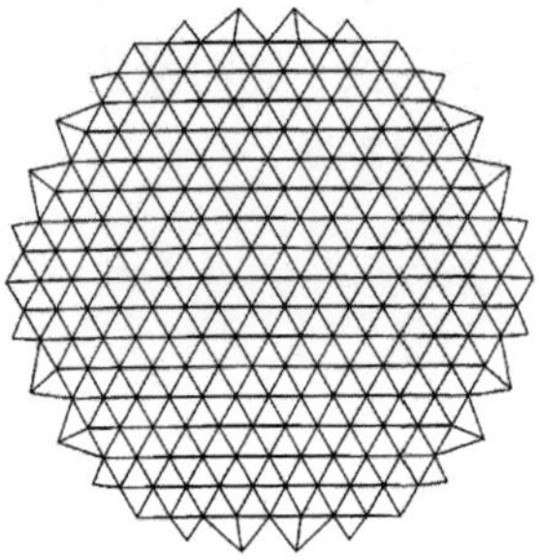

(a) 索网拓扑形式

(b) 索网侧视图

图 4.6 三向网格索网结构

表 4.1 索网结构的几何参数(三向网格)

参数类型	天线口径/m	前索网焦距/m	背索网焦距/m	偏置距离/m	分段数
取值	10	5	30	6	8

表 4.2 计算结果

方法	最大张力与最小张力之比				RMS/mm	最大节点位移/mm
	前索网	背索网	竖向索	平面索		
平面投影设计法	2.9978	2.9039	1.3821	2.9014	3.8365	7.418

表 4.2 中，RMS 表示前索网节点位置误差的均方根值，其计算公式如下：

$$\mathrm{RMS}=\sqrt{\frac{1}{N_{\mathrm{n}}}\sum\left(\Delta x^2+\Delta y^2+\Delta z^2\right)} \tag{4.20}$$

4.2.4 测地线索网形态设计

以 AstroMesh 公司的 AM2 索网形式作为索网的拓扑结构[6]，利用动态边界法建立了三类测地线索网，如图 4.7 所示。三类测地线索网与三向网格均为 D1 类偏馈索网，几何参数如表 4.3 所示，利用平面投影设计法进行形态设计，测地线张力计算结果如表 4.4 所示。

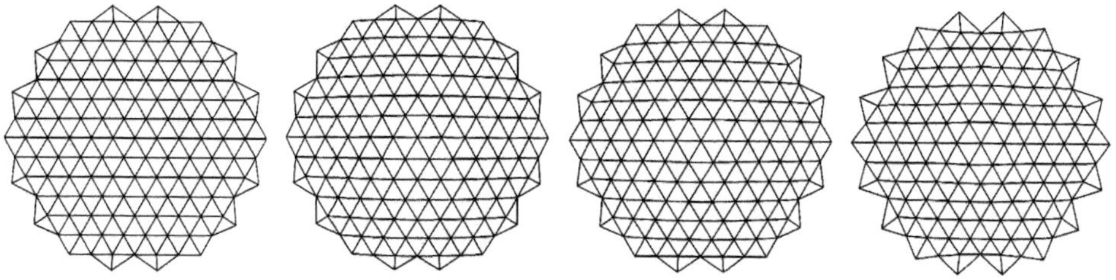

(a) 三向网格　(b) G1类测地线索网　(c) G2类测地线索网　(d) G3类测地线索网

图 4.7　三向网格与三类测地线索网(AM2)

表 4.3　测地线索网结构的几何参数

参数类型	天线口径/m	前索网焦距/m	背索网焦距/m	偏置距离/m	分段数
取值	5	3	3	3	6

表 4.4　测地线张力计算结果

类型	前索网内部		前索网外部		竖向索		RMS/mm
	均值/N	张力比	均值/N	张力比	均值/N	张力比	
三向网格	8.8601	2.2283	16.8392	1.2143	1.5371	2.6842	0.2000
G1 类测地线索网	8.7887	2.4940	17.2680	1.2487	1.3194	2.4139	0.0979
G2 类测地线索网	8.8722	2.6522	16.7665	1.3810	1.3350	2.4168	0.0707
G3 类测地线索网	9.0460	2.2521	15.7241	1.2448	1.3657	2.3895	0.0890

由表 4.4 可以看出，由于三向网格的几何均匀性，其前索网的张力相对于三类测地线索网具有较好的均匀性。在索网竖向张力和形面精度上，测地线索网相对于三向网格有一定的提升。由于垂跨比的引入，G3 类测地线索网整体的张力均匀性有了一定的提高。

4.3　力密度设计法

4.3.1　力密度法

对于空间索网，其预张力满足式(4.1)所示节点力平衡方程。根据力密度的概

念，可以将连接到节点 i 和 j 的索段的力密度表示为

$$q_{ij} = \frac{F_{ij}}{l_{ij}} \tag{4.21}$$

将式(4.21)代入式(4.1)可以得到一个线性方程组：

$$\begin{cases} \sum\left(x_j - x_i\right)F_{ij} / l_{ij} = \sum q_{ij}\left(x_j - x_i\right) = 0 \\ \sum\left(y_j - y_i\right)F_{ij} / l_{ij} = \sum q_{ij}\left(y_j - y_i\right) = 0 \\ \sum\left(z_j - z_i\right)F_{ij} / l_{ij} = \sum q_{ij}\left(z_j - z_i\right) = 0 \end{cases} \tag{4.22}$$

考虑整个索网结构的拓扑连接信息，可以将式(4.22)变为

$$\begin{cases} \boldsymbol{C}_{\mathrm{s}}^{\mathrm{T}}\boldsymbol{Q}\boldsymbol{C}_{\mathrm{s}}\boldsymbol{X} = \boldsymbol{0} \\ \boldsymbol{C}_{\mathrm{s}}^{\mathrm{T}}\boldsymbol{Q}\boldsymbol{C}_{\mathrm{s}}\boldsymbol{Y} = \boldsymbol{0} \\ \boldsymbol{C}_{\mathrm{s}}^{\mathrm{T}}\boldsymbol{Q}\boldsymbol{C}_{\mathrm{s}}\boldsymbol{Z} = \boldsymbol{0} \end{cases} \tag{4.23}$$

式中，$\boldsymbol{Q}$ 为力密度矩阵，由力密度值在矩阵对角线排列而成；$\boldsymbol{X}$ 、$\boldsymbol{Y}$ 和 $\boldsymbol{Z}$ 为节点坐标列向量；$\boldsymbol{C}_{\mathrm{s}}$ 为索网结构所有节点的关联矩阵，描述了网状反射面结构中索段单元与自由节点的连接性，其维数为 $N_{\mathrm{e}} \times N_{\mathrm{n}}$ ，N_{e} 为索段单元数，N_{n} 为节点数。如果第 e 个索段单元连接了节点 i 和 j ,那么其第 e 行的第 i 列为 $+1$,第 j 列为 -1 。

根据索段单元是否连接到桁架，矩阵 $\boldsymbol{C}_{\mathrm{s}}$ 可以分成两部分：

$$\boldsymbol{C}_{\mathrm{s}} = \left[\boldsymbol{C}_{\mathrm{u}} \quad \boldsymbol{C}_{\mathrm{f}}\right] \tag{4.24}$$

式中，$\boldsymbol{C}_{\mathrm{u}}$ 为索网与自由节点部分的关联矩阵；$\boldsymbol{C}_{\mathrm{f}}$ 为索网与边界节点的关联矩阵。

因此，可以将式(4.23)转化为

$$\begin{cases} \boldsymbol{C}_{\mathrm{u}}^{\mathrm{T}}\boldsymbol{Q}\boldsymbol{C}_{\mathrm{u}}\boldsymbol{X}_{\mathrm{u}} = -\boldsymbol{C}_{\mathrm{u}}^{\mathrm{T}}\boldsymbol{Q}\boldsymbol{C}_{\mathrm{f}}\boldsymbol{X}_{\mathrm{f}} \\ \boldsymbol{C}_{\mathrm{u}}^{\mathrm{T}}\boldsymbol{Q}\boldsymbol{C}_{\mathrm{u}}\boldsymbol{Y}_{\mathrm{u}} = -\boldsymbol{C}_{\mathrm{u}}^{\mathrm{T}}\boldsymbol{Q}\boldsymbol{C}_{\mathrm{f}}\boldsymbol{Y}_{\mathrm{f}} \\ \boldsymbol{C}_{\mathrm{u}}^{\mathrm{T}}\boldsymbol{Q}\boldsymbol{C}_{\mathrm{u}}\boldsymbol{Z}_{\mathrm{u}} = -\boldsymbol{C}_{\mathrm{u}}^{\mathrm{T}}\boldsymbol{Q}\boldsymbol{C}_{\mathrm{f}}\boldsymbol{Z}_{\mathrm{f}} \end{cases} \tag{4.25}$$

在网状反射面中，索网只受拉力，其力密度均为正值，那么 $\boldsymbol{C}_{\mathrm{u}}^{\mathrm{T}}\boldsymbol{Q}\boldsymbol{C}_{\mathrm{u}}$ 是正定和可逆的。给定一组力密度 $\boldsymbol{Q}$ 与边界节点位置 $\left[\boldsymbol{X}_{\mathrm{f}} \quad \boldsymbol{Y}_{\mathrm{f}} \quad \boldsymbol{Z}_{\mathrm{f}}\right]$ ，自由节点的坐标即可以直接计算出来：

$$\begin{cases} \boldsymbol{X}_{\mathrm{u}} = -\left(\boldsymbol{C}_{\mathrm{u}}^{\mathrm{T}}\boldsymbol{Q}\boldsymbol{C}_{\mathrm{u}}\right)^{-1}\boldsymbol{C}_{\mathrm{u}}^{\mathrm{T}}\boldsymbol{Q}\boldsymbol{C}_{\mathrm{f}}\boldsymbol{X}_{\mathrm{f}} \\ \boldsymbol{Y}_{\mathrm{u}} = -\left(\boldsymbol{C}_{\mathrm{u}}^{\mathrm{T}}\boldsymbol{Q}\boldsymbol{C}_{\mathrm{u}}\right)^{-1}\boldsymbol{C}_{\mathrm{u}}^{\mathrm{T}}\boldsymbol{Q}\boldsymbol{C}_{\mathrm{f}}\boldsymbol{Y}_{\mathrm{f}} \\ \boldsymbol{Z}_{\mathrm{u}} = -\left(\boldsymbol{C}_{\mathrm{u}}^{\mathrm{T}}\boldsymbol{Q}\boldsymbol{C}_{\mathrm{u}}\right)^{-1}\boldsymbol{C}_{\mathrm{u}}^{\mathrm{T}}\boldsymbol{Q}\boldsymbol{C}_{\mathrm{f}}\boldsymbol{Z}_{\mathrm{f}} \end{cases} \tag{4.26}$$

根据式(4.26)计算得到的索网自由节点坐标以及给定的索网拓扑形式，即可生成一个和力密度 $\boldsymbol{Q}$ 相关的索网几何模型。

进一步，可以求得每段索网单元的长度，即 $l_{ij}=\sqrt{(x_i-x_j)^2+(y_i-y_j)^2+(z_i-z_j)^2}$ ，以函数 $\mathrm{fLen}(\cdot)$ 表示为

$$\boldsymbol{L}=\mathrm{fLen}(\boldsymbol{X},\boldsymbol{Y},\boldsymbol{Z}) \tag{4.27}$$

相应地，索网的张力可以根据力密度的定义求得

$$\boldsymbol{F}=\boldsymbol{QL} \tag{4.28}$$

对于一般的索网结构，根据式(4.26)～式(4.28)即可完成索网的几何设计与平衡张力设计。但是，对于抛物面天线，其前索网自由节点的 z 方向坐标并不能保证均落在给定的反射面上，因此需要对式(4.26)中 z 方向坐标进行计算修正。

将式(4.26)计算得到的前索网自由节点坐标 $\begin{bmatrix}\boldsymbol{X}_{\mathrm{u}}^{\mathrm{s}} & \boldsymbol{Y}_{\mathrm{u}}^{\mathrm{s}}\end{bmatrix}$ 代入抛物面方程，可以得到任意节点在抛物面上的 z 方向坐标。由于正馈天线和偏馈天线的不同，此处统一由函数 $\mathrm{fZco}(\cdot)$ 表示为

$$\boldsymbol{Z}_{\mathrm{u}}^{\mathrm{s}}=\mathrm{fZco}\left(\boldsymbol{X}_{\mathrm{u}}^{\mathrm{s}},\boldsymbol{Y}_{\mathrm{u}}^{\mathrm{s}}\right) \tag{4.29}$$

结合式(4.26)和式(4.29)即可计算得到反射面天线前索网的几何模型，背索网可以根据 4.2 节中的三种天线类型分别进行设计。因此，前索网张力仍可由式(4.28)计算得到，其在 xoy 平面满足力平衡条件；竖向索张力为前索网张力的竖向分量，任意一个竖向索张力可表示为

$$F_i^{\mathrm{v}}=\sum_{t=1}^{m}\frac{z_t-z_i}{l_{it}^{\mathrm{s}}}F_{it}^{\mathrm{s}} \tag{4.30}$$

式(4.30)对竖向索张力的计算与式(4.10)根据投影原理的计算类似；背索网张力的计算，同样需要根据 4.2 节中的三种天线类型分别进行设计。

D1 类： 前索网和背索网相互对称的索网。显然 $\boldsymbol{Q}^{\mathrm{b}}=\boldsymbol{Q}^{\mathrm{s}}$ ，背索网张力与前索网张力一致，即 $\boldsymbol{F}^{\mathrm{b}}=\boldsymbol{F}^{\mathrm{s}}$ ；

D2 类： 前索网和背索网不对称的正馈天线。设 $\boldsymbol{Q}^{\mathrm{b}}=\rho_{\mathrm{q}}\boldsymbol{Q}^{\mathrm{s}}$ ，其中 ρ_{q} 为非零比例系数。由于前后索网拓扑形式一致，矩阵 $\boldsymbol{C}_{\mathrm{s}}$ 一致，边界节点的 x 、y 坐标一致，因此由式(4.26)可知自由节点的 x 、y 坐标也一致。从式(4.25)可知，背索网在 xoy 平面同样满足力平衡条件。设节点 i 、j 连接的前索网索段的力密度为 q_{ij}^{s} ，对应背索网的力密度为 q_{ij}^{b} 。对于图 4.4 中的前后索段，前后索网张力在竖向的分量分别为

$$\begin{cases} F_{ij}^{\text{vs}} = \dfrac{z_j^{\text{s}} - z_i^{\text{s}}}{l_{ij}^{\text{s}}} F_{ij}^{\text{s}} = \left(z_j^{\text{s}} - z_i^{\text{s}}\right) q_{ij}^{\text{s}} \\ F_{ij}^{\text{vb}} = \dfrac{z_i^{\text{b}} - z_j^{\text{b}}}{l_{ij}^{\text{b}}} F_{ij}^{\text{b}} = \left(z_i^{\text{b}} - z_j^{\text{b}}\right) q_{ij}^{\text{b}} \end{cases} \tag{4.31}$$

令 $F_{ij}^{\text{vs}} = F_{ij}^{\text{vb}}$，则前索网和背索网在竖向上满足静力平衡，有

$$\rho_{\text{q}} = \frac{q_{ij}^{\text{b}}}{q_{ij}^{\text{s}}} = \frac{z_j^{\text{s}} - z_i^{\text{s}}}{z_i^{\text{b}} - z_j^{\text{b}}} \tag{4.32}$$

将式(4.14)代入式(4.32)，并化简得到：

$$\rho_{\text{q}} = \frac{q_{ij}^{\text{b}}}{q_{ij}^{\text{s}}} = \rho = \frac{f^{\text{b}}}{f^{\text{s}}} \tag{4.33}$$

根据力密度的定义，可以得到：

$$\boldsymbol{F}^{\text{b}} = \boldsymbol{Q}^{\text{b}} \boldsymbol{L}^{\text{b}} = \rho_q \boldsymbol{Q}^{\text{s}} \boldsymbol{L}^{\text{b}} \tag{4.34}$$

$$\frac{F_{ij}^{\text{b}}}{F_{ij}^{\text{s}}} = \frac{q_{ij}^{\text{b}} l_{ij}^{\text{b}}}{q_{ij}^{\text{s}} l_{ij}^{\text{s}}} = \frac{l_{ij}^{\text{b}}}{l_{ij}^{\text{s}}} \cdot \frac{f^{\text{b}}}{f^{\text{s}}} \tag{4.35}$$

可以看出，对于这一类天线，前后索网力密度之比与 4.2 节的平面投影设计法在计算本质上是一致的。在给定反射面焦距的情况下，前后索网张力之比只与索段长度有关。

D3 类：前索网和背索网不对称的偏馈天线，并不能使 ρ_q 满足非零常数条件，因此在这种情况下，不能使用式(4.34)直接计算背索网的张力。此时前索网和竖向索张力已知，背索网张力同样可以由式(4.17)所示优化模型求得。

4.3.2　等张力设计法

对于前文所述力密度索网设计方法，只要给定一组力密度即可算出一个具体的索网几何模型，相应可以算出一组平衡张力。例如，给定 $q_{ij} \equiv$ 常数，可以按照前文所述步骤得到一个等力密度索网及其平衡张力，这种方法称为等力密度设计法。

同样，如果给定一个恒定的索网张力，那么是不是可以得到一个等张力索网？根据式(4.21)所示力密度的概念，假设给定每个索段单元的张力且张力相等，那么索段单元力密度和长度为一对协调变量，即 $q_{ij} = F_0 / l_{ij}$，其中 F_0 表示给定的恒等张力，由此可以建立如下方程组：

$$\begin{cases} \boldsymbol{X}_{\mathrm{u}} = -\left(\boldsymbol{C}_{\mathrm{u}}^{\mathrm{T}}\boldsymbol{Q}\boldsymbol{C}_{\mathrm{u}}\right)^{-1}\boldsymbol{C}_{\mathrm{u}}^{\mathrm{T}}\boldsymbol{Q}\boldsymbol{C}_{\mathrm{f}}\boldsymbol{X}_{\mathrm{f}} \\ \boldsymbol{Y}_{\mathrm{u}} = -\left(\boldsymbol{C}_{\mathrm{u}}^{\mathrm{T}}\boldsymbol{Q}\boldsymbol{C}_{\mathrm{u}}\right)^{-1}\boldsymbol{C}_{\mathrm{u}}^{\mathrm{T}}\boldsymbol{Q}\boldsymbol{C}_{\mathrm{f}}\boldsymbol{Y}_{\mathrm{f}} \\ \boldsymbol{Z}_{\mathrm{u}} = \mathrm{fZco}\left(\boldsymbol{X}_{\mathrm{u}},\boldsymbol{Y}_{\mathrm{u}}\right) \\ \boldsymbol{L} = \mathrm{fLen}\left(\boldsymbol{X},\boldsymbol{Y},\boldsymbol{Z}\right) \\ \boldsymbol{Q} = \mathrm{diag}\left(F_0/\boldsymbol{L}\right) \end{cases} \tag{4.36}$$

式中，函数 $\mathrm{diag}(\cdot)$ 表示将向量放在矩阵对角线的位置形成对角阵。

式(4.36)所示方程组中，将 $\{\boldsymbol{X}_{\mathrm{u}},\boldsymbol{Y}_{\mathrm{u}},\boldsymbol{Z}_{\mathrm{u}},\boldsymbol{L},\boldsymbol{Q}\}$ 作为未知量，则未知量与方程均有 $3N_{\mathrm{n}}+2N_{\mathrm{e}}$ 个，求解该方程组即可求得等张力索网中的力密度与几何位置，但是该方程组相当复杂，并不能直接求得解析解。根据求解非线性方程组的不动点理论可知，对于给定的方程组，存在满足一定条件的连续函数 f_{fp} 和点 $\boldsymbol{x}_0$，使得 $\boldsymbol{x}_0 = f_{\mathrm{fp}}\left(\boldsymbol{x}_0\right)$，那么 $\boldsymbol{x}_0$ 即为方程组的不动点，结合连续函数 f_{fp} 即可通过迭代法对方程组进行数值求解，计算得到不动点 $\boldsymbol{x}_0$。

由式(4.36)所示方程组可以看出，真正未知量是力密度 $\boldsymbol{Q}$，其他未知量在力密度已知的情况下均可计算得到。因此，力密度为方程组的不动点，根据力密度与索长、预张力之间的关系，即可建立连续函数 $\boldsymbol{Q} = \mathrm{diag}\left(F_0/\boldsymbol{L}\right) = f_{\mathrm{fp}}\left(\boldsymbol{Q}\right)$。给定初始力密度值 $\boldsymbol{Q}^0$，可以建立以下迭代格式：

$$\begin{cases} \boldsymbol{X}_{\mathrm{u}}^k = -\left(\boldsymbol{C}_{\mathrm{u}}^{\mathrm{T}}\boldsymbol{Q}^k\boldsymbol{C}_{\mathrm{u}}\right)^{-1}\boldsymbol{C}_{\mathrm{u}}^{\mathrm{T}}\boldsymbol{Q}^k\boldsymbol{C}_{\mathrm{f}}\boldsymbol{X}_{\mathrm{f}} \\ \boldsymbol{Y}_{\mathrm{u}}^k = -\left(\boldsymbol{C}_{\mathrm{u}}^{\mathrm{T}}\boldsymbol{Q}^k\boldsymbol{C}_{\mathrm{u}}\right)^{-1}\boldsymbol{C}_{\mathrm{u}}^{\mathrm{T}}\boldsymbol{Q}^k\boldsymbol{C}_{\mathrm{f}}\boldsymbol{Y}_{\mathrm{f}} \\ \boldsymbol{Z}_{\mathrm{u}}^k = \mathrm{fZco}\left(\boldsymbol{X}_{\mathrm{u}}^k,\boldsymbol{Y}_{\mathrm{u}}^k\right) \\ \boldsymbol{L}^k = \mathrm{fLen}\left(\boldsymbol{X}^k,\boldsymbol{Y}^k,\boldsymbol{Z}^k\right) \\ \boldsymbol{Q}^{k+1} = \mathrm{diag}\left(F_0/\boldsymbol{L}^k\right) \end{cases} \tag{4.37}$$

式中，k 表示迭代序号。

对于式(4.37)所示数值迭代方法，需要给定收敛条件。给定收敛误差 $\mathrm{Tol_q}$，$\mathrm{Tol_q} > 0$，则收敛条件为

$$\left\|\mathrm{getdiag}\left(\boldsymbol{Q}^{k+1}\right) - \mathrm{getdiag}\left(\boldsymbol{Q}^k\right)\right\|_2 \leqslant \mathrm{Tol_q} \tag{4.38}$$

式中，函数 $\mathrm{getdiag}(\cdot)$ 表示取矩阵的对角线元素形成向量；$\|\cdot\|_2$ 表示计算向量的二范数。

式(4.36)所示方程组来自具体的索网结构，拓扑结构本身的影响往往会导致方

程组无解。图 4.8 为四种典型的索网拓扑形式，将索网分为以下四类，采用等张力设计法进行处理。

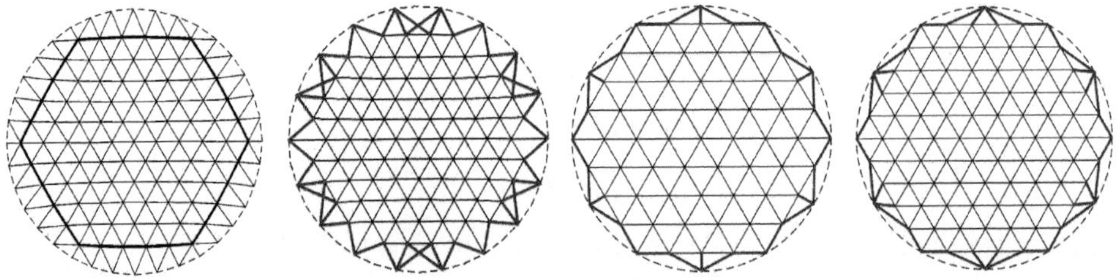

(a) AM0索网拓扑形式　(b) AM1索网拓扑形式　(c) AM2索网拓扑形式　(d) AM3索网拓扑形式

图 4.8　索网拓扑形式

T1 类：类似于图 4.8(a)所示的 AM0 索网拓扑，具有各向对称以及内部节点连接索段数均相同的特性。这一类索网拓扑均可以通过式(4.37)所示数值迭代方法求得等张力解。

T2 类：类似于图 4.8(b)所示的 AM1 索网拓扑，将图中粗线部分的原边界索去掉，然后通过添加索段可以将其变为 AM0 索网拓扑，这样就可以求得变换后的等张力解。进一步，以等张力解的最外圈自由节点作为边界(图 4.8(a)中的粗线部分)，将边界索进行还原，并且设原边界索(图 4.8(b)中的粗线部分)的数目为 n_c。等张力解边界上每个节点处的力平衡方程为

$$\begin{cases} \sum_{t=1}^{m} F_{it}\dfrac{x_t - x_i}{l_{it}} = 0 \\ \sum_{t=1}^{m} F_{it}\dfrac{y_t - y_i}{l_{it}} = 0 \end{cases} \tag{4.39}$$

式中，m 为连接到节点 i 的索段总数。

因此，当等张力解边界上的每个节点处存在两个或两个以上原边界索段时，式(4.39)中索力未知量等于或多于方程数，方程组有解。设等张力解边界上的自由节点数为 n_b，则有 $n_c \geqslant 2n_b$。通过式(4.39)计算得到的边界索张力与内部索网张力不完全相等，但是可以保证内部大部分索段的预张力相等。

T3 类：类似于图 4.8(c)所示的 AM2 索网拓扑，虽然 $n_c < 2n_b$，但是根据索网结构的对称性，仍有部分索网可以根据 T2 类索网的方式进行处理，得到内部索力均相等的索网结构。

T4 类：类似于图 4.8(d)所示的 AM3 索网拓扑，虽然索网结构具备一定的对称性，但是拓扑本身的特点决定其完全不适用等张力的情况。根据 T2 类索网的设计方式进行处理，并不能得到内部索力均相等的索网结构。

根据式(4.37)迭代计算得到最终的力密度值 $\boldsymbol{Q}^*$ 之后，前索网的张力即可计算得到，同样可以计算得到前索网的节点坐标。由式(4.30)可以对竖向索张力进行计算；背索网张力的计算，同样需要根据 4.2 节中的三种天线类型进行分别设计。

D1 类： 前索网和背索网相互对称的索网。显然 $\boldsymbol{Q}^{\mathrm{b}}=\boldsymbol{Q}^{\mathrm{s}}$，背索网张力与前索网张力一致，即 $\boldsymbol{F}^{\mathrm{b}}=\boldsymbol{F}^{\mathrm{s}}$。

D2 类： 前索网和背索网不对称的正馈天线。与 4.3.1 小节等力密度设计法的情况类似，根据式(4.30)和式(4.34)可以对竖向索与背索网的张力进行计算。根据式(4.35)得到：

$$\frac{F_1^{\mathrm{b}}}{F_2^{\mathrm{b}}}=\frac{l_1^{\mathrm{b}}l_2^{\mathrm{s}}}{l_2^{\mathrm{b}}l_1^{\mathrm{s}}} \tag{4.40}$$

式中，F_1^{b} 和 F_2^{b} 表示背索网任意两个不同索段的张力；l_1^{s}、l_2^{s} 和 l_1^{b}、l_2^{b} 表示其对应的前后索网的索段长度。可以看出，背索网的张力并不完全相等。

D3 类： 前索网和背索网不对称的偏馈天线。背索网张力同样可以由式(4.17)所示优化模型求得，背索网的张力并不完全相等。

4.3.3　变力密度张力优化方法

为了解决等张力设计法在 T3、T4 类索网上遇到的困难，在传统力密度的基础之上，可以通过优化力密度值对索网进行优化设计，并可以根据工程需求对优化目标进行灵活调整。根据力密度法的基本计算思想，以索段单元的力密度作为设计变量，建立如下变力密度的优化模型：

$$\begin{aligned}
&\text{find} && \boldsymbol{Q}=\operatorname{diag}\left(q_1,q_2,\cdots,q_{N_{\mathrm{e}}}\right)\\
&\min && \operatorname{fun}(\boldsymbol{Q})\\
&\text{s.t.} && 0<q^{\mathrm{L}}\leqslant q_i\leqslant q^{\mathrm{U}},\quad i=1,2,\cdots,N_{\mathrm{e}}\\
&&& \boldsymbol{X}_{\mathrm{u}}=-\left(\boldsymbol{C}_{\mathrm{u}}^{\mathrm{T}}\boldsymbol{Q}\boldsymbol{C}_{\mathrm{u}}\right)^{-1}\boldsymbol{C}_{\mathrm{u}}^{\mathrm{T}}\boldsymbol{Q}\boldsymbol{C}_{\mathrm{f}}\boldsymbol{X}_{\mathrm{f}}\\
&&& \boldsymbol{Y}_{\mathrm{u}}=-\left(\boldsymbol{C}_{\mathrm{u}}^{\mathrm{T}}\boldsymbol{Q}\boldsymbol{C}_{\mathrm{u}}\right)^{-1}\boldsymbol{C}_{\mathrm{u}}^{\mathrm{T}}\boldsymbol{Q}\boldsymbol{C}_{\mathrm{f}}\boldsymbol{Y}_{\mathrm{f}}\\
&&& \boldsymbol{Z}_{\mathrm{u}}=\mathrm{fZco}\left(\boldsymbol{X}_{\mathrm{u}},\boldsymbol{Y}_{\mathrm{u}}\right)\\
&&& \boldsymbol{L}=\mathrm{fLen}\left(\boldsymbol{X},\boldsymbol{Y},\boldsymbol{Z}\right)\\
&&& \boldsymbol{F}=\boldsymbol{Q}\boldsymbol{L}
\end{aligned} \tag{4.41}$$

式中，q^{U} 和 q^{L} 分别表示每个力密度值的上界和下界；$\operatorname{fun}(\boldsymbol{Q})$ 表示以力密度为自变量的目标函数，可以根据工程需求灵活变化。例如，若要使张力比较均匀，可

以将目标函数定义为

$$\mathrm{fun}(\boldsymbol{Q})=\max(\boldsymbol{F})/\min(\boldsymbol{F}) \tag{4.42}$$

若要使索网的长度比较均匀，可以将目标函数定义为

$$\mathrm{fun}(\boldsymbol{Q})=\max(\boldsymbol{L})/\min(\boldsymbol{L}) \tag{4.43}$$

若要使索网的总长度最短，可以将目标函数定义为

$$\mathrm{fun}(\boldsymbol{Q})=\sum_{i=1}^{N_{\mathrm{e}}} L_i \tag{4.44}$$

按照工程实际，目标函数还可以定义为上述多个独立目标的组合。如果索网拓扑为 AM0，那么由式(4.41)和式(4.42)联合优化得到的结果与式(4.37)所示等张力设计法的迭代结果一致，同样可以实现索网的等张力设计。

4.3.4 AM2 索网形态设计

同样以 AstroMesh 公司的 AM2 索网形式作为索网的拓扑结构[6]，根据表 4.3 所示的几何参数，利用等力密度设计法和等张力设计法对 D1 类索网进行几何设计和形态设计，生成的索网如图 4.9 所示，力密度索网计算结果如表 4.5 所示。

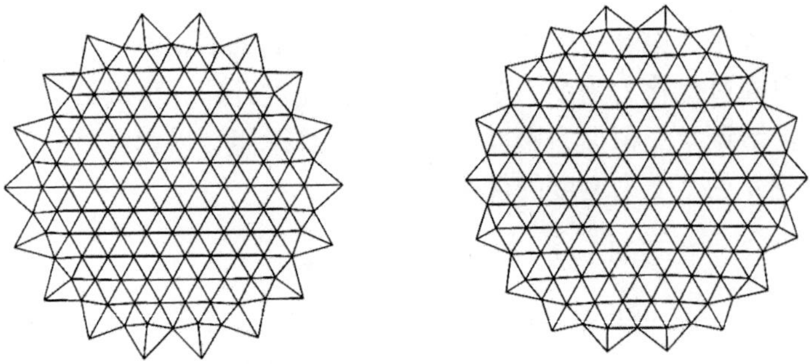

(a) 等力密度索网　　(b) 等张力索网

图 4.9　基于力密度的索网设计

表 4.5　力密度索网计算结果

方法	前索网内部		前索网外部		竖向索		RMS/mm
	均值/N	张力比	均值/N	张力比	均值/N	张力比	
等力密度设计法	9.3277	1.2537	14.0340	1.2202	1.5066	2.8130	0.0980
等张力设计法	9.0613	1.0000	15.6319	1.4304	1.5382	2.2012	0.0850

由表 4.5 可以看出，通过等张力设计法生成的索网和张力相较于通过等力密度设计法生成的索网和张力，RMS 得到提升。对于 T3 类拓扑形式的 D1 类索网，等张力设计法实现了索网内部张力的完全相等。

4.4　力密度/有限元混合设计法

索网结构边界节点与可展开支撑结构相连，支撑结构在索段张力作用下发生变形，引起索网边界节点位置变化，进而改变索网内部节点位置和索力分布状态，产生预张力设计误差。为在预张力设计过程中考虑支撑结构变形的影响，需要研究索网在给定力参数下实际平衡状态的确定方法。

4.4.1　柔性支撑索网结构的形态分析方法

支撑结构作用下，索网边界节点的力平衡方程可写为

$$\begin{cases} \boldsymbol{C}_{\mathrm{f}}^{\mathrm{T}}\boldsymbol{Q}\boldsymbol{C}_{\mathrm{u}}\boldsymbol{X}_{\mathrm{u}}+\boldsymbol{C}_{\mathrm{f}}^{\mathrm{T}}\boldsymbol{Q}\boldsymbol{C}_{\mathrm{f}}\boldsymbol{X}_{\mathrm{f}}=\boldsymbol{P}_{x\mathrm{f}} \\ \boldsymbol{C}_{\mathrm{f}}^{\mathrm{T}}\boldsymbol{Q}\boldsymbol{C}_{\mathrm{u}}\boldsymbol{Y}_{\mathrm{u}}+\boldsymbol{C}_{\mathrm{f}}^{\mathrm{T}}\boldsymbol{Q}\boldsymbol{C}_{\mathrm{f}}\boldsymbol{Y}_{\mathrm{f}}=\boldsymbol{P}_{y\mathrm{f}} \\ \boldsymbol{C}_{\mathrm{f}}^{\mathrm{T}}\boldsymbol{Q}\boldsymbol{C}_{\mathrm{u}}\boldsymbol{Z}_{\mathrm{u}}+\boldsymbol{C}_{\mathrm{f}}^{\mathrm{T}}\boldsymbol{Q}\boldsymbol{C}_{\mathrm{f}}\boldsymbol{Z}_{\mathrm{f}}=\boldsymbol{P}_{z\mathrm{f}} \end{cases} \tag{4.45}$$

式中，$\boldsymbol{P}_{x\mathrm{f}}$、$\boldsymbol{P}_{y\mathrm{f}}$、$\boldsymbol{P}_{z\mathrm{f}}$ 为支撑结构作用在索网边界节点上的力。

因此，索网作用在支撑结构上的力 $\boldsymbol{F}_{x\mathrm{f}}$、$\boldsymbol{F}_{y\mathrm{f}}$、$\boldsymbol{F}_{z\mathrm{f}}$ 为

$$\begin{cases} \boldsymbol{F}_{x\mathrm{f}}=-\boldsymbol{P}_{x\mathrm{f}}=\boldsymbol{C}_{\mathrm{f}}^{\mathrm{T}}\boldsymbol{Q}\boldsymbol{C}_{\mathrm{u}}\left(\boldsymbol{C}_{\mathrm{u}}^{\mathrm{T}}\boldsymbol{Q}\boldsymbol{C}_{\mathrm{u}}\right)^{-1}\boldsymbol{C}_{\mathrm{u}}^{\mathrm{T}}\boldsymbol{Q}\boldsymbol{C}_{\mathrm{f}}\boldsymbol{X}_{\mathrm{f}}-\boldsymbol{C}_{\mathrm{f}}^{\mathrm{T}}\boldsymbol{Q}\boldsymbol{C}_{\mathrm{f}}\boldsymbol{X}_{\mathrm{f}} \\ \boldsymbol{F}_{y\mathrm{f}}=-\boldsymbol{P}_{y\mathrm{f}}=\boldsymbol{C}_{\mathrm{f}}^{\mathrm{T}}\boldsymbol{Q}\boldsymbol{C}_{\mathrm{u}}\left(\boldsymbol{C}_{\mathrm{u}}^{\mathrm{T}}\boldsymbol{Q}\boldsymbol{C}_{\mathrm{u}}\right)^{-1}\boldsymbol{C}_{\mathrm{u}}^{\mathrm{T}}\boldsymbol{Q}\boldsymbol{C}_{\mathrm{f}}\boldsymbol{Y}_{\mathrm{f}}-\boldsymbol{C}_{\mathrm{f}}^{\mathrm{T}}\boldsymbol{Q}\boldsymbol{C}_{\mathrm{f}}\boldsymbol{Y}_{\mathrm{f}} \\ \boldsymbol{F}_{z\mathrm{f}}=-\boldsymbol{P}_{z\mathrm{f}}=\boldsymbol{C}_{\mathrm{f}}^{\mathrm{T}}\boldsymbol{Q}\boldsymbol{C}_{\mathrm{u}}\left(\boldsymbol{C}_{\mathrm{u}}^{\mathrm{T}}\boldsymbol{Q}\boldsymbol{C}_{\mathrm{u}}\right)^{-1}\boldsymbol{C}_{\mathrm{u}}^{\mathrm{T}}\boldsymbol{Q}\boldsymbol{C}_{\mathrm{f}}\boldsymbol{Z}_{\mathrm{f}}-\boldsymbol{C}_{\mathrm{f}}^{\mathrm{T}}\boldsymbol{Q}\boldsymbol{C}_{\mathrm{f}}\boldsymbol{Z}_{\mathrm{f}} \end{cases} \tag{4.46}$$

根据有限元理论，结构在外力下的变形可通过式(4.47)求解：

$$\boldsymbol{F}=\boldsymbol{K}\boldsymbol{a} \tag{4.47}$$

式中，$\boldsymbol{F}$ 为作用在结构节点上的外力；$\boldsymbol{K}$ 为结构刚度矩阵；$\boldsymbol{a}$ 为结构节点在外力作用下的变形量。

为消除刚体位移，需给支撑结构添加适当约束，即在有限元方程中添加边界条件。将外力向量和刚度矩阵根据节点编号进行分块，若给支撑结构节点 i 施加固定约束，则结构求解的有限元方程可整理为

$$\begin{pmatrix} \boldsymbol{F}_{1\sim(i-1)} \\ \boldsymbol{F}_i \\ \boldsymbol{F}_{(i+1)\sim n} \end{pmatrix} = \begin{pmatrix} \boldsymbol{K}_{1\sim(i-1)} \\ \boldsymbol{K}_i \\ \boldsymbol{K}_{(i+1)\sim n} \end{pmatrix} \boldsymbol{a} = \begin{pmatrix} \boldsymbol{K}_{1\sim(i-1)}\boldsymbol{a} \\ \boldsymbol{K}_i\boldsymbol{a} \\ \boldsymbol{K}_{(i+1)\sim n}\boldsymbol{a} \end{pmatrix} \tag{4.48}$$

即

$$\begin{cases} \boldsymbol{F}_{1\sim(i-1)} = \boldsymbol{K}_{1\sim(i-1)}\boldsymbol{a} \\ \boldsymbol{F}_{(i+1)\sim n} = \boldsymbol{K}_{(i+1)\sim n}\boldsymbol{a} \\ \boldsymbol{F}_i = \boldsymbol{K}_i\boldsymbol{a} \end{cases} \tag{4.49}$$

式中，

$$\boldsymbol{a} = \begin{pmatrix} \boldsymbol{a}_{1\sim(i-1)} \\ \boldsymbol{0} \\ \boldsymbol{a}_{(i+1)\sim n} \end{pmatrix} \tag{4.50}$$

因节点 i 在任意 $\boldsymbol{F}_i$ 作用下变形为 $\boldsymbol{0}$，在求解方程过程中可消去 $\boldsymbol{F}_i$ 相关项，从而添加边界条件后，支撑结构在给定外力作用下的节点变形为

$$\boldsymbol{a} = \begin{pmatrix} \boldsymbol{K}_{1\sim(i-1)} \\ \boldsymbol{K}_{(i+1)\sim n} \end{pmatrix}^{-1} \begin{pmatrix} \boldsymbol{F}_{1\sim(i-1)} \\ \boldsymbol{F}_{(i+1)\sim n} \end{pmatrix} \tag{4.51}$$

4.4.2　考虑柔性支撑边界的索网结构预张力优化设计模型

综合考虑索网结构节点力平衡、支撑结构变形和索网目标形面，建立考虑柔性支撑边界的索网结构预张力优化设计模型如下：

$$\begin{aligned} \text{find} \quad & \boldsymbol{Q} = \operatorname{diag}\left(q_1, q_2, \cdots, q_{N_\mathrm{e}}\right) \\ \min \quad & \operatorname{norm}\left(\boldsymbol{L}_\mathrm{u} - \boldsymbol{L}_{\mathrm{u}0}\right) \leqslant \varepsilon \\ \text{s.t.} \quad & 0 < F^\mathrm{L} \leqslant F_i \leqslant F^\mathrm{U}, \quad i = 1, 2, \cdots, N_\mathrm{e} \\ & \boldsymbol{X}_\mathrm{u} = -\left(\boldsymbol{C}_\mathrm{u}^\mathrm{T}\boldsymbol{Q}\boldsymbol{C}_\mathrm{u}\right)^{-1}\boldsymbol{C}_\mathrm{u}^\mathrm{T}\boldsymbol{Q}\boldsymbol{C}_\mathrm{f}\boldsymbol{X}_\mathrm{f} \\ & \boldsymbol{Y}_\mathrm{u} = -\left(\boldsymbol{C}_\mathrm{u}^\mathrm{T}\boldsymbol{Q}\boldsymbol{C}_\mathrm{u}\right)^{-1}\boldsymbol{C}_\mathrm{u}^\mathrm{T}\boldsymbol{Q}\boldsymbol{C}_\mathrm{f}\boldsymbol{Y}_\mathrm{f} \\ & \boldsymbol{Z}_\mathrm{u} = -\left(\boldsymbol{C}_\mathrm{u}^\mathrm{T}\boldsymbol{Q}\boldsymbol{C}_\mathrm{u}\right)^{-1}\boldsymbol{C}_\mathrm{u}^\mathrm{T}\boldsymbol{Q}\boldsymbol{C}_\mathrm{f}\boldsymbol{Z}_\mathrm{f} \\ & \boldsymbol{a}_\mathrm{R} = \boldsymbol{K}_\mathrm{R}^{-1}\boldsymbol{F}_\mathrm{R} \\ & \left(\boldsymbol{X}_\mathrm{f}, \boldsymbol{Y}_\mathrm{f}, \boldsymbol{Z}_\mathrm{f}\right) = f\left(\boldsymbol{a}_\mathrm{R}, \boldsymbol{X}_{\mathrm{f}0}, \boldsymbol{Y}_{\mathrm{f}0}, \boldsymbol{Z}_{\mathrm{f}0}\right) \\ & \boldsymbol{L} = \operatorname{fLen}\left(\boldsymbol{X}, \boldsymbol{Y}, \boldsymbol{Z}\right) \end{aligned} \tag{4.52}$$

式中，$f(\cdot)$为反射面方程；$\boldsymbol{L}_{\mathrm{u}0}$ 为内部索网的目标长度；$\boldsymbol{L}_\mathrm{u}$ 为特定力密度下内部索

网的实际长度；$\boldsymbol{L}$ 为特定力密度下全部索网的实际长度；ε 为允许的索长误差值；F_i 为索段 i 的预张力值，可通过当前力密度和索段长度计算得到；F^{L} 和 F^{U} 分别为允许的索力下限和上限；$\boldsymbol{K}_{\mathrm{R}}$ 和 $\boldsymbol{a}_{\mathrm{R}}$ 分别为添加边界约束条件后支撑结构的刚度矩阵和节点位移向量；$\boldsymbol{F}_{\mathrm{R}}$ 为索网对支撑结构节点的作用力，初始值为 0；$\left(\boldsymbol{X}_{\mathrm{f0}},\boldsymbol{Y}_{\mathrm{f0}},\boldsymbol{Z}_{\mathrm{f0}}\right)$ 为支撑结构未变形时的节点坐标值。

上述预张力优化设计模型以索网力密度为设计变量，以索段张力水平为约束，以内部索网长度为目标。通过求解该优化模型，可以获得适应支撑框架变形的索段力密度，进而求解出索网结构的几何形状和预张力分布。

4.4.3　环形桁架天线形态设计

采用力密度/有限元混合设计法对 AM0 索网拓扑构型的环形桁架天线反射面进行形态设计，天线结构参数如表 4.6 所示。

表 4.6　天线结构参数

参数类型	参数	取值	参数	取值
结构几何参数	天线口径	16m	前反射面焦距	10m
	桁架高度	3.4m	背索网焦距	10m
	圆周分段数	30	索段数	481
	节点数	182	—	—
支撑结构参数	外径	25mm	内径	24.4mm
	密度	1940kg/m^3	弹性模量	585GPa
	泊松比	0.3	—	—
索网结构参数	横截面积	12.5mm^2	密度	1440kg/m^3
	弹性模量	137.07GPa	泊松比	0.087

首先，固定沿圆周均匀分布的支撑结构上下各六个节点进行形态设计，再将形态设计结果代入结构中进行变形分析，分析结果如图 4.10～图 4.12 所示。可以看出，在结构发生柔性变形后，结构最大变形为 0.459mm，索网结构内部自由节点的最大变形约为 0.0005mm，且网面张力分布保持较好，无松弛索产生。

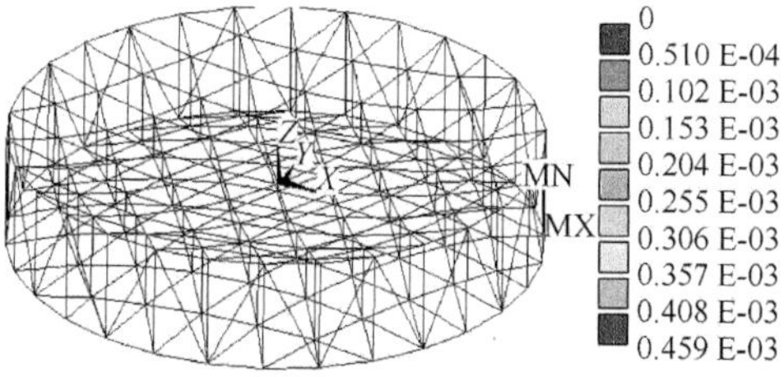

图 4.10　结构整体变形云图(单位：m)(后附彩图)

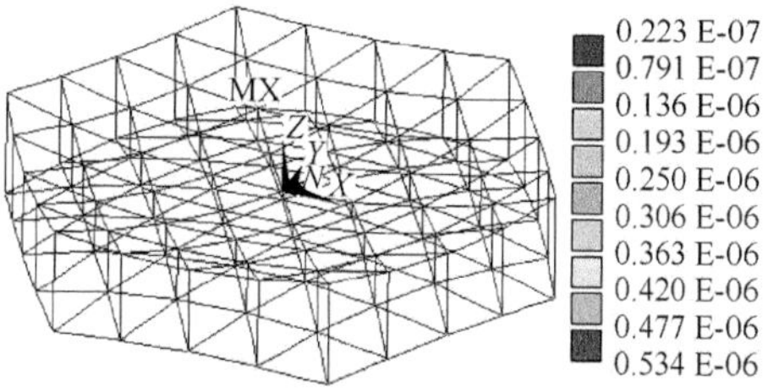

图 4.11　自由节点位移云图(单位：m)(后附彩图)

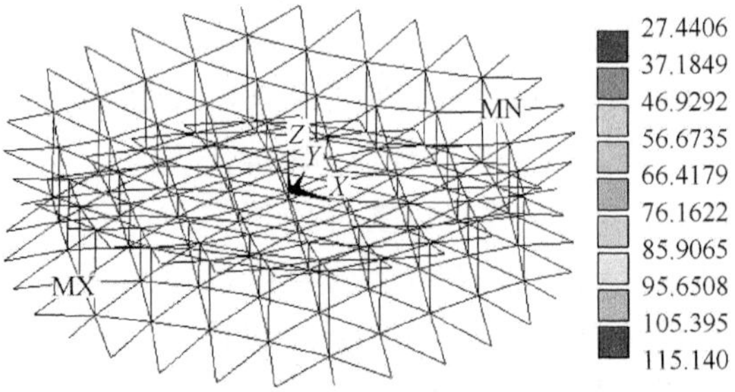

图 4.12　变形后的网面张力分布云图(单位：N)(后附彩图)

然后，更改约束条件为固定支撑结构右侧边界竖杆的上下两个节点进行形态设计，再将形态设计结果代入结构中进行变形分析，分析得到的变形结果如图 4.13～图 4.15 所示。可以看出，结构最大变形约为 9mm，索网结构内部自由节点处的最大变形约为 0.03mm，张力分布均匀，无松弛索产生。

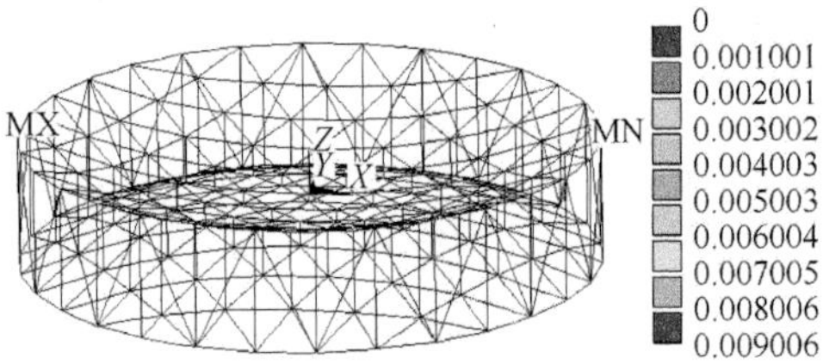

图 4.13　变形云图(单位：m)(后附彩图)

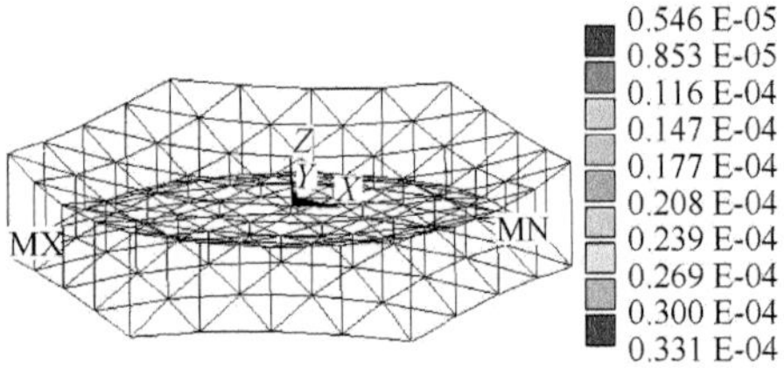

图 4.14　位移云图(单位：m)(后附彩图)

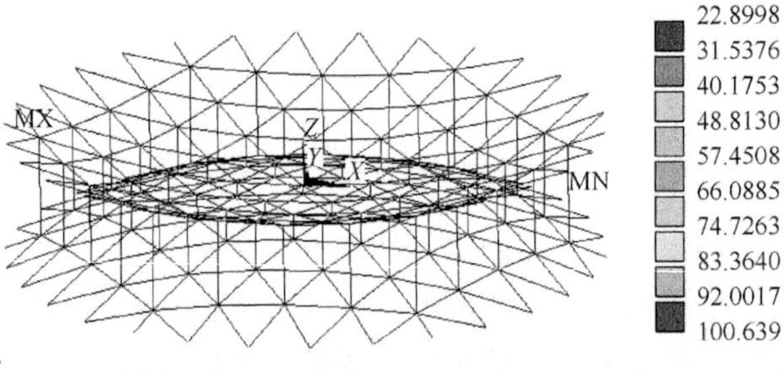

图 4.15　网面张力分布云图(单位：N)(后附彩图)

综上所述，力密度/有限元混合设计法可以实现在设计之初考虑支撑框架的变形，使得设计结果更适应实际工程结构。

4.5　索网机/电耦合形态设计法

4.5.1　辐射场快速计算方法

根据场的等效原理，在空间某一区域中，如果有一假想场源产生的场与实际场源产生的场相同，那这两个场源对该区域是等效的。若用一封闭曲面 S 来包围原场源，且指定 S 内部的等效场源为 0，根据场的唯一性定理，S 面上的等效场源可表示为

$$\begin{cases} \boldsymbol{J}_{\mathrm{s}} = \hat{\boldsymbol{n}} \times \boldsymbol{H} \\ \boldsymbol{J}_{\mathrm{s}}^{m} = -\hat{\boldsymbol{n}} \times \boldsymbol{E} \end{cases} \tag{4.53}$$

式中，$\hat{\boldsymbol{n}}$ 为 S 面的外法线方向单位矢量；$\boldsymbol{J}_{\mathrm{s}}$ 和 $\boldsymbol{J}_{\mathrm{s}}^{m}$ 分别为 S 面上的电流面密度和磁流面密度；$\boldsymbol{H}$ 和 $\boldsymbol{E}$ 分别为 S 面上的磁场和电场。

设反射面、观察点和馈源的空间位置分布如图 4.16 所示，图中 $o_{\mathrm{s}}x_{\mathrm{s}}y_{\mathrm{s}}z_{\mathrm{s}}$ 和 $oxyz$ 分别表示馈源坐标系和观察坐标系，则空间任意一点 P 的电场和磁场可由 Stratton-Chu 积分给出：

$$\boldsymbol{E}^{\mathrm{s}} = \frac{1}{4\pi}\int_{S}\left[-\boldsymbol{J}_{\mathrm{s}}^{m} \times \nabla\psi - \mathrm{j}\omega\mu\psi\boldsymbol{J}_{\mathrm{s}} + \frac{1}{\mathrm{j}\omega\varepsilon}\left(\boldsymbol{J}_{\mathrm{s}}\cdot\nabla\right)\nabla\psi\right]\mathrm{d}S \tag{4.54}$$

$$\boldsymbol{H}^{\mathrm{s}} = \frac{1}{4\pi}\int_{S}\left[\boldsymbol{J}_{\mathrm{s}} \times \nabla\psi - \mathrm{j}\omega\varepsilon\psi\boldsymbol{J}_{\mathrm{s}}^{m} + \frac{1}{\mathrm{j}\omega\mu}\left(\boldsymbol{J}_{\mathrm{s}}^{m}\cdot\nabla\right)\nabla\psi\right]\mathrm{d}S \tag{4.55}$$

式中，ω、μ 和 ε 分别为角频率、磁导率和介电常数；$\psi = \mathrm{e}^{-\mathrm{j}kR}/R$，$R$ 为反射面上点到场点(观察点)距离，$\mathrm{j}=\sqrt{-1}$，$k = 2\pi/\lambda$ 为空间波束，λ 为波长；∇ 为拉普拉斯算子。图 4.16 中，$\boldsymbol{r}$ 为观察坐标系下某点位置矢量；$\boldsymbol{r}'$ 为观察坐标系下反射面上某点的位置矢量；$\boldsymbol{r}^{i}$ 为馈源坐标系下某点位置矢量。

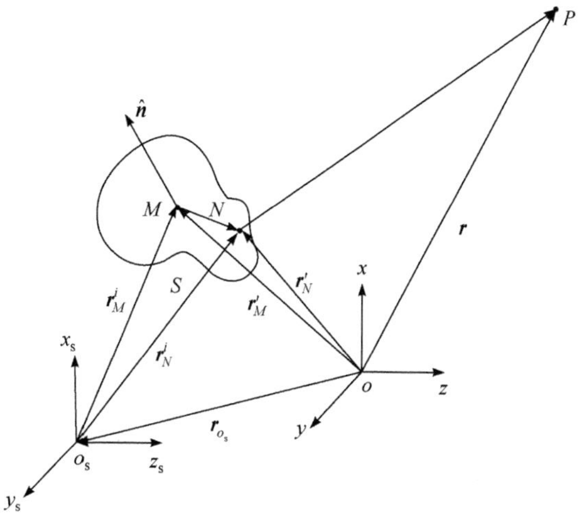

图 4.16　反射面、观察点和馈源的空间位置分布

对于位于天线远区的场点，有

$$R \approx r - \boldsymbol{r} \cdot \hat{\boldsymbol{r}} \tag{4.56}$$

$$R \approx r \tag{4.57}$$

$$k = \omega \varepsilon \eta = \omega \sqrt{\mu \varepsilon} = \frac{\omega \mu}{\eta} \tag{4.58}$$

式中，$\hat{\boldsymbol{r}}$ 为 r 方向上的单位矢量。

那么，天线远区的电场方程和磁场方程为

$$\boldsymbol{E}^{\mathrm{s}} = \frac{-\mathrm{j}k\eta}{4\pi r}\mathrm{e}^{-\mathrm{j}kr}\int_S \left\{\frac{1}{\eta}\left(\boldsymbol{J}_{\mathrm{s}}^m \times \hat{\boldsymbol{r}}\right) + \left[\boldsymbol{J}_{\mathrm{s}} - \left(\boldsymbol{J}_{\mathrm{s}} \cdot \hat{\boldsymbol{r}}\right)\hat{\boldsymbol{r}}\right]\right\}\mathrm{e}^{\mathrm{j}k\boldsymbol{r}' \cdot \hat{\boldsymbol{r}}}\mathrm{d}S \tag{4.59}$$

$$\boldsymbol{H}^{\mathrm{s}} = \frac{-\mathrm{j}k}{4\pi r\eta}\mathrm{e}^{-\mathrm{j}kr}\int_S \left\{-\eta\left(\boldsymbol{J}_{\mathrm{s}} \times \hat{\boldsymbol{r}}\right) + \left[\boldsymbol{J}_{\mathrm{s}}^m - \left(\boldsymbol{J}_{\mathrm{s}}^m \cdot \hat{\boldsymbol{r}}\right)\hat{\boldsymbol{r}}\right]\right\}\mathrm{e}^{\mathrm{j}k\boldsymbol{r}' \cdot \hat{\boldsymbol{r}}}\mathrm{d}S \tag{4.60}$$

对于理想导体有 $\boldsymbol{J}_{\mathrm{s}}^m = 0$，此时：

$$\boldsymbol{E}^{\mathrm{s}} = \frac{-\mathrm{j}k\eta}{4\pi r}\mathrm{e}^{-\mathrm{j}kr}\int_S \left[\boldsymbol{J}_{\mathrm{s}} - \left(\boldsymbol{J}_{\mathrm{s}} \cdot \hat{\boldsymbol{r}}\right)\hat{\boldsymbol{r}}\right]\mathrm{e}^{\mathrm{j}k\boldsymbol{r}' \cdot \hat{\boldsymbol{r}}}\mathrm{d}s = \frac{-\mathrm{j}k\eta}{4\pi r}\mathrm{e}^{-\mathrm{j}kr}\int_S \hat{\boldsymbol{r}} \times \left(\boldsymbol{J}_{\mathrm{s}} \times \hat{\boldsymbol{r}}\right)\mathrm{e}^{\mathrm{j}k\boldsymbol{r}' \cdot \hat{\boldsymbol{r}}}\mathrm{d}S \tag{4.61}$$

$$\boldsymbol{H}^{\mathrm{s}} = \frac{\mathrm{j}k}{4\pi r}\mathrm{e}^{-\mathrm{j}kr}\int_S \left(\boldsymbol{J}_{\mathrm{s}} \times \hat{\boldsymbol{r}}\right)\mathrm{e}^{\mathrm{j}k\boldsymbol{r}' \cdot \hat{\boldsymbol{r}}}\mathrm{d}S \tag{4.62}$$

式(4.62)常用的数值求解方法有物理光学(PO)法和几何光学(GO)法，对于反射面天线，这两种方法在远场方向图主瓣及近旁瓣区域的计算结果基本一致。下面介绍用 PO 法计算天线电磁场。

反射面上被电磁波 $\boldsymbol{H}^{\mathrm{i}}$ 照射的区域，其电流分布的 PO 近似为

$$\boldsymbol{J} \approx 2\hat{\boldsymbol{n}} \times \boldsymbol{H}^{\mathrm{i}} \tag{4.63}$$

整理得到反射面远区场强的 PO 计算公式为

$$\boldsymbol{E}^{\mathrm{s}} = \frac{-\mathrm{j}k\eta}{2\pi r}\mathrm{e}^{-\mathrm{j}kr}\int_S \hat{\boldsymbol{r}} \times \left[\left(\hat{\boldsymbol{n}} \times \boldsymbol{H}^{\mathrm{i}}\right) \times \hat{\boldsymbol{r}}\right]\mathrm{e}^{\mathrm{j}k\boldsymbol{r}' \cdot \hat{\boldsymbol{r}}}\mathrm{d}S \tag{4.64}$$

用足够小的三角形面片将反射面 S 离散，并假设 M 和 N 为三角形面片 m 上的两点，则可认为 M 和 N 处入射场的大小和方向相同，从而点 N 处的入射磁场强度可由点 M 处的入射磁场强度表示为

$$\boldsymbol{H}_N^{\mathrm{i}} = \boldsymbol{H}_M^{\mathrm{i}}\mathrm{e}^{-\mathrm{j}k\hat{\boldsymbol{r}}_M^i \cdot \boldsymbol{r}_{MN}} \tag{4.65}$$

$$\boldsymbol{r}_N' = \boldsymbol{r}_M' + \boldsymbol{r}_{MN} \tag{4.66}$$

式中，$\boldsymbol{H}_M^{\mathrm{i}}$ 为点 M 处的入射磁场强度；$\hat{\boldsymbol{r}}_M^i$ 为点 M 处入射波传播方向的单位矢量；$\boldsymbol{r}_{MN}$ 为由 M 到 N 的位置矢量。

此时，式(4.61)可整理为

$$\boldsymbol{E}^{\mathrm{s}}=\frac{-\mathrm{j}k\eta}{2\pi r}\mathrm{e}^{-\mathrm{j}kr}\sum_{1}^{\mathrm{num}}\left\{\hat{\boldsymbol{r}}\times\left[\left(\hat{\boldsymbol{n}}\times\boldsymbol{H}_{m}^{\mathrm{i}}\right)\times\hat{\boldsymbol{r}}\right]\mathrm{e}^{\mathrm{j}k\boldsymbol{r}_m'\cdot\hat{\boldsymbol{r}}}\int_{\sigma}\mathrm{e}^{-\mathrm{j}k\left(\hat{\boldsymbol{r}}_m^{i}-\hat{\boldsymbol{r}}\right)\cdot\boldsymbol{r}_m}\mathrm{d}\sigma\right\} \tag{4.67}$$

式中，num 表示离散面片的个数；σ 表示三角形面片 m 的积分区域；$\boldsymbol{r}_m$ 表示面片 m 上的点在观察坐标系下的位置矢量；$\hat{\boldsymbol{r}}_m^{i}$ 表示面片上某点入射波传播方向的单位矢量。

假设向量 $\left(\hat{\boldsymbol{r}}_m^{i}-\hat{\boldsymbol{r}}\right)$ 在三角形面片 m 所在平面的投影为 $\boldsymbol{w}$，则

$$\boldsymbol{w}=\operatorname{Proj}\left(\hat{\boldsymbol{r}}_m^{i}-\hat{\boldsymbol{r}}\right)=\left(\hat{\boldsymbol{r}}_m^{i}-\hat{\boldsymbol{r}}\right)-\left[\left(\hat{\boldsymbol{r}}_m^{i}-\hat{\boldsymbol{r}}\right)\cdot\hat{\boldsymbol{n}}\right]\hat{\boldsymbol{n}} \tag{4.68}$$

因为 $\boldsymbol{r}_m$ 在面片平面上，所以 $\hat{\boldsymbol{n}}\cdot\boldsymbol{r}_m=0$，从而有

$$\left(\hat{\boldsymbol{r}}_m^{i}-\hat{\boldsymbol{r}}\right)\cdot\boldsymbol{r}_m=\left\{\boldsymbol{w}+\left[\left(\hat{\boldsymbol{r}}_m^{i}-\hat{\boldsymbol{r}}\right)\cdot\hat{\boldsymbol{n}}\right]\hat{\boldsymbol{n}}\right\}\cdot\boldsymbol{r}_m=\boldsymbol{w}\cdot\boldsymbol{r}_m \tag{4.69}$$

因此，式(4.67)中的积分项可表示为

$$\int_{\sigma}\mathrm{e}^{-\mathrm{j}k\left(\hat{\boldsymbol{r}}_m^{i}-\hat{\boldsymbol{r}}\right)\cdot\boldsymbol{r}_m}\mathrm{d}\sigma=\int_{\sigma}\mathrm{e}^{-\mathrm{j}k\boldsymbol{w}\cdot\boldsymbol{r}_m}\mathrm{d}\sigma \tag{4.70}$$

对反射面上任意三角形面片 m，以面片上或面片附近一固定点 M 为原点，以面片所在平面为 xoy 平面，建立面片坐标系，保证 $|\boldsymbol{w}|\neq 0$，若在该坐标系下 $\boldsymbol{w}=(w_1,w_2,0)$，$\boldsymbol{r}_m=(x,y,0)$，则式(4.70)中的面积分可表示为面片边界上的线积分[7]：

$$\begin{aligned}\int_{\sigma}\mathrm{e}^{-\mathrm{j}k\boldsymbol{w}\cdot\boldsymbol{r}_m'}\mathrm{d}\sigma&=\int_{\sigma'}\mathrm{e}^{-\mathrm{j}k(w_1x+w_2y)}\mathrm{d}x\mathrm{d}y=-\frac{\mathrm{j}}{k|\boldsymbol{w}|^2}\int_{\partial\sigma'}\mathrm{e}^{-\mathrm{j}k(w_1x+w_2y)}\left(w_2\mathrm{d}x-w_1\mathrm{d}y\right)\\&=-\frac{\mathrm{j}}{k|\boldsymbol{w}|^2}\sum_{L_n=1}^{3}\int_{\partial L_n}\mathrm{e}^{-\mathrm{j}k(w_1x+w_2y)}\left(w_2\mathrm{d}x-w_1\mathrm{d}y\right)\end{aligned} \tag{4.71}$$

式中，σ' 为 σ 在面片坐标系的投影。令 $\boldsymbol{a}_n=\left(a_{n,x},a_{n,y},0\right)$ 为面片第 n 个点在面片坐标系下的位置矢量，$\boldsymbol{a}_4=\boldsymbol{a}_1$，则在面片边界上有

$$\begin{cases}x=(1-t)a_{n,x}+ta_{n+1,x}, & t\in[0,1]\\ y=(1-t)a_{n,y}+ta_{n+1,y}\\ \mathrm{d}x=\left(a_{n+1,x}-a_{n,x}\right)\mathrm{d}t\\ \mathrm{d}y=\left(a_{n+1,y}-a_{n,y}\right)\mathrm{d}t\\ w_1x+w_2y=\boldsymbol{w}\cdot\left[(1-t)\boldsymbol{a}_n+t\boldsymbol{a}_{n+1}\right]\end{cases} \tag{4.72}$$

通过变量代换，第 L_n 条边界上的线积分可整理为

$$\begin{aligned}&\int_{\partial L_n} \mathrm{e}^{-\mathrm{j}k(w_1x+w_2y)}\left(w_2\mathrm{d}x-w_1\mathrm{d}y\right)\\&=\left(\boldsymbol{w}^*\cdot\Delta\boldsymbol{a}_n\right)\mathrm{e}^{-\mathrm{j}k\boldsymbol{w}\cdot\boldsymbol{a}_n}\int_0^1\mathrm{e}^{-\mathrm{j}k\boldsymbol{w}\cdot\Delta\boldsymbol{a}_n}\mathrm{d}t=\left(\boldsymbol{w}^*\cdot\Delta\boldsymbol{a}_n\right)\frac{\mathrm{e}^{-\mathrm{j}k\boldsymbol{w}\cdot\boldsymbol{a}_n}}{-\mathrm{j}k\boldsymbol{w}\cdot\Delta\boldsymbol{a}_n}\left(\mathrm{e}^{-\mathrm{j}k\boldsymbol{w}\cdot\Delta\boldsymbol{a}_n}-1\right)\\&=\left(\boldsymbol{w}^*\cdot\Delta\boldsymbol{a}_n\right)\frac{\sin\left(\dfrac{k}{2}\boldsymbol{w}\cdot\Delta\boldsymbol{a}_n\right)}{\dfrac{k}{2}\boldsymbol{w}\cdot\Delta\boldsymbol{a}_n}\mathrm{e}^{-\mathrm{j}\frac{k}{2}\boldsymbol{w}\cdot\left(\boldsymbol{a}_n+\boldsymbol{a}_{n+1}\right)}=T_n\end{aligned}\tag{4.73}$$

式中，$\boldsymbol{w}^*$表示$\boldsymbol{w}$逆时针旋转90°得到的向量。

面片上三点可用观察坐标系下矢量表示为$\boldsymbol{a}_1=\boldsymbol{a}_1'-\boldsymbol{r}_m'$，$\boldsymbol{a}_2=\boldsymbol{a}_2'-\boldsymbol{r}_m'$，$\boldsymbol{a}_3=\boldsymbol{a}_3'-\boldsymbol{r}_m'$，同样令$\boldsymbol{a}_4'=\boldsymbol{a}_1'$，从而$T_n$可表示为

$$T_n=\left(\boldsymbol{w}^*\cdot\Delta\boldsymbol{a}_n'\right)\frac{\sin\left(\dfrac{k}{2}\boldsymbol{w}\cdot\Delta\boldsymbol{a}_n'\right)}{\dfrac{k}{2}\boldsymbol{w}\cdot\Delta\boldsymbol{a}_n'}\mathrm{e}^{-\mathrm{j}\frac{k}{2}\boldsymbol{w}\cdot\left(\boldsymbol{a}_n'+\boldsymbol{a}_{n+1}'-\boldsymbol{r}_m'\right)}\tag{4.74}$$

将所有三角形面片的散射电场矢量线性叠加，即可得到反射面的总散射电场：

$$\boldsymbol{E}^{\mathrm{s}}=\frac{-\mathrm{j}k\eta}{2\pi r}\mathrm{e}^{-\mathrm{j}kr}\sum_1^{\mathrm{num}}\left\{\hat{\boldsymbol{r}}\times\left[\left(\hat{\boldsymbol{n}}\times\boldsymbol{H}_m^{\mathrm{i}}\right)\times\hat{\boldsymbol{r}}\right]\mathrm{e}^{\mathrm{j}k\boldsymbol{r}_m'\cdot\hat{\boldsymbol{r}}}\left(T_{m1}+T_{m2}+T_{m3}\right)\right\}\tag{4.75}$$

式中，T_{m1}、T_{m2}、T_{m3}分别为第m个积分面片三条边上的线积分值；$\boldsymbol{r}_m'$为第m个积分面片上某点的位置矢量。

散射电场强度$\boldsymbol{E}^{\mathrm{s}}$可以用来求解其他电磁场参数，如散射磁场强度$\boldsymbol{H}^{\mathrm{s}}$、增益、方向系数等。至此，便建立了网状反射面几何形状与天线远场电磁参数的对应关系。

4.5.2 索网机/电耦合优化设计方法

索网结构形态设计的最终目标是实现满足需求的电性能，因此，在形态设计时可以将电性能作为优化的最终目标，建立如下优化设计模型：

$$\begin{aligned}&\text{find}\quad \boldsymbol{Q},\boldsymbol{P}_x,\boldsymbol{P}_y,\boldsymbol{P}_z\\&\min\quad \mathrm{fun}\left(\boldsymbol{X}_{\mathrm{u}},\boldsymbol{Y}_{\mathrm{u}},\boldsymbol{Z}_{\mathrm{u}}\right)\\&\text{s.t.}\quad \boldsymbol{P}_z=\left(P_{1z},P_{2z},\cdots,P_{N_{\mathrm{u}}z}\right)^{\mathrm{T}},\quad P_{iz}<0\\&\qquad \boldsymbol{X}_{\mathrm{u}}=-\left(\boldsymbol{C}_{\mathrm{u}}^{\mathrm{T}}\boldsymbol{Q}\boldsymbol{C}_{\mathrm{u}}\right)^{-1}\left(\boldsymbol{C}_{\mathrm{u}}^{\mathrm{T}}\boldsymbol{Q}\boldsymbol{C}_{\mathrm{f}}\boldsymbol{X}_{\mathrm{f}}\right)\\&\qquad \boldsymbol{Y}_{\mathrm{u}}=-\left(\boldsymbol{C}_{\mathrm{u}}^{\mathrm{T}}\boldsymbol{Q}\boldsymbol{C}_{\mathrm{u}}\right)^{-1}\left(\boldsymbol{C}_{\mathrm{u}}^{\mathrm{T}}\boldsymbol{Q}\boldsymbol{C}_{\mathrm{f}}\boldsymbol{X}_{\mathrm{f}}\right)\\&\qquad \boldsymbol{Z}_{\mathrm{u}}=-\left(\boldsymbol{C}_{\mathrm{u}}^{\mathrm{T}}\boldsymbol{Q}\boldsymbol{C}_{\mathrm{u}}\right)^{-1}\left(\boldsymbol{C}_{\mathrm{u}}^{\mathrm{T}}\boldsymbol{Q}\boldsymbol{C}_{\mathrm{f}}\boldsymbol{Z}_{\mathrm{f}}-\boldsymbol{P}_z\right)\end{aligned}\tag{4.76}$$

式中，$\mathrm{fun}(\boldsymbol{X}_u,\boldsymbol{Y}_u,\boldsymbol{Z}_u)$ 为远场电性能指标，可取反射面增益的相反数；N_u 为反射面自由节点数目；$\boldsymbol{P}_z$ 为张紧索作用在反射面节点上的力。

图 4.17 为采用不同设计方法得到的不同反射面网面构型，其中图 4.17(a)和(b)均为三向网格，图 4.17(c)的电性能最优，图 4.17(a)的面片拟合误差最小。这里假定天线的工作频率为 10GHz，口径为 5m，抛物面焦距为 4.5m。

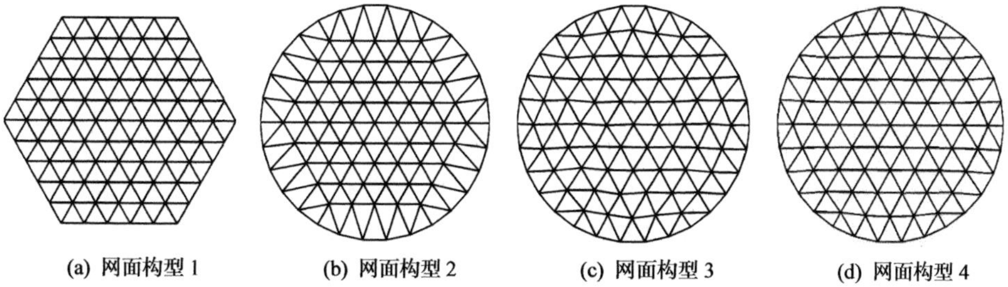

图 4.17　不同反射面网面构型

对比上述几种反射面的性能参数，结果如图 4.18 和表 4.7 所示。可以看出，网面构型 3 和网面构型 4 的有效口径相同，虽然网面构型 4 的面片拟合误差明显大于网面构型 3，但其增益反而高于网面构型 3，说明天线远场增益不仅与形面误差水平有关，还与误差分布形式有关。在实际工程应用中，采用索网机/电耦合优化设计方法有望减少索段数目，降低索网编织与调整的难度。

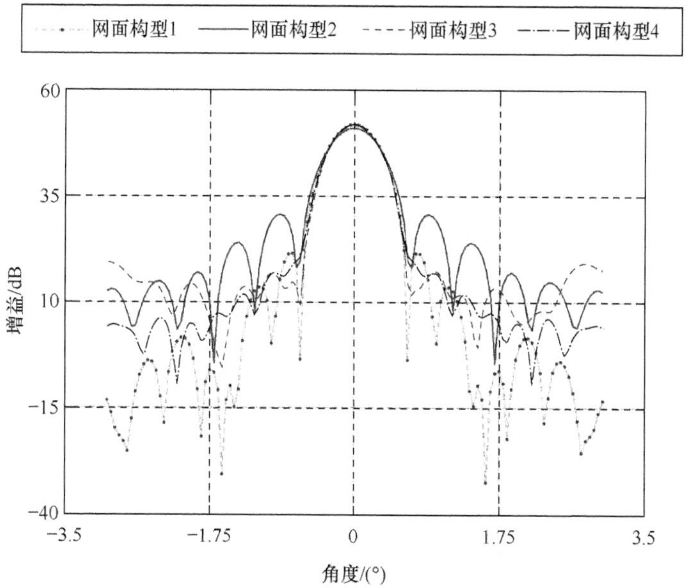

图 4.18　反射面远场方向图

表 4.7 不同网面构型结果对比

网面构型	分段数	面片拟合误差/mm	投影口径/m²	增益/dB
网面构型 1	5	0.897	16.238	51.7167
网面构型 2	5	2.086	19.635	50.9331
网面构型 3	5	1.170	19.635	51.8192
网面构型 4	5	1.572	19.635	51.8244

参 考 文 献

[1] DENG H Q, LI T J, WANG Z W, et al. Pretension design of space mesh reflector antennas based on projection principle [J]. Journal of Aerospace Engineering, 2015, 28(6): 04014142.

[2] LI T J, DENG H Q, TANG Y Q. Mathematical relationship between mean cable tensions and structural parameters of deployable reflectors[J]. Aerospace Science and Technology, 2016, 56(9-10): 205-211.

[3] 邓汉卿. 空间可展开索网天线的机构构型综合与形面设计方法研究[D]. 西安: 西安电子科技大学, 2016.

[4] 陈聪聪. 空间可展开网状天线高精度型面设计方法[D]. 西安: 西安电子科技大学, 2022.

[5] LI T J, DONG H Q, XU X, et al. An electromechanical matching design method for faceted surface of mesh reflector[J]. IEEE Transactions on Antennas and Propagation, 2023, 71(7): 5653-5662.

[6] TIBERT G. Optimal design of tension truss antennas[C]. 44th AIAA/ASME/ASCE/AHS Structures, Structural Dynamics, and Materials Conference, Norfolk, USA, 2003: 1629.

[7] GORDON W. Far-field approximations to the Kirchoff-Helmholtz representations of scattered fields[J]. IEEE Transaction on Antenna and Propagation, 1975, 23(4): 590-592.

第 5 章　考虑不确定性的索网反射面预张力设计

5.1　概　　述

在现实生产制造中，空间网状天线总会存在诸多不确定性因素，如尺寸、角度、间隙等尺度误差，材料参数的误差，索网预张力施加的误差，以及空间环境下的热载荷引起的误差等。这些误差最终会导致索网结构和天线电性能的不确定性。因此，考虑不确定性因素的索网反射面设计对保持空间结构性能的稳健可靠非常重要。本章介绍考虑不确定性的索网反射面预张力设计方法，包括反优化预张力设计方法和区间力密度预张力设计方法[1,2]。

5.2　不确定性等效表征

5.2.1　区间运算

区间分析方法是一种客观而自然地描述不确定性工程问题的方法，把不确定性结构参数视为未知变量，并且在具有已知边界的区间内取值，既可以分析各种不确定性对网状反射面形面精度的影响，又可以实现考虑各种不确定性的网状反射面设计。

如果将不确定性定义为区间变量，那么在数学上可以将不确定性定义为实数集 **R** 的有界闭区间 **IR** 中的一个子区间，表示如下：

$$\tilde{u} \in \mathbf{IR} = \left\{ \left[\underline{u}, \overline{u} \right] : u \in \mathbf{R} \middle| \underline{u} \leqslant u \leqslant \overline{u} \right\} \tag{5.1}$$

式中，$\tilde{u}$ 表示区间变量；$\underline{u}$ 和 $\overline{u}$ 分别表示区间变量的下界和上界。

对于 $\forall \tilde{x}, \tilde{y} \in \mathbf{IR}, \forall z \in \mathbf{R}$，区间变量之间的运算满足以下规则：

$$\begin{cases} \tilde{x} * \tilde{y} \in \mathbf{IR} \\ \tilde{x} * z \in \mathbf{IR} \end{cases} \quad \left(* \in \{+, -, \times, /\} \right) \tag{5.2}$$

由区间变量定义可知，给定区间上下界可以唯一确定一个区间变量。在工程应用中，为了方便，常采用区间的均值和离差确定区间变量，其分别定义为

$$\begin{cases} \mathrm{mid}(\tilde{u}) = (\overline{u} + \underline{u})/2 \\ \mathrm{dev}(\tilde{u}) = (\overline{u} - \underline{u})/2 \end{cases} \tag{5.3}$$

式中，$\mathrm{mid}(\tilde{u})$表示区间变量可取值的均值，一般为该变量的设计值；离差$\mathrm{dev}(\tilde{u})$表示区间的跨度大小，同时反映区间变量取值的稳定性，可以理解为设计值存在的不确定性或者误差。反过来，通过区间的均值和离差也可以方便地反推区间变量上界和下界，即

$$\begin{cases} \overline{u} = \mathrm{mid}(\tilde{u}) + \mathrm{dev}(\tilde{u}) \\ \underline{u} = \mathrm{mid}(\tilde{u}) - \mathrm{dev}(\tilde{u}) \end{cases} \tag{5.4}$$

5.2.2 不确定性等效

1. 弹性变形不确定性

索网天线中有两种长度，一是索网的放样长度 L_0，即索段原长；二是考虑索网变形之后的长度 L。根据弹性理论，索段的应变为

$$\varepsilon = \frac{F}{EA} = \frac{\Delta L}{L_0} = \frac{L - L_0}{L_0} \tag{5.5}$$

式中，对于索网天线中的任意索段，F 为张力；E 为弹性模量；A 为横截面积；ΔL 为轴向变形量。

考虑索段放样长度的不确定性 $\delta\tilde{L}_0 = [\delta\underline{L}_0, \delta\overline{L}_0]$，横截面积不确定性 $\delta\tilde{A} = [\delta\underline{A}, \delta\overline{A}]$，弹性模量不确定性 $\delta\tilde{E} = [\delta\underline{E}, \delta\overline{E}]$，则索段的应变为

$$\tilde{\varepsilon} = \frac{F + \delta\tilde{F}_E}{(E + \delta\tilde{E})(A + \delta\tilde{A})} = \frac{L - (L_0 + \delta\tilde{L}_0)}{L_0 + \delta\tilde{L}_0} \tag{5.6}$$

式中，$\delta\tilde{F}_E$ 为弹性变形导致的张力不确定性。结合式(5.5)和式(5.6)可以求得

$$\delta\tilde{F}_E = \frac{F(L + \delta\tilde{L}_0) - EA\delta\tilde{L}_0}{EA(L + \delta\tilde{L}_0) + F\delta\tilde{L}_0}(E + \delta\tilde{E})(A + \delta\tilde{A}) - F \tag{5.7}$$

2. 热变形不确定性

根据热弹性理论，绳索的热应变 ε_T 与空间环境中的温差 ΔT 成正比关系：

$$\varepsilon_T = \alpha \Delta T \tag{5.8}$$

式中，α 为热膨胀系数。

将热应变等效为张力应变，结合式(5.5)，有

$$\varepsilon_T = \alpha\,\Delta T = \frac{F_T}{EA} \tag{5.9}$$

由于热应变完全由温度变化产生，因此热变形导致的张力不确定性可以等效为

$$\delta F_T = EA\alpha\,\Delta T \tag{5.10}$$

考虑温差的不确定性 $\Delta T = \delta\tilde{T} = [\delta\underline{T}, \delta\overline{T}]$，热膨胀系数的不确定性 $\delta\tilde{\alpha} = [\delta\underline{\alpha}, \delta\overline{\alpha}]$，以及弹性模量的不确定性 $\delta\tilde{E}$ 和横截面积的不确定性 $\delta\tilde{A}$，由热变形导致的张力不确定性为

$$\delta\tilde{F}_T = \left(E + \delta\tilde{E}\right)\left(A + \delta\tilde{A}\right)\left(\alpha + \delta\tilde{\alpha}\right)\delta\tilde{T} \tag{5.11}$$

3. 张力测量不确定性

索网张力施加和测量的时候不可避免地会存在一定不确定性，假设由测量引起的张力不确定性为

$$\delta\tilde{F}_{\mathrm{M}} = \left[\delta\underline{F}_{\mathrm{M}}, \delta\overline{F}_{\mathrm{M}}\right] \tag{5.12}$$

结合式(5.7)、式(5.11)和式(5.12)可以得到弹性变形、热变形和张力测量对索网张力不确定性的影响为

$$\delta\tilde{F}_{\mathrm{total}} = \delta\tilde{F}_E + \delta\tilde{F}_T + \delta\tilde{F}_{\mathrm{M}} \tag{5.13}$$

由此可以将最终的张力用区间变量 $\tilde{F}$ 表示为

$$\tilde{F} = F + \delta\tilde{F}_{\mathrm{total}} = \left[F + \delta\underline{F}_{\mathrm{total}}, F + \delta\overline{F}_{\mathrm{total}}\right] \tag{5.14}$$

5.3　反优化预张力设计

5.3.1　反优化策略

对于一般的优化问题，可以由以下的优化模型表示：

$$\begin{aligned} &\text{find} \quad \boldsymbol{X} \in \mathrm{R}^N \\ &\min \quad f(\boldsymbol{X}) \\ &\text{s.t.} \quad g_k(\boldsymbol{X}) \leqslant 0 \quad (k = 1, 2, \cdots, N_g) \end{aligned} \tag{5.15}$$

式中，$\boldsymbol{X}$ 为 N 维设计变量；$f(\boldsymbol{X})$ 为目标函数；$g_k(\boldsymbol{X})$ 为 N_g 个等式或不等式约束。

由于不确定性因素的存在，目标函数和约束不可避免地会产生一些影响。设

$\boldsymbol{P} \in U_P$ 为 N_U 维不确定性向量，U_P 为不确定因素的约束集，则式(5.15)表示的优化模型变为

$$\begin{aligned} &\text{find} \quad \boldsymbol{X} \in \mathrm{R}^N \\ &\min \quad f(\boldsymbol{X},\boldsymbol{P}) \\ &\text{s.t.} \quad g_k(\boldsymbol{X},\boldsymbol{P}) \leqslant 0 \quad (k=1,2,\cdots,N_g) \end{aligned} \tag{5.16}$$

式(5.16)表示处理不确定性问题的一般优化模型。对于该模型的求解有多种方法，本书采用反优化[3-5]的策略进行求解。优化模型如下：

$$\begin{aligned} &\text{find} \quad \boldsymbol{X} \in \mathrm{R}^N \\ &\min \quad f(\boldsymbol{X},\boldsymbol{P}^*) \\ &\text{s.t.} \quad \max g_k(\boldsymbol{X},\boldsymbol{P}) \leqslant 0 \quad (k=1,2,\cdots,N_g) \end{aligned} \tag{5.17}$$

该优化模型可以拆分为两个层次的优化，主优化为

$$\begin{aligned} &\text{find} \quad \boldsymbol{X} \in \mathrm{R}^N \\ &\min \quad f(\boldsymbol{X},\boldsymbol{P}^*) \\ &\text{s.t.} \quad g_k(\boldsymbol{X},\boldsymbol{P}^*) \leqslant 0 \quad (k=1,2,\cdots,N_g) \end{aligned} \tag{5.18}$$

子优化为

$$\begin{aligned} &\text{find} \quad \boldsymbol{P} \in U_P \\ &\max \quad g_k(\boldsymbol{X}^*,\boldsymbol{P}) \quad (k=1,2,\cdots,N_g) \end{aligned} \tag{5.19}$$

式中，$\boldsymbol{P}^*$ 为子优化在当前优化解 $\boldsymbol{X}^*$ 下“最差”的解，也就是最坏的约束情况。

换句话说，如果最差的约束情况都能符合约束条件，那么可以认为求得的优化解在整个不确定因素的范围内都能使得系统最优。子优化的存在，使得整个求解策略成为“反优化”。

5.3.2 索网预张力的反优化设计

5.3.1 小节分析了空间可展开索网天线存在的多种不确定源，并且将其转换到索网张力的不确定性上。那么，如何设计索网的预张力，使得不确定性因素对索网天线性能产生的影响较小，也就成为高精度天线设计的重点。

对于一个给定的平衡张力索网，索网结构的拓扑形式和自由节点在理想位置处的坐标信息均可确定，其预张力满足节点力平衡方程，即

$$\boldsymbol{M}_{3N_\mathrm{n}\times N_\mathrm{e}}\boldsymbol{F} = \boldsymbol{0} \tag{5.20}$$

式中，$\boldsymbol{M}_{3N_\mathrm{n}\times N_\mathrm{e}}$ 为节点力平衡方程的系数矩阵；N_e 为平面索网结构的索段单元数量；N_n 为自由节点的数量；$\boldsymbol{F}=\left\{F_1\ F_2\ \cdots\ F_{N_\mathrm{e}}\right\}^\mathrm{T}$，为索段的张力向量。

空间索网结构通常是超静定结构，即 $3N_\mathrm{n}<N_\mathrm{e}$，因此式(5.20)是一个方程数少于变量数的齐次方程组，存在多组可行解，因此索网预张力设计最简单的优化模型为

$$
\begin{aligned}
&\text{find} \quad \boldsymbol{F} \\
&\min \quad \mathrm{RMS}(\boldsymbol{F}) \\
&\text{s.t.} \quad \boldsymbol{M}_{3N_\mathrm{n}\times N_\mathrm{e}}\boldsymbol{F}=\boldsymbol{0} \\
&\qquad\ \ F_i>0 \quad \left(i=1,2,\cdots,N_\mathrm{e}\right)
\end{aligned}
\tag{5.21}
$$

式中，$\mathrm{RMS}(\boldsymbol{F})$ 为索网的形面误差，是索网张力的函数。

由于不确定性因素的存在，引入索段张力的不确定量 $\boldsymbol{P}$，那么由式(5.21)得到的优化解将不再满足式(5.20)所示的约束条件，即

$$
\boldsymbol{M}_{3N_\mathrm{n}\times N_\mathrm{e}}\left(\boldsymbol{F}^*+\boldsymbol{P}\right)\neq\boldsymbol{0} \tag{5.22}
$$

式中，$\boldsymbol{F}^*$ 和 $\boldsymbol{P}$ 均为 N_e 维向量。

同时，以优化解 $\boldsymbol{F}^*$ 得到的形面精度 $\mathrm{RMS}\left(\boldsymbol{F}^*+\boldsymbol{P}\right)$ 也将受到影响。结构中索网只受拉力，不受压力，一旦不确定性张力的存在使得多个索段出现松弛的情况，即 $F_i\leqslant 0$，那将对整个索网结构形面产生重大的影响。因此，结合反优化的策略，可以建立以下基于不确定因素的索网预张力优化设计模型：

$$
\begin{aligned}
&\text{find} \quad \boldsymbol{F} \\
&\min \quad \mathrm{RMS}\left(\boldsymbol{F}+\boldsymbol{P}^*\right) \\
&\text{s.t.} \quad F_i>0 \quad \left(i=1,2,\cdots,N_\mathrm{e}\right) \\
&\qquad\ \ g\left(\boldsymbol{F}+\boldsymbol{P}^*\right)<\mathrm{Tol}_\mathrm{u} \quad \left(\mathrm{Tol}_\mathrm{u}>0\right) \\
&\text{with} \\
&\quad \text{find} \quad \boldsymbol{P}\in U_P \\
&\quad \max \quad g\left(\boldsymbol{F}^*+\boldsymbol{P}\right)=\left\|\boldsymbol{M}_{3N_\mathrm{n}\times N_\mathrm{e}}\left(\boldsymbol{F}^*+\boldsymbol{P}\right)\right\|_2
\end{aligned}
\tag{5.23}
$$

式中，$U_P=\delta\tilde{F}_\mathrm{total}$，为张力不确定性约束集；$\mathrm{Tol}_\mathrm{u}$ 为系统的允许误差。

由式(5.21)计算初始解，结合式(5.23)所示优化设计模型，可以得到不确定性索网的预张力优化设计流程，如图 5.1 所示。

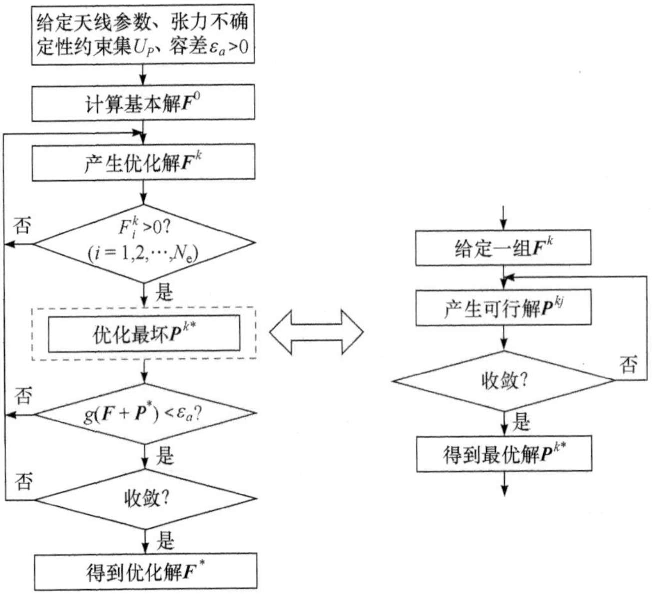

图 5.1　不确定性索网的预张力优化设计流程图

5.4　区间力密度预张力设计

5.4.1　反射面不确定性分析

存在不确定性的情况下，为了对几何与力同时优化的这一类天线进行预张力设计，这里提出了区间力密度的概念，即$\tilde{q}$，将其表示为区间张力$\tilde{F}$与索段长度L的比值：

$$\tilde{q}=\frac{\tilde{F}}{L}=\frac{F+\delta\tilde{F}_{\text{total}}}{L} \tag{5.24}$$

由式(5.24)可以计算所有索段的区间力密度$\tilde{q}_{ij}$，组成区间力密度对角阵$\tilde{\boldsymbol{Q}}$。根据力密度与索网自由节点坐标之间的关系，并结合区间矩阵求逆的方法，可以计算出索网自由节点的坐标区间：

$$\begin{cases}\tilde{\boldsymbol{X}}_{\text{u}}=-\left(\boldsymbol{C}_{\text{u}}^{\text{T}}\tilde{\boldsymbol{Q}}\boldsymbol{C}_{\text{u}}\right)^{-1}\boldsymbol{C}_{\text{u}}^{\text{T}}\tilde{\boldsymbol{Q}}\boldsymbol{C}_{\text{f}}\boldsymbol{X}_{\text{f}}\\ \tilde{\boldsymbol{Y}}_{\text{u}}=-\left(\boldsymbol{C}_{\text{u}}^{\text{T}}\tilde{\boldsymbol{Q}}\boldsymbol{C}_{\text{u}}\right)^{-1}\boldsymbol{C}_{\text{u}}^{\text{T}}\tilde{\boldsymbol{Q}}\boldsymbol{C}_{\text{f}}\boldsymbol{Y}_{\text{f}}\\ \tilde{\boldsymbol{Z}}_{\text{u}}=-\left(\boldsymbol{C}_{\text{u}}^{\text{T}}\tilde{\boldsymbol{Q}}\boldsymbol{C}_{\text{u}}\right)^{-1}\boldsymbol{C}_{\text{u}}^{\text{T}}\tilde{\boldsymbol{Q}}\boldsymbol{C}_{\text{f}}\boldsymbol{Z}_{\text{f}}\end{cases} \tag{5.25}$$

假设理想抛物面的自由节点坐标为$(\boldsymbol{X}_0,\boldsymbol{Y}_0,\boldsymbol{Z}_0)$，推导出网状反射面的形面精度区间为

$$\widetilde{\mathrm{RMS}}=\sqrt{\sum_{i=1}^{N_{\mathrm{n}}}\left[\left(\tilde{x}_{\mathrm{u}i}-x_{0i}\right)^2+\left(\tilde{y}_{\mathrm{u}i}-y_{0i}\right)^2+\left(\tilde{z}_{\mathrm{u}i}-z_{0i}\right)^2\right]\Big/N_{\mathrm{n}}} \tag{5.26}$$

结合式(5.24)～式(5.26)可计算网状反射面在放样长度的不确定性 $\delta\tilde{L}_0$，横截面积的不确定性 $\delta\tilde{A}$，弹性模量的不确定性 $\delta\tilde{E}$，空间环境温差的不确定性 $\delta\tilde{T}$，热膨胀系数的不确定性 $\delta\tilde{\alpha}$，以及张力测量不确定性 $\delta\tilde{F}_{\mathrm{M}}$ 的情况下，反射面形面精度的变化区间。

5.4.2　区间力密度优化

若索网放样长度、横截面积和弹性模量等多种不确定性的变化区间已知，那么如何设计索网预张力才能使得反射面获得最好的形面精度？根据上述不确定性网状反射面形面精度的区间力密度分析方法，可以建立网状反射面的区间力密度形态设计优化模型。

首先，根据式(5.26)可以发现，网状反射面的形面精度区间具有如下特点：

$$\widetilde{\mathrm{RMS}}\in\left\{\left[\underline{\mathrm{RMS}},\overline{\mathrm{RMS}}\right]\Big|\ \underline{\mathrm{RMS}}\geqslant 0,\quad \overline{\mathrm{RMS}}>0\right\} \tag{5.27}$$

为了评价形面精度区间的优劣，引入区间运算中均值和离差的概念：

$$\begin{cases} m\left(\widetilde{\mathrm{RMS}}\right)=\left(\overline{\mathrm{RMS}}+\underline{\mathrm{RMS}}\right)/2 \\ d\left(\widetilde{\mathrm{RMS}}\right)=\left(\overline{\mathrm{RMS}}-\underline{\mathrm{RMS}}\right)/2 \end{cases} \tag{5.28}$$

式中，均值表示反射面整体偏离理想抛物面的误差的均值；离差表示形面精度区间的跨度大小，反映的是形面精度的稳定性。

要使反射面形面精度最优，必须使反射面对理想抛物面的整体偏离误差和形面精度区间的跨度均较小，就需要将优化目标函数定义为形面精度均值与离差之和，即

$$\mathrm{fun}\left(\tilde{\boldsymbol{Q}}\right)=m\left(\widetilde{\mathrm{RMS}}\right)+d\left(\widetilde{\mathrm{RMS}}\right)=\overline{\mathrm{RMS}} \tag{5.29}$$

由式(5.29)可知，反射面形面精度的均值与离差之和为形面精度区间的上界，也就是说，通过比较形面精度区间的上界 $\overline{\mathrm{RMS}}$，即可对形面精度区间进行评价。

同时，网状反射面以多边形面片拟合抛物面[6,7]，在设计原理上使得反射面存在一定的原理误差 w_{rms}，多边形面片的边长越长，形面精度越差。将多边形面片边长的最大值定义为网状反射面最大允许索长 $L_{\max}$，其与原理误差 w_{rms} 之间存在如下关系：

$$\frac{L_{\max}}{D}=C_{\mathrm{p}}\sqrt{\frac{f}{D}\left(\frac{w_{\mathrm{rms}}}{D}\right)_{\mathrm{allow}}} \tag{5.30}$$

式中，D是天线口径；f是反射面焦距；C_{p}是一个计算参数，对于三角形网格，$C_{\mathrm{p}}=7.87$。

为使索网结构设计时不放大反射面的原理误差，索网结构设计得到的最大索长必须不能大于由原理误差算得的最大允许索长，需要在优化模型中提供相应的约束，即

$$\max(\boldsymbol{L})\leqslant L_{\max} \tag{5.31}$$

最后，结合式(5.29)和式(5.31)，建立如下区间力密度形态设计优化模型：

$$\begin{aligned}&\text{find}\quad \boldsymbol{Q}=\mathrm{diag}\left(q_1,q_2,\cdots,q_{N_{\mathrm{e}}}\right)\\&\min\quad \overline{\mathrm{RMS}}=\mathrm{fun}\left(\tilde{\boldsymbol{Q}}\right)\\&\text{s.t.}\quad \max(\boldsymbol{L})\leqslant L_{\max}\\&\qquad q^{\mathrm{L}}\leqslant q_i\leqslant q^{\mathrm{U}}\quad\left(i=1,2,\cdots,N_{\mathrm{e}}\right)\end{aligned} \tag{5.32}$$

式中，$\boldsymbol{Q}$为初始力密度设定值。由此可以求得初始索网几何位置与初始张力，考虑不确定性因素之后，由式(5.24)可以计算得到区间力密度对角阵$\tilde{\boldsymbol{Q}}$，继而由式(5.25)和式(5.26)可以求得形面精度区间。区间力密度法优化流程如图 5.2 所示。

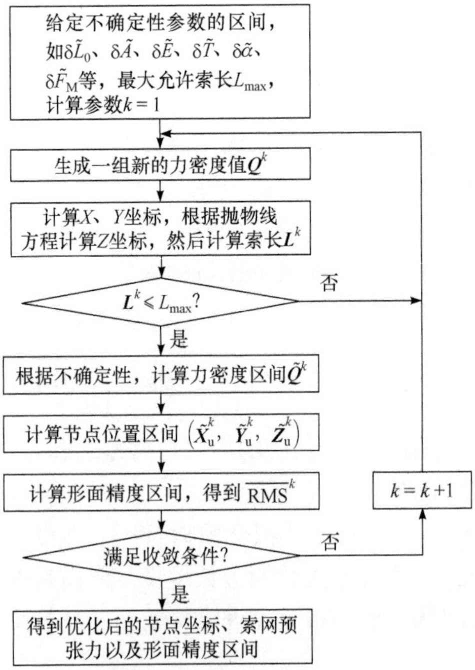

图 5.2　区间力密度法优化流程

5.5　不确定性环形桁架网状天线预张力设计

5.5.1　不确定性索网的张力等效

以 AstroMesh 公司的 AM2 索网形式作为索网的拓扑结构[8]，AM2 索网结构如图 5.3 所示。表 5.1 为索网结构的几何参数，表 5.2 为索网结构的材料参数，表 5.3 为索网结构的不确定性参数。

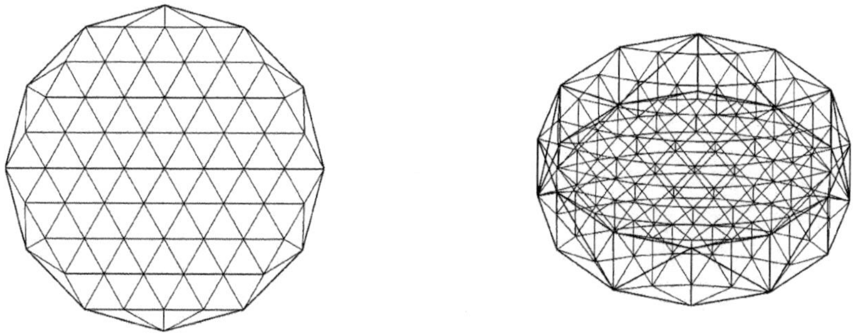

(a) 索网拓扑形式　　(b) 索网侧视

图 5.3　AM2 索网结构

表 5.1　索网结构的几何参数(AM2)

参数类型	天线口径/m	前索网焦距/m	背索网焦距/m	偏置距离/m	分段数
取值	10	5	5	3	4

表 5.2　索网结构的材料参数

结构	直径/m	弹性模量/GPa	热膨胀系数/(10^{-7}/℃)
桁架	0.02	200	0.2
索网	0.002	20	2

表 5.3　索网结构的不确定性参数

参数类型	L_0 / 10^{-3}m		T/℃		E/Pa		α/(10^{-7}/℃)		F/ N	
	$\delta\underline{L}_0$	$\delta\overline{L}_0$	$\delta\underline{T}$	$\delta\overline{T}$	$\delta\underline{E}$	$\delta\overline{E}$	$\delta\underline{\alpha}$	$\delta\overline{\alpha}$	$\delta\underline{F}_M$	$\delta\overline{F}_M$
取值	–0.01	0.01	–50	50	–1000	1000	–0.1	0.1	–0.1	0.1

将表 5.3 中的不确定性参数代入式(5.14)，可以得到索网张力不确定量的范围，该范围与每个索段的长度和张力有关，计算索段长度并代入式(5.7)即可得到索段张力具体的不确定值，如式(5.33)所示：

$$\begin{cases}\delta\underline{F}_{\text{total}}=\dfrac{62831.8\times\left[\left(L-1\times10^{-5}\right)F-0.628319\right]}{62831.8\times\left(L+1\times10^{-5}\right)+F\times10^{-5}}-0.7597-F\\ \delta\overline{F}_{\text{total}}=\dfrac{62831.8\times\left[\left(L+1\times10^{-5}\right)F+0.628319\right]}{62831.8\times\left(L-1\times10^{-5}\right)-F\times10^{-5}}+0.7597-F\end{cases}\tag{5.33}$$

5.5.2　反优化设计

为了对索网天线预张力设计的结果进行对比分析，选择使用平面投影设计法进行预张力设计作为方案 1，将基于不确定性的预张力设计作为方案 2，并且将两种方案所得到的竖向索预张力调节到一致。在上述计算的不确定性范围内随机产生一系列不确定量，同时施加到两种方案所得的预张力之上，得到的两个形面精度曲线与两种方案的形面精度之差如图 5.4 所示，表 5.4 为两种预张力设计方案下索网结构的几何参数。

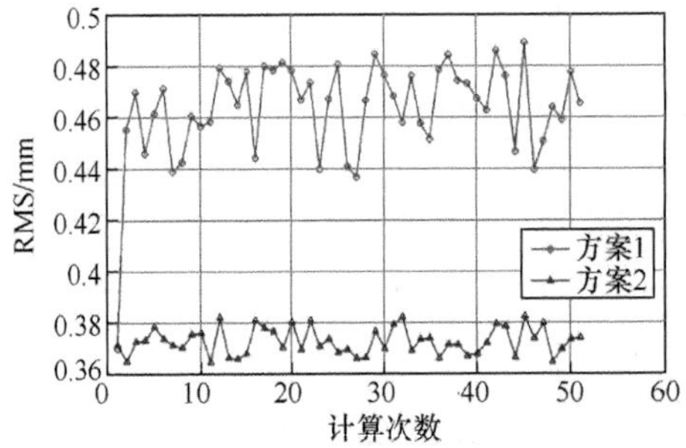

(a) 不确定性下的形面精度曲线

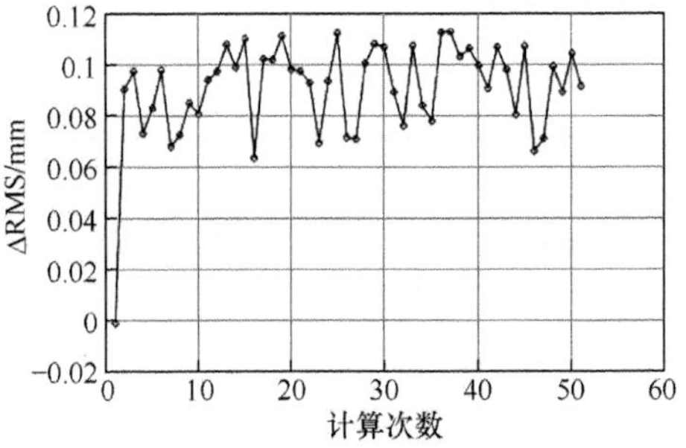

(b) 形面精度差值

图 5.4　不确定性下的形面精度

表 5.4　两种预张力设计方案下索网结构的几何参数对比

方案	前索网张力均值/N	张力比	设计形面精度/mm	形面精度/mm
方案 1	5	1.4509	0.3697	0.4636
方案 2	5	2.3771	0.3711	0.3725

由图 5.4 和表 5.4 可以看出，在不考虑不确定性的时候，两种方案得到的形面精度接近，方案 2 由于考虑了不确定性，竖向索张力的均匀性受到一定的影响；

考虑不确定因素的影响以后，方案 2 得到的形面精度基本保持在初始值的上下波动，方案 1 得到的形面精度会立刻偏移初始值，而且偏移量较大。由此可见，考虑不确定因素的预张力设计，在实际的结构制造和装配中更能保持形面精度的稳定性，也就更加稳健可靠。

5.5.3　索网形面精度的不确定性分析

以 AstroMesh 公司的 AM2 索网拓扑结构[8]作为算例，表 5.1 为索网结构的几何参数，表 5.2 为索网结构的材料参数，表 5.3 为索网结构的不确定性参数。根据表 5.2 和表 5.3，索网放样长度、横截面积与弹性模量的区间变量由均值(设计值)与离差(不确定性)给出，这里采用索直径的均值和离差来计算索段横截面积的区间变量。首先生成对应的三向网格、等力密度网格、等张力网格和相应的平衡预张力；然后在考虑索网放样长度、横截面积与弹性模量存在不确定性的情况下，利用区间力密度分析方法分别对这三种不确定性网格反射面的形面精度进行分析。

用作算例的三种索网形式如图 5.5 所示，为了方便对比，此处仅给出了平面投影视图。图 5.5(a)所示的三向网格是在平面上对桁架内接六边形等分后投影到反射面上而形成的，仅是几何索网，没有相应的张力，此处利用平面投影设计法进行预张力设计。图 5.5(b)和图 5.5(c)所示的等力密度网格和等张力网格分别根据等力密度设计法与等张力设计法计算而得，图 5.5(c)中内部索网(图中不加粗的索段为内部索段)的张力完全相等。为了对结果进行对比分析，将各个索网中前索网张力的均值设计成一样的。

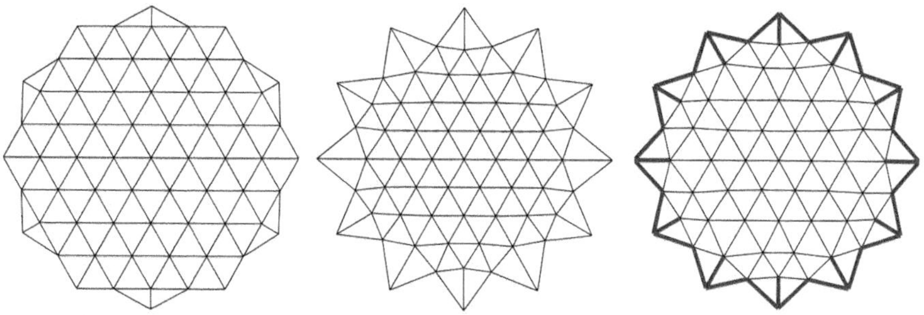

(a) 三向网格　(b) 等力密度网格　(c) 等张力网格

图 5.5　三种索网形式

在考虑表 5.3 所示不确定性的情况下，利用反射面形面精度的区间力密度分析方法分别计算出三向网格、等力密度网格和等张力网格的形面精度区间，结果如表 5.5 所示。

表 5.5 形面精度不确定性分析结果

索网形式	前索网张力均值/N	张力均匀性	RMS 区间/mm
三向网格	10	4.5345	[0, 1.0003]
等力密度网格	10	1.8858	[0, 1.5284]
等张力网格	10	2.2795	[0, 1.1405]

表 5.5 中，张力均值指网状反射面前索网所有索段张力的平均值；张力均匀性指前索网张力最大值与最小值之比；RMS 区间指不确定性对反射面形面精度的影响。其中，三向网格虽然张力均匀性较差，但是不确定性因素对反射面形面精度的影响较小；等力密度网格的情况正好与三向网格的相反，张力均匀性好，但是不确定性对形面精度的影响较大；等张力网格的情况适中，虽然内部张力相等，但是整体的张力均匀性并非最好，不确定性因素对反射面形面精度的影响也比较小。

从上述数值算例的计算中可以看出，不确定性网状反射面形面精度的区间力密度分析方法，在索网放样长度、索网横截面积(直径)和弹性模量均存在不确定性的情况下，对反射面形面精度变化情况的分析可行且有效。

5.5.4 索网结构的区间力密度设计

根据给定的原理误差，可以计算得到最大的允许索长为 746.6140mm，将根据 5.5.3 小节得到的索网张力，计算得到的力密度作为三种网格的初始力密度，取其 ± 50%作为力密度变化区间，将两者代入区间力密度优化模型，分别对三向网格、等力密度网格和等张力网格进行区间力密度形态优化设计。为了对结果进行对比分析，将各个网格前索网张力的均值设计成 10N。通过区间力密度优化得到的三种索网如图 5.6 所示，优化结果如表 5.6 所示。

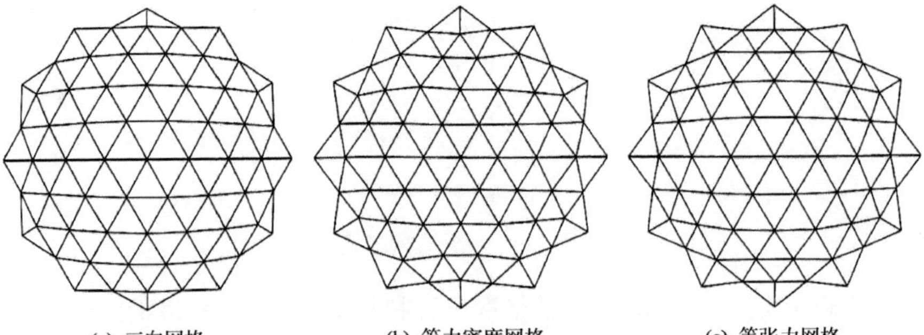

(a) 三向网格 (b) 等力密度网格 (c) 等张力网格

图 5.6 通过区间力密度优化得到的三种索网

表 5.6　区间力密度优化结果

索网形式	张力比	初始 RMS/mm	优化后 RMS/mm	RMS 提升量/%
三向网格	5.6367	[0, 1.0003]	[0, 0.8767]	12.36
等力密度网格	3.0095	[0, 1.5284]	[0, 0.9748]	36.22
等张力网格	2.7473	[0, 1.1405]	[0, 0.8972]	21.33

从图 5.6 中可以看出，经过区间力密度优化，三个网格与原来的(图 5.5)相比，均有较大的变化。表 5.6 中，反射面形面精度(RMS 越小，形面精度越高)的提升量是指优化后反射面 RMS 区间最大值相比于优化前的提升。从表中的数据可以看出，基于区间力密度分析方法建立的区间力密度优化方法，可以有效地减小索网不确定性对反射面形面精度的影响。其中，三向网格优化后，不确定性对反射面形面精度的影响较小，形面精度的提升量不大，同时索网张力的均匀性较差；基于等力密度计算得到的网格在优化后，张力的均匀性变化较大，虽然形面精度的提升量较大，但是不确定性对反射面形面精度的总体影响也最大；利用等张力策略计算得到的网格，优化后的张力均匀性保持良好，不确定性对反射面形面精度的影响也较小。

参考文献

[1] DENG H Q, LI T J, WANG Z W. Pretension design for space deployable mesh reflectors under multi-uncertainty [J]. Acta Astronautica, 2015, 115: 270-276.

[2] 邓汉卿. 空间可展开索网天线的机构构型综合与形面设计方法研究[D]. 西安: 西安电子科技大学, 2016.

[3] ELISHAKOFF I, OHSAKI M. Optimization and Anti-Optimization of Structures Under Uncertainty [M]. Singapore: World Scientific, 2010.

[4] ELISHAKOFF I, HAFTKA R T, FANG J. Structural design under bounded uncertainty-optimization with anti-optimization [J]. Computers and Structures, 1994, 53(6): 1401-1405.

[5] LOMBARDI M. Optimization of uncertain structures using non-probabilistic models [J]. Computers and Structures, 1998, 67(1-3): 99-103.

[6] HEDGEPETH J M. Accuracy potentials for large space antenna reflectors with passive structure [J]. Journal of Spacecraft and Rockets, 1982, 19(3): 211-217.

[7] HEDGEPETH J M. Influence of fabrication tolerances on the surface accuracy of largeantenna structures [J]. AIAA Journal, 1982, 20(5): 680-686.

[8] TIBERT G. Optimal design of tension truss antennas[C]. 44th AIAA/ASME/ASCE/AHS Structures, Structural Dynamics, and Materials Conference, Norfolk, USA, 2003: 1629.

第 6 章　索网反射面多源误差的建模及分析

6.1　概　　述

根据产生的不同阶段，网状天线的结构误差可以分为面片拟合误差、反枕效应误差、不确定性误差和热变形误差等。这些误差共同作用在网状天线上，导致网状天线的工作形面精度下降，电磁信号反射散乱，指向精度、增益、辐射效率和交叉极化指标降低，同时副瓣电平增高，最终影响天线的电性能。合理地分析各类形面误差的来源、大小，并对设计要求的形面精度进行分配，是网状天线设计的一个核心环节。本章介绍天线形面误差的表征方法，面片拟合误差、反枕效应误差和不确定性误差等多源误差的建模及分析方法[1-3]，以及一种面向形面误差分布的电性能计算方法[1,4]。

6.2　天线形面误差的表征

对于天线结构，评价其性能的一个重要指标是天线增益，天线增益是表示天线辐射集中程度的参数，天线增益与天线形面误差之间存在如下关系[5,6]：

$$\frac{G}{G_0} = \exp\left[-\left(\frac{4\pi\delta_{\text{rms}}}{\lambda}\right)^2\right] \tag{6.1}$$

式中，G、G_0分别表示实际反射面与理想反射面的天线增益；λ表示天线工作波长；δ_{rms}表示反射面误差的均方根值，反映实际反射面的平整度及其与理想反射面的一致性。

根据式(6.1)，在波长一定的情况下，一般要求天线形面误差为$\lambda/60 \sim \lambda/30$，因此随着天线频段的提高，对反射面形面精度的要求也越来越高，这使得反射面形面精度成为网状天线设计的一个重要指标。在网状结构的设计和装调过程中，天线的形面精度由轴向误差δ_1、法向误差δ_2和半光程误差δ_3来表征。如图 6.1 所示，将理想反射面的方程记为$z = z_0(x, y)$，实际反射面的方程记为$z = z(x, y)$，则实际反射面三种误差的计算公式分别为

$$\delta_1 = \sqrt{\frac{1}{A}\iint (z - z_0)^2 \mathrm{d}\sigma} \tag{6.2}$$

$$\delta_2 = \sqrt{\frac{1}{A}\iint[(z - z_0)\cos\beta)]^2 \mathrm{d}\sigma} \tag{6.3}$$

$$\delta_3 = \sqrt{\frac{1}{A}\iint[(z - z_0)\cos^2\beta]^2 \mathrm{d}\sigma} \tag{6.4}$$

式中，β 为积分点处焦线与法线的夹角；A 为反射面面积。当反射面为正馈的旋转抛物面时，z_0 和 β 分别为

$$\begin{cases} z_0 = \dfrac{x^2 + y^2}{4F} \\ \beta = \tan^{-1}\left(\dfrac{\sqrt{x^2 + y^2}}{4F}\right) \end{cases} \tag{6.5}$$

式中，F 为旋转抛物面的焦距。

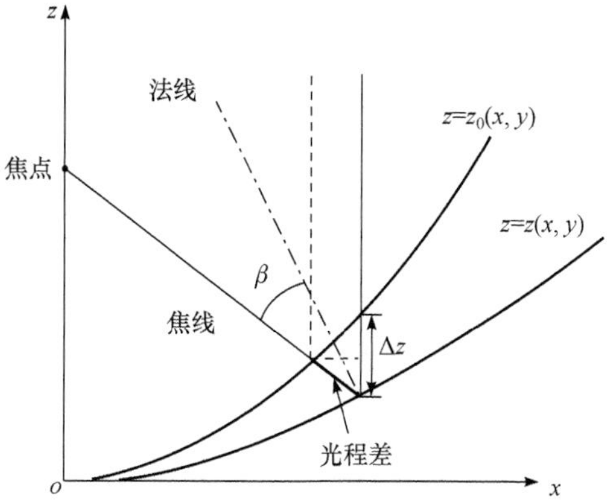

图 6.1　实际反射面与理想反射面偏差

对于索网结构，也常采用索网节点位置误差来描述由索网制造装调引入的形面误差，其表达式为

$$w_{\mathrm{rms}} = \sqrt{\frac{1}{N_{\mathrm{f}}}\sum_{i\in\{\mathrm{NF}\}}\left[(x_i - x_{i0})^2 + (y_i - y_{i0})^2 + (z_i - z_{i0})^2\right]} \tag{6.6}$$

式中，N_{f} 为反射面表面的节点数；{NF} 为由位移向量中反射面表面节点编号组成的集合。

6.3　面片拟合误差的建模及分析

为满足质量小、可反复折叠等要求，网状天线的反射面一般由极细金属丝编

织而成，其结构比较柔软。金属丝网以索网系统作为主要的支撑结构，当金属丝网铺敷在索网面上时，在网格处会形成若干个小平面(图 6.2)，由若干个索网网格(一系列小平面)拼合而成的网状天线反射面势必与理想反射面之间存在一定的误差，通常称之为反射面的面片拟合误差，如图 6.3 所示。

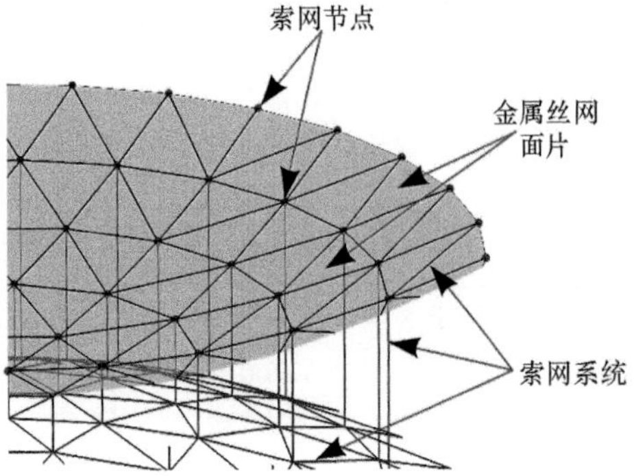

图 6.2　索网网格将反射面分割成许多小平面

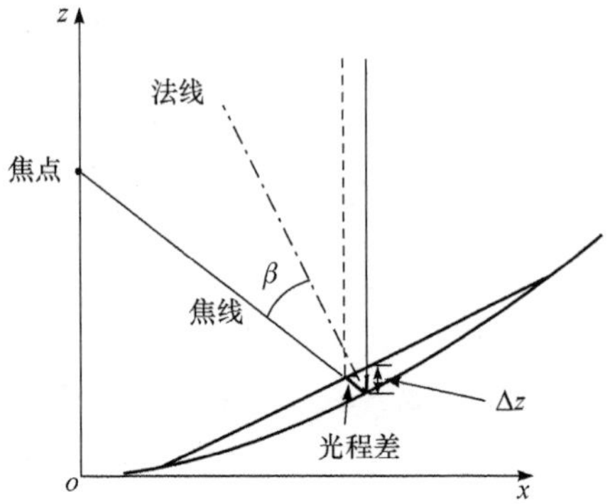

图 6.3　反射面的面片拟合误差

由面片拟合产生的轴向误差 δ_1、法向误差 δ_2 和半光程误差 δ_3 可分别表示为

$$\delta_1 = \sqrt{\sum_{i=1}^{m} \frac{1}{A_i} \iint_{A_i} (z_i - z_0)^2 \mathrm{d}\sigma} \tag{6.7}$$

$$\delta_2 = \sqrt{\sum_{i=1}^{m} \frac{1}{A_i} \iint_{A_i} [(z_i - z_0)\cos\beta_i]^2 \mathrm{d}\sigma} \tag{6.8}$$

$$\delta_3 = \sqrt{\sum_{i=1}^{m} \frac{1}{A_i} \iint_{A_i} [(z_i - z_0)\cos^2\beta_i]^2 \mathrm{d}\sigma} \tag{6.9}$$

式中，z_i 表示由索网相邻三个节点确定的小平面方程；β_i 表示理想反射面焦线与法线的夹角。

当反射面为正馈的旋转抛物面时，设计参数与面片拟合误差之间的关系可近似表示为[7]

$$\frac{L}{D} = C\sqrt{\frac{\delta_0}{D} \cdot \frac{F}{D}} \tag{6.10}$$

式中，δ_0 为设计阶段允许的面片拟合误差，工程上通常取总形面误差的 1/3；L 为面片的最大可设计边长；D 为天线反射面光学口径；F 为焦距；C 为与面片形状有关的系数，当面片形状为三角形时取 7.872，当面片形状为四边形时取 6.160，当面片形状为六边形时取 4.046。

当四边形网格长宽比较大时，式(6.10)修正为[8]

$$\frac{L}{D}=C\sqrt{\frac{\delta_0}{D}\cdot\frac{F}{D}}\left[1+\left(\frac{b}{l}\right)^4\right]^{-1/4} \tag{6.11}$$

式中，b 为四边形网格的最短边；l 为四边形网格的最长边。

6.4　反枕效应误差的建模及分析

索和金属网只有拉伸刚度，缺乏弯曲刚度和剪切刚度，在预张力作用下金属反射网会出现反枕效应(负高斯曲率)，甚至褶皱。一般来说，褶皱可以通过合理的预张力设计和编织工艺避免，但是反枕效应误差作为网状天线特有的变形模式，与面片拟合误差一样，同属于网状天线的原理误差，本身不可避免，只能尽量减小。与面片拟合误差不同的是，网状天线的反枕效应误差不仅取决于索网网格大小和反射面曲率，还与索网和金属网的预张力密切相关。

6.4.1　反枕效应的计算

图 6.4 展示了网状天线反射面中典型的三角形索膜单元，阴影部分为膜结构(金属网)，三条边通过缝制与拉索共线。三角形索膜单元三个顶点编号分别为 1、2 和 3，三个顶点对边索单元的张力分别记为 T_{s1}、T_{s2} 和 T_{s3}，膜所受张力分别记为 N_{m1}、N_{m2} 和 N_{m3}。由于索网天线反射面为空间曲面，因此网状天线反射面中的三角形索膜单元通常与其他三个单元分别共用一条边和一根索，并形成一定的空间夹角，分别记为 $2\theta_1$、$2\theta_2$ 和 $2\theta_3$。

如果薄膜单元三条边固定在拉索上，并且在预张力作用下薄膜不产生褶皱，那么薄膜三条边所受张力一定可以等效为两个垂直方向的最大张力 N_{mX} 与最小张力 N_{mY}，在这两个方向上切向力为零，如图 6.5 所示。

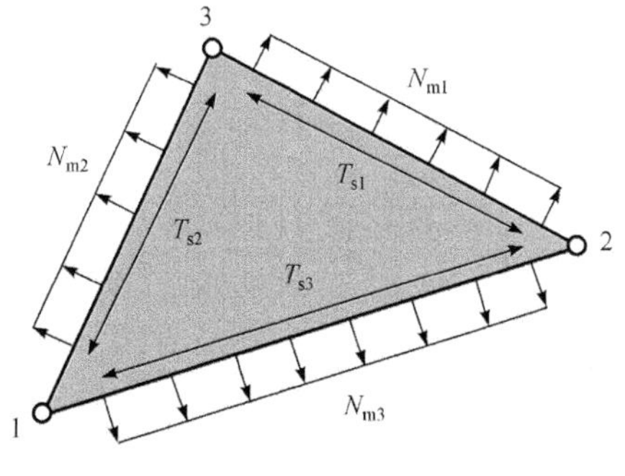

图 6.4　网状天线反射面中典型的三角形索膜单元

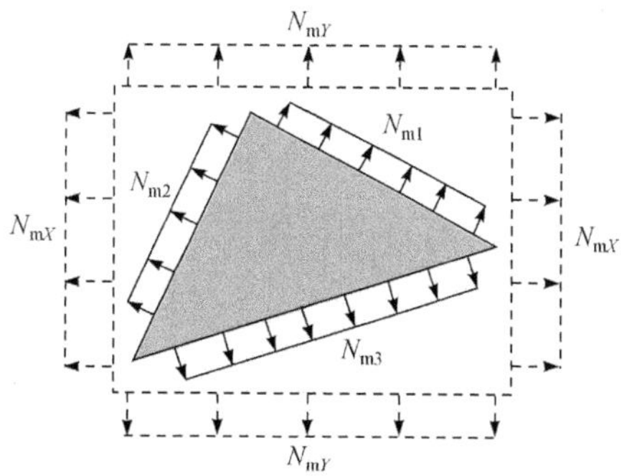

图 6.5　三角形薄膜单元张力等效

然后，以三角形薄膜的外接圆圆心为原点，最大张力方向为 X 轴，最小张力方向为 Y 轴，Z 坐标轴满足右手定则，建立薄膜单元坐标系 $OXYZ$ ，并将 $OXYZ$ 坐标系绕着 OZ 轴旋转 ϕ_1 、ϕ_2 和 ϕ_3 ，分别建立 OX_1Y_1Z 、OX_2Y_2Z 和 OX_3Y_3Z 三个索膜单元局部坐标系，其中 ϕ_1 、ϕ_2 和 ϕ_3 为薄膜三条边垂线与 OX 轴的夹角，如图 6.6 所示。

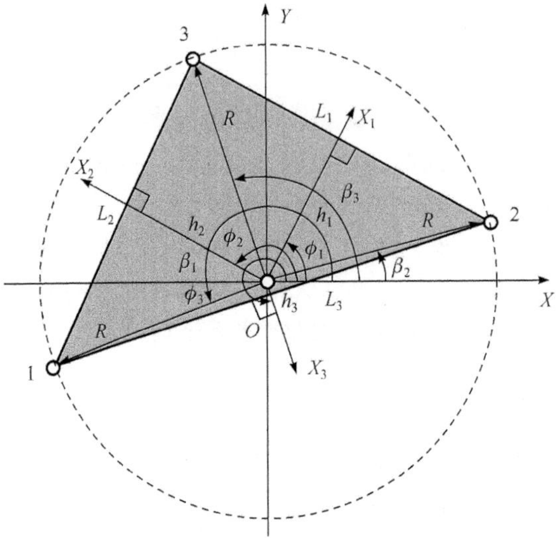

图 6.6　索膜单元局部坐标系定义

等效张力(N_{mX} 和 N_{mY})可通过式(6.12)和式(6.13)计算：

$$N_{mX}=\frac{1}{2}\left(N_{m1}\left|\cos\phi_1\right|+N_{m2}\left|\cos\phi_2\right|+N_{m3}\left|\cos\phi_3\right|\right) \tag{6.12}$$

$$N_{mY}=\frac{1}{2}\left(N_{m1}\left|\sin\phi_1\right|+N_{m2}\left|\sin\phi_2\right|+N_{m3}\left|\sin\phi_3\right|\right) \tag{6.13}$$

膜的张力(N_{m1} 、 N_{m2} 和 N_{m3})应满足如下两个约束关系：

$$N_{m1}\cos\phi_1+N_{m2}\cos\phi_2+N_{m3}\cos\phi_3=0 \tag{6.14}$$

$$N_{m1}\sin\phi_1+N_{m2}\sin\phi_2+N_{m3}\sin\phi_3=0 \tag{6.15}$$

对于上述三角形索膜单元，其内部的力平衡条件应满足以下偏微分方程[9]：

$$\tau\frac{\partial^2W}{\partial X^2}+\frac{\partial^2W}{\partial Y^2}=0 \tag{6.16}$$

式中，

$$\tau=\frac{N_{mX}}{N_{mY}}\frac{1+\left(\partial W/\partial Y\right)^2}{1+\left(\partial W/\partial X\right)^2} \tag{6.17}$$

当 N_{mX} 和 N_{mY} 近似相等时，令 $\tau=1$ ；当 N_{mX} 远大于 N_{mY} 时，首先假设

$\tau_0 = N_{mX}/N_{mY}$，求解出初始 Z 方向位移响应 W，其次将初始 W 值代入 τ 的公式求出修正 τ_1，最后将 τ_1 代入式(6.16)求出新的 Z 方向位移响应，反复迭代即可求出最终的 W 值。

从式(6.16)可以看出，膜内部的非线性微分方程为调和函数，因此其解可以写成复数级数形式。定义以 R 为基准的复数变量 $\hat{Z} = X/R + \mathrm{j}\sqrt{\tau}\, Y/R$，那么膜在 Z 方向的位移可表示为复数函数 $\hat{U}$ 的函数：

$$W = \frac{\hat{U}(\hat{Z}) + \hat{U}^*(\hat{Z})}{2}, \quad \hat{U} = U_0 \sum_{i=0}^{\mathrm{iNum}} A_i (\hat{Z})^i \tag{6.18}$$

式中，$\hat{U}^*$ 为 $\hat{U}$ 的复共轭；iNum 为级数的项数，可根据索膜单元的约束方程及微分方程确定；A_i 为级数的系数，由索膜结构的节点位移约束和力约束条件共同确定。

1. 节点位移约束

对于如图 6.4 所示的三角形薄膜单元，若给某个顶点 j 施加固定约束，则对应的位移约束条件可以表示为

$$\sum_{i=0}^{\mathrm{iNum}} A_i \sum_{k=0}^{\lfloor i/2 \rfloor} C_i^{2k} (-\tau)^k (\cos\beta_j)^{i-2k} (\sin\beta_j)^{2k} = 0 \tag{6.19}$$

式中，$\lfloor\ \rfloor$ 表示取整；$C_i^{2k} = 2k!(i-2k)!/i!$，其中 ! 表示阶乘。

扩展到一般情况，位移约束条件可以写成矩阵形式：

$$\boldsymbol{\Pi}_0 \boldsymbol{A} = \boldsymbol{b}_0 \tag{6.20}$$

式中，$\boldsymbol{A} = \{A_0, A_1, A_2, \cdots, A_{\mathrm{iNum}}\}^{\mathrm{T}}$，为级数系数向量；$\boldsymbol{b}_0$ 为节点位移约束向量；$\boldsymbol{\Pi}_0$ 为节点位移约束系数矩阵。

2. 力约束

如图 6.7 所示，当某单元与其他单元拼接并共用一条边时，由于索和反射网均缺乏抗弯刚度，相邻索膜单元之间有夹角，因此共用边将在面外产生位移以抵消面外不平衡力。

以第一条边为例，建立其面外力平衡方程如下：

$$T_{s1} \frac{\partial^2 W}{\partial Y_1^2} + 2N_{m1} \left(\sin\theta_1 - \frac{\partial W}{\partial X_1} \right) = 0, \quad X_1 = h_1 \tag{6.21}$$

将式(6.18)代入式(6.21)并简化，可得

$$2\frac{N_{\mathrm{m1}}}{T_{\mathrm{s1}}}\theta_1 = 2\frac{N_{\mathrm{m1}}}{T_{\mathrm{s1}}}\left(\frac{\partial \hat{U}}{\partial X_1}+\frac{\partial \hat{U}^*}{\partial X_1}\right)-\left(\frac{\partial^2 \hat{U}}{\partial Y_1^2}+\frac{\partial^2 \hat{U}^*}{\partial Y_1^2}\right),\quad X_1 = h_1 \tag{6.22}$$

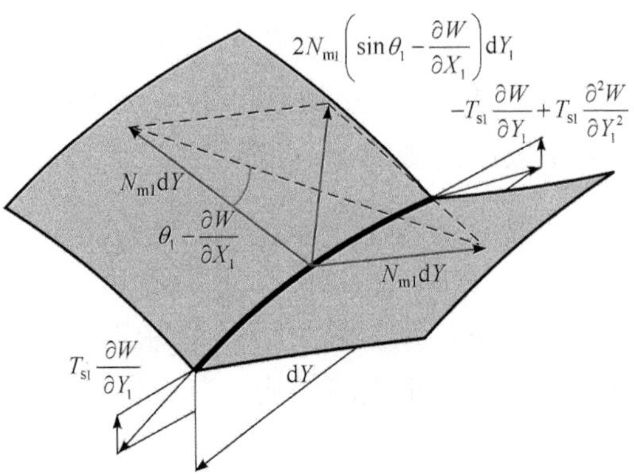

图 6.7　单元边上力平衡关系示意图

根据坐标转换关系，可得

$$\frac{\partial \hat{U}}{\partial X_1}=\left(\cos\phi_1-\mathrm{j}\sqrt{\tau}\sin\phi_1\right)\frac{\partial \hat{U}}{\partial X} \tag{6.23}$$

$$\frac{\partial^2 \hat{U}}{\partial Y_1^2}=\left(\sin^2\phi_1-\tau\cos^2\phi_1+\mathrm{j}\sqrt{\tau}\sin 2\phi_1\right)\frac{\partial^2 \hat{U}}{\partial X^2} \tag{6.24}$$

根据式(6.23)和式(6.24)，可将力约束方程(6.22)转换到索膜单元局部坐标系中，即

$$\begin{aligned}2\frac{N_{\mathrm{m1}}}{T_{\mathrm{s1}}}\theta_1 &= 2\frac{N_{\mathrm{m1}}}{T_{\mathrm{s1}}}\cos\phi_1\,\mathrm{Re}\left\{\frac{\partial \hat{U}}{\partial X}\right\}+\left(-\sin^2\phi_1+\tau\cos^2\phi_1\right)\cdot\mathrm{Re}\left\{\frac{\partial^2 \hat{U}}{\partial X^2}\right\}\\&\quad+2\frac{N_{\mathrm{m1}}}{T_{\mathrm{s1}}}\sqrt{\tau}\sin\phi_1\,\mathrm{Im}\left\{\frac{\partial \hat{U}}{\partial X}\right\}+\sqrt{\tau}\sin(2\phi_1)\,\mathrm{Im}\left\{\frac{\partial^2 \hat{U}}{\partial X^2}\right\}\end{aligned} \tag{6.25}$$

根据 $\hat{U}$ 的定义式(6.18)可得

$$\frac{\partial \hat{U}}{\partial X}=\frac{U_0}{R}\sum_{i=1}^{\infty}A_i i\hat{Z}^{i-1} \tag{6.26}$$

$$\frac{\partial^2 \hat{U}}{\partial X^2}=\frac{U_0}{R^2}\sum_{i=1}^{\infty}A_{i+1}i(i+1)\hat{Z}^{i-1} \tag{6.27}$$

式中，

$$\hat{Z}^{i-1}=\frac{1}{R^{i-1}}\sum_{k=0}^{i-1}C_{i-1}^{k}X^{i-1-k}Y^{k}\left(\mathrm{j}\sqrt{\tau}\right)^{k} \tag{6.28}$$

将 $X_1 = h_1$ 代入式(6.28)可得 $\hat{Z}^{i-1}$ 的实部和虚部分别为

$$\mathrm{Re}\left\{\hat{Z}^{i-1}\right\} = \sum_{r=0}^{i-1} f_{\mathrm{R1}}^{i,r}(i,r)\left(Y_1/R\right)^r \tag{6.29}$$

$$\mathrm{Im}\left\{\hat{Z}^{i-1}\right\} = \sum_{r=0}^{i-1} f_{\mathrm{I1}}^{i,r}(i,r)\left(Y_1/R\right)^r \tag{6.30}$$

式中，$f_{\mathrm{R1}}^{i,r}(i,r)$ 和 $f_{\mathrm{I1}}^{i,r}(i,r)$ 分别为 $\hat{Z}^{i-1}$ 实部和虚部的 Y_1/R 的 r 次项系数，即

$$f_{\mathrm{R1}}^{i,r} = \left(\cos\phi_1\right)^{i-1} \sum_{k=0}^{\lfloor (i-1)/2 \rfloor} \tau^k C_{i-1}^{2k} \sum_{r_1+r_2=r} C_{i-1-2k}^{r_1} C_{2k}^{r_2} (-1)^{k+r_2} \left(\tan\phi_1\right)^{2k+r_1-r_2} \left(h_1/R\right)^{i-1-r} \tag{6.31}$$

$$f_{\mathrm{I1}}^{i,r} = \sqrt{\tau}\left(\cos\phi_1\right)^{i-1} \sum_{k=0}^{\lfloor (i-2)/2 \rfloor} \tau^k C_{i-1}^{2k+1} \sum_{r_1+r_2=r} C_{i-2-2k}^{r_1} C_{2k+1}^{r_2} (-1)^{k+1-r_2} \left(\tan\phi_1\right)^{2k+r_1-r_2+1} \left(h_1/R\right)^{i-1-r} \tag{6.32}$$

综上所述，可得第一条边的力约束方程为

$$\begin{aligned} 2\frac{N_{\mathrm{m1}}}{T_{\mathrm{s1}}}\theta_1 = {} & 2\frac{N_{\mathrm{m1}}}{T_{\mathrm{s1}}}\frac{U_0}{R}\sum_{i=1}^{\infty} A_i i\left(\cos\phi_1 \mathrm{Re}\left\{\hat{Z}^{i-1}\right\} + \sqrt{\tau}\sin\phi_1 \mathrm{Im}\left\{\hat{Z}^{i-1}\right\}\right) \\ & + \frac{U_0}{R^2}\sum_{i=1}^{\infty} A_{i+1} i(i+1)\left[\left(-\sin^2\phi_1 + \tau\cos^2\phi_1\right)\mathrm{Re}\left\{\hat{Z}^{i-1}\right\} + \sqrt{\tau}\sin(2\phi_1)\mathrm{Im}\left\{\hat{Z}^{i-1}\right\}\right] \end{aligned} \tag{6.33}$$

式(6.33)对任意的 Y_1 都成立，则第一条边的力平衡约束条件可等价于：

$$\begin{aligned} & 2\frac{N_{\mathrm{m1}}}{T_{\mathrm{s1}}}\frac{U_0}{R}\sum_{i=1}^{\infty} A_i i\left(\cos\phi_1 f_{\mathrm{R1}}^{i,r} + \sqrt{\tau}\sin\phi_1 f_{\mathrm{I1}}^{i,r}\right) \\ & + \frac{U_0}{R^2}\sum_{i=1}^{\infty} A_{i+1} i(i+1)\left[\left(-\sin^2\phi_1 + \tau\cos^2\phi_1\right) f_{\mathrm{R1}}^{i,r} + \sqrt{\tau}\sin 2\phi_1 f_{\mathrm{I1}}^{i,r}(i,r)\right] \\ & = \begin{cases} 2\dfrac{N_{\mathrm{m1}}}{T_{\mathrm{s1}}}\theta_1 & (r=0) \\ 0 & (r>0) \end{cases} \end{aligned} \tag{6.34}$$

定义第一条边的力平衡约束系数矩阵 $\boldsymbol{\Pi}_1$ 和约束向量 $\boldsymbol{b}_1$ 分别为

$$\begin{aligned} \boldsymbol{\Pi}_1(r+1,i+1) = {} & 2\frac{N_{\mathrm{m1}}}{T_{\mathrm{s1}}}\frac{U_0}{R} i\left(\cos\phi_1 f_{\mathrm{R1}}^{i,r} + \sqrt{\tau}\sin\phi_1 f_{\mathrm{I1}}^{i,r}\right) \\ & + \frac{U_0}{R^2} i(i-1)\left[\left(-\sin^2\phi_1 + \tau\cos^2\phi_1\right) f_{\mathrm{R1}}^{i,r} + \sqrt{\tau}\sin(2\phi_1) f_{\mathrm{I1}}^{i,r}\right] \end{aligned} \tag{6.35}$$

$$\boldsymbol{b}_1 = \left\{2\frac{N_{\mathrm{m1}}}{T_{\mathrm{s1}}}\theta_1,\ 0,\ 0,\cdots\right\}^{\mathrm{T}} \tag{6.36}$$

式中，$r<i-1$。因此，第一条边的力平衡约束可以写成如下矩阵形式：

$$\boldsymbol{\Pi}_1\boldsymbol{A}=\boldsymbol{b}_1 \tag{6.37}$$

同理，第二条边和第三条边的力平衡约束系数矩阵和约束向量分别为

$$\begin{aligned}\boldsymbol{\Pi}_2\left(r+1,i+1\right)=&2\frac{N_{\mathrm{m2}}}{T_{\mathrm{s2}}}\frac{U_0}{R}i\left[\cos\phi_2 f_{\mathrm{R2}}^{i,r}+\sqrt{\tau}\sin\phi_2 f_{\mathrm{I2}}^{i,r}\right]\\&+\frac{U_0}{R^2}i\left(i-1\right)\left[\left(-\sin^2\phi_2+\tau\cos^2\phi_2\right)f_{\mathrm{R2}}^{i,r}+\sqrt{\tau}\sin\left(2\phi_2\right)f_{\mathrm{I2}}^{i,r}\right]\end{aligned},$$

$$\boldsymbol{b}_2=\left\{2\frac{N_{\mathrm{m2}}}{T_{\mathrm{s2}}}\theta_2,0,\cdots\right\}^{\mathrm{T}}$$

$$\begin{aligned}\boldsymbol{\Pi}_3\left(r+1,i+1\right)=&2\frac{N_{\mathrm{m3}}}{T_{\mathrm{s3}}}\frac{U_0}{R}i\left[\cos\phi_3 f_{\mathrm{R3}}^{i,r}+\sqrt{\tau}\sin\phi_3 f_{\mathrm{I3}}^{i,r}\right]\\&+\frac{U_0}{R^2}i\left(i-1\right)\left[\left(-\sin^2\phi_3+\tau\cos^2\phi_3\right)f_{\mathrm{R3}}^{i,r}+\sqrt{\tau}\sin\left(2\phi_3\right)f_{\mathrm{I3}}^{i,r}\right]\end{aligned},$$

$$\boldsymbol{b}_3=\left\{2\frac{N_{\mathrm{m3}}}{T_{\mathrm{s3}}}\theta_3,0,\cdots\right\}^{\mathrm{T}}$$

综上所述，膜在 Z 方向的位移响应 W 的系数 $\boldsymbol{A}$ 可通过联立节点位移约束条件和力平衡约束条件来求解，即

$$\boldsymbol{\Pi}\boldsymbol{A}=\boldsymbol{b},\quad \boldsymbol{\Pi}=\left\{\boldsymbol{\Pi}_0;\ \boldsymbol{\Pi}_1;\ \boldsymbol{\Pi}_2;\ \boldsymbol{\Pi}_3\right\},\quad \boldsymbol{b}=\left\{\boldsymbol{b}_0;\ \boldsymbol{b}_1;\ \boldsymbol{b}_2;\ \boldsymbol{b}_3\right\} \tag{6.38}$$

从上述的讨论，知道 $\boldsymbol{\Pi}\in\mathbf{R}^{(3r+6)\times(i+1)}$。当 $\boldsymbol{\Pi}$ 为满秩时，$i=3r+5$，上述方程有唯一解；当 $\boldsymbol{\Pi}$ 不满秩时，该求解算法存在数值误差。另外，上述求解方法适用于外接圆内的任意多边形，在分析 N 边形时，$\boldsymbol{\Pi}_0$ 表示 N 个节点位移约束方程的系数矩阵，维数为 $N\times\left(i+1\right)$，且 $\boldsymbol{\Pi}=\left\{\boldsymbol{\Pi}_0;\ \boldsymbol{\Pi}_1;\ \boldsymbol{\Pi}_2;\cdots;\boldsymbol{\Pi}_N\right\}$，$\boldsymbol{b}=\left\{\boldsymbol{b}_0;\ \boldsymbol{b}_1;\ \boldsymbol{b}_2;\cdots;\boldsymbol{b}_N\right\}$。求解方法与三角形索膜单元求解方法类似。

6.4.2 正多边形索膜单元的反枕效应

对于边长为 1m 的正三角形索膜单元和正四边形索膜单元，当膜和索张力比为 0.5，与相邻膜单元的夹角取 $\cos\phi/10\,\mathrm{rad}$ 时，反枕效应误差分布如图 6.8 和图 6.9 所示。在计算过程中，正三角形索膜单元和正四边形索膜单元的级数项数分别取 6 和 8，Y_1/R 的 r 次项系数最大取到 2。

6.4.3 一般多边形索膜单元的反枕效应

对于一般三角形索膜单元和四边形索膜单元，当其外接圆半径取 $1/\sqrt{3}$ m，膜

和索张力比取 0.5，最大主应力轴沿着 X 轴时，反枕效应误差分布如图 6.10 所示。

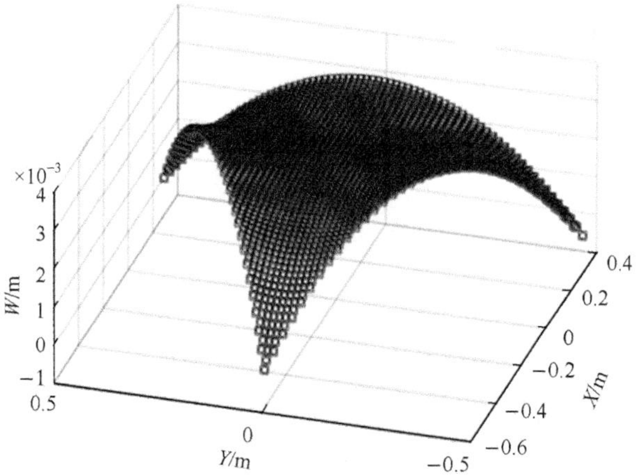

图 6.8　正三角形索膜单元反枕效应误差分布

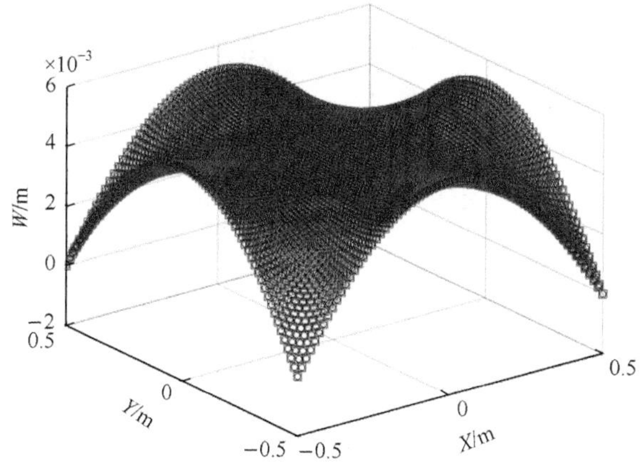

图 6.9　正四边形索膜单元反枕效应误差分布

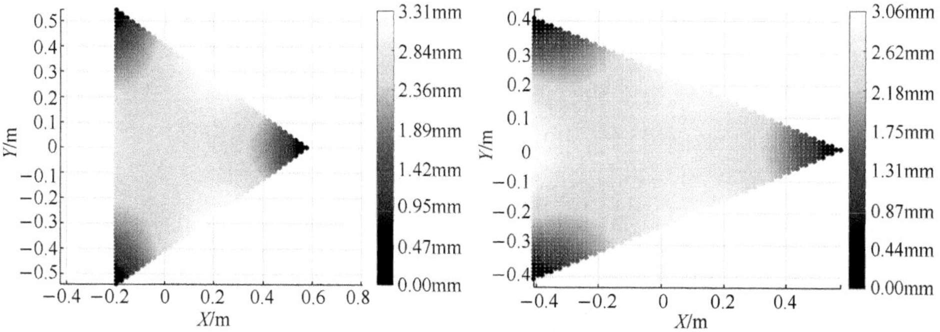

(a) β_1=0°, β_2=110°, β_3=250°　　(b) β_1=0°, β_2=135°, β_3=225°

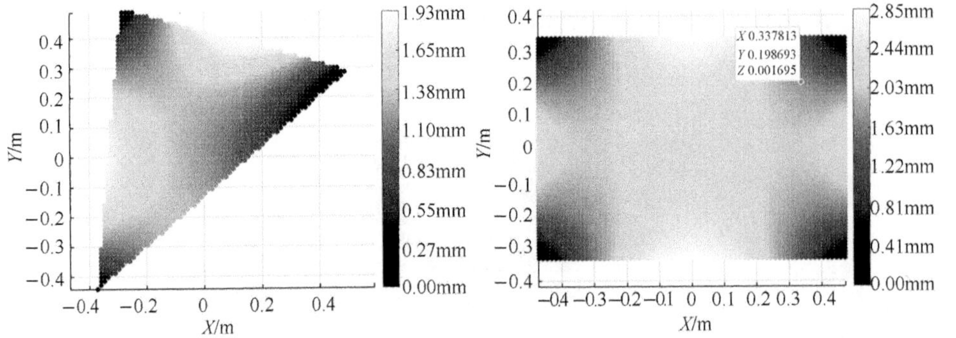

(c) β_1=30°, β_2=120°, β_3=230°　　(d) β_1=35°, β_2=145°, β_3=215°, β_4=325°

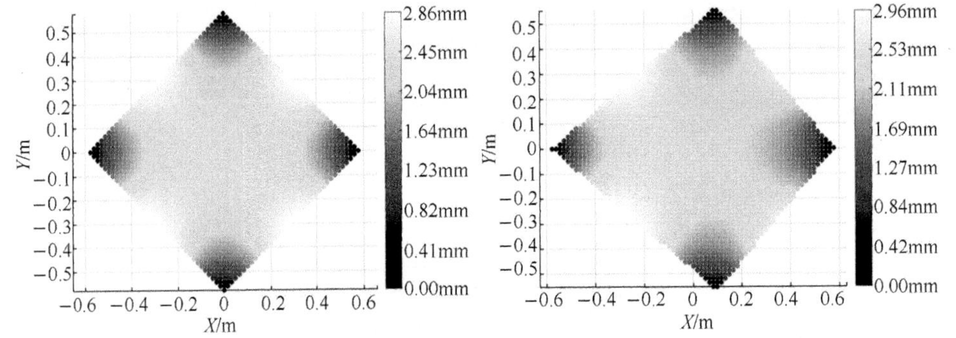

(e) β_1=0°, β_2=90°, β_3=180°, β_4=270°　　(f) β_1=0°, β_2=80°, β_3=180°, β_4=280°

图 6.10　一般多边形索膜单元的反枕效应误差分布

通过求解发现，在膜和索张力比分别相等的情况下，且三角形索膜单元和四边形索膜单元沿着最大主应力轴对称时，$\boldsymbol{\Pi}$ 的秩和它的增广秩相等且等于未知数的个数。但是当三角形索膜单元不是沿着最大主应力轴对称时，$\boldsymbol{\Pi}$ 的增广秩大于它的秩，会产生数值误差，该解为近似解，若需要更准确地描述索膜单元的变形，可以采用更高阶微分方程或者考虑褶皱等其他因素的数值方法予以解决。

6.4.4　网状天线反射面的反枕效应

假设一个三角形网格索网天线反射面的口径为 15m，焦距为 10m，分段数为 6，轴向面片拟合误差为 11.9923mm。当给每个索网节点施加位移约束，膜和索张力比取 0.5，且索膜单元的最大主应力轴方向如图 6.11 所示时，其反枕效应误差云图如图 6.12 所示，反枕效应误差均方根值为 2.927mm。从图中可以看出，在天线的边缘，相邻两片金属网之间有变形不连续的情况，这说明在边缘薄膜应力施加不合理时，会产生褶皱现象。

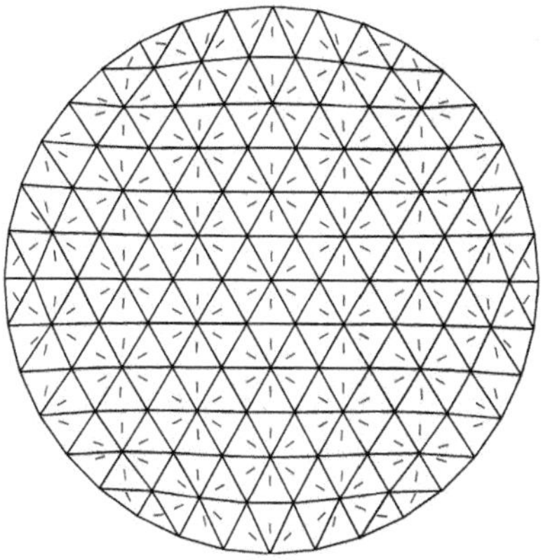

图 6.11　反射面各索膜单元的最大主应力轴方向

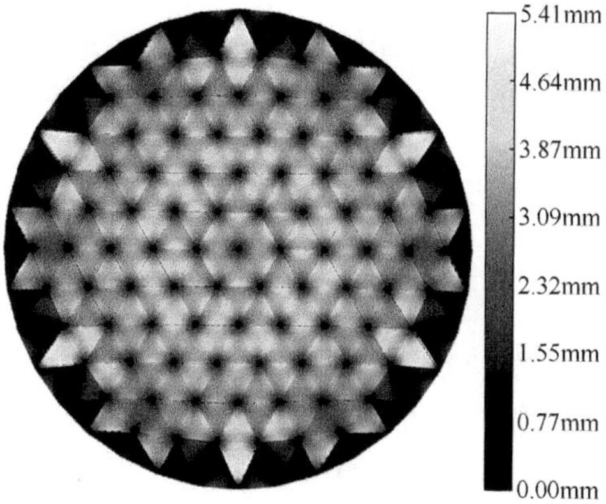

图 6.12　反射面反枕效应误差云图

图 6.13 绘制了均方根误差与索膜张力比的关系曲线，可以看出，随着索膜张力比的增大，均方根误差也增大。在网状天线反射面设计制造过程中，在保证金属网张紧的情况下，应当尽量降低索膜张力比。

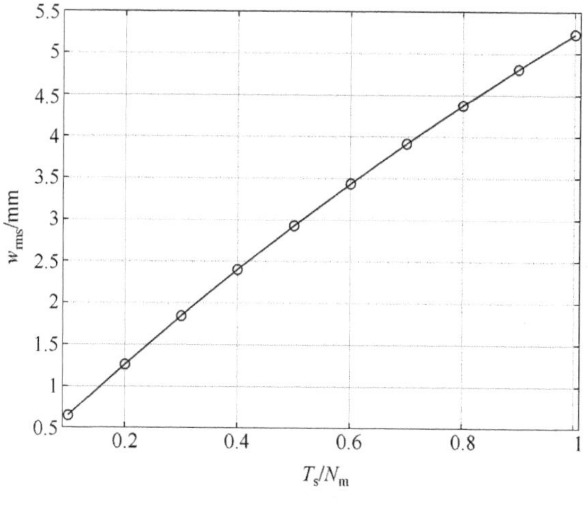

图 6.13　均方根误差与索膜张力比的关系曲线

6.5　不确定性误差的建模及分析

空间网状天线由于加工制造误差、装配误差、测量误差和调整误差，以及补偿地面重力效应的残余误差等因素，总会产生诸多具有统计特性的误差，如单元长度制造误差、支撑桁架结构的制造误差和热膨胀系数误差等，将这些具有统计特性的误差统称为不确定性误差。受制造水平的限制，要避免这些误差几乎是不可能的，目前国内外采取的措施是通过网面调整的方式来尽量减小和补偿误差。随着空间网状天线口径的增大和形面精度的提高，结构越来越复杂，这就意味着能给加工制造分配的误差将越来越小，因此准确预测结构的不确定性误差对空间网状天线合理的精度分配和结构设计都非常有意义。

6.5.1　概率有限元法

现代制造技术所产生的加工制造误差往往很小，因此在考虑反射面变形时可以不考虑结构的大位移特性。根据概率有限元的思想，将物理量分解成均值和偏差两个部分，如式(6.39)所示：

$$\left(\overline{\boldsymbol{K}}+\Delta \boldsymbol{K}\right)\left(\overline{\boldsymbol{u}}+\Delta \boldsymbol{u}\right)=\overline{\boldsymbol{f}}+\Delta \boldsymbol{f} \tag{6.39}$$

式中，$\overline{\boldsymbol{K}}$、$\overline{\boldsymbol{u}}$、$\overline{\boldsymbol{f}}$ 分别表示结构刚度、变形量、外载荷的均值；$\Delta\boldsymbol{K}$、$\Delta\boldsymbol{u}$、$\Delta\boldsymbol{f}$ 分别表示由随机变量引起的结构刚度、变形量、外载荷的波动(偏差)值。忽略二阶小项，式(6.39)可展开为

$$\overline{\boldsymbol{u}}=\overline{\boldsymbol{K}}^{-1}\overline{\boldsymbol{f}} \tag{6.40}$$

$$\Delta\boldsymbol{u}=\overline{\boldsymbol{K}}^{-1}\left(\Delta\boldsymbol{f}-\Delta\boldsymbol{K}\overline{\boldsymbol{u}}\right) \tag{6.41}$$

那么，由不确定性误差引起的网状天线反射面形面误差(节点位置误差的均方根值)可表示为均值与偏差的形式，即

$$w_{\mathrm{rms}}^{2}=\frac{1}{N_{\mathrm{f}}}\operatorname{tr}\left\{\overline{\boldsymbol{K}}^{-1}\left(\overline{\boldsymbol{f}}+\Delta\boldsymbol{f}-\Delta\boldsymbol{K}\overline{\boldsymbol{u}}\right)\left(\overline{\boldsymbol{f}}+\Delta\boldsymbol{f}-\Delta\boldsymbol{K}\overline{\boldsymbol{u}}\right)^{\mathrm{T}}\left(\overline{\boldsymbol{K}}^{-1}\right)^{\mathrm{T}}\right\}_{\{\mathrm{NF}\}} \tag{6.42}$$

式中，N_{f} 表示前索网的节点总数；$\operatorname{tr}\{\cdot\}_{\{\mathrm{NF}\}}$ 表示行列号属于集合 $\{\mathrm{NF}\}$ 的元素所组成的方阵的迹；w_{rms} 表示节点位置误差。

对式(6.42)取均值可得形面误差的均方值为

$$E\left\{w_{\mathrm{rms}}^{2}\right\}=\frac{1}{N_{\mathrm{f}}}\operatorname{tr}\left\{\overline{\boldsymbol{K}}^{-1}E\left\{\left(\overline{\boldsymbol{f}}+\Delta\boldsymbol{f}-\Delta\boldsymbol{K}\overline{\boldsymbol{u}}\right)\left(\overline{\boldsymbol{f}}+\Delta\boldsymbol{f}-\Delta\boldsymbol{K}\overline{\boldsymbol{u}}\right)^{\mathrm{T}}\right\}\left(\overline{\boldsymbol{K}}^{-1}\right)^{\mathrm{T}}\right\}_{\{\mathrm{NF}\}} \tag{6.43}$$

式中，$E\{\cdot\}$ 表示取均值。

1. 加工制造误差

将反射面的单元长度制造误差、支撑桁架结构变形等加工制造误差等效为单元初应变的制造误差 δ_e。工程中常认为加工制造误差造成的随机偏差服从均值为零的高斯分布，且服从 3σ 准则，δ_e 的标准差 σ_e 通常取结构制造公差的 1/3。然后，将单位长度误差等效为节点轴向外力施加到结构上，得到的变形后的结构形状即

为天线反射面实际的形状。

总体坐标系下单元 e 的轴向力向量可表示为

$$\boldsymbol{f}_e = F_e\left[l_e \quad m_e \quad n_e \quad -l_e \quad -m_e \quad -n_e\right]^{\mathrm{T}} \tag{6.44}$$

式中，F_e 为单元 e 的等效轴向力，$F_e = E_e A_e \delta_e$，$E_e A_e$ 为单元 e 的拉伸刚度；l_e、m_e、n_e 为单元 e 的方向余弦。

任意节点 i 的等效外力等于所有与其相连单元的等效外力矢量之和，即

$$f_i^x = \sum_{e\in\{S_i\}} F_e l_e^i, \quad f_i^y = \sum_{e\in\{S_i\}} F_e m_e^i, \quad f_i^z = \sum_{e\in\{S_i\}} F_e n_e^i \tag{6.45}$$

式中，$\{S_i\}$ 表示与节点 i 相连单元组成的集合；f_i^x、f_i^y、f_i^z 为节点 i 在三个坐标轴的等效外力分量，那么：

$$E\left\{f_i^x\right\} = E\left\{\sum_{e\in\{S_i\}} E_e A_e \delta_e l_e^i\right\} = \sum_{e\in\{S_i\}} E_e A_e l_e^i \overline{\delta}_e = 0 \tag{6.46}$$

同理，$E\left\{f_i^y\right\}=0$，$E\left\{f_i^z\right\}=0$。将它们代入式(6.43)可得 $\overline{\boldsymbol{u}}=\{0\}$，式(6.43)可简化为

$$E\left\{w_{\mathrm{rms}}^2\right\} = \frac{1}{N_{\mathrm{f}}}\mathrm{tr}\left\{\overline{\boldsymbol{K}}^{-1} E\left\{\boldsymbol{f}\boldsymbol{f}^{\mathrm{T}}\right\}\left(\overline{\boldsymbol{K}}^{-1}\right)^{\mathrm{T}}\right\}_{\{\mathrm{NF}\}} \tag{6.47}$$

将式(6.47)中的 $E\left\{\boldsymbol{f}\boldsymbol{f}^{\mathrm{T}}\right\}$ 写成分块矩阵形式：

$$E\left\{\boldsymbol{f}\boldsymbol{f}^{\mathrm{T}}\right\} = \begin{bmatrix} E\left\{\boldsymbol{f}_1\boldsymbol{f}_1^{\mathrm{T}}\right\} & E\left\{\boldsymbol{f}_1\boldsymbol{f}_2^{\mathrm{T}}\right\} & \cdots & E\left\{\boldsymbol{f}_1\boldsymbol{f}_n^{\mathrm{T}}\right\} \\ E\left\{\boldsymbol{f}_2\boldsymbol{f}_1^{\mathrm{T}}\right\} & E\left\{\boldsymbol{f}_2\boldsymbol{f}_2^{\mathrm{T}}\right\} & \cdots & E\left\{\boldsymbol{f}_2\boldsymbol{f}_n^{\mathrm{T}}\right\} \\ \vdots & \vdots & & \vdots \\ E\left\{\boldsymbol{f}_n\boldsymbol{f}_1^{\mathrm{T}}\right\} & E\left\{\boldsymbol{f}_n\boldsymbol{f}_2^{\mathrm{T}}\right\} & \cdots & E\left\{\boldsymbol{f}_n\boldsymbol{f}_n^{\mathrm{T}}\right\} \end{bmatrix} \tag{6.48}$$

式中，n 为节点个数(不包括边界节点)；

$$E\left\{\boldsymbol{f}_i\boldsymbol{f}_j^{\mathrm{T}}\right\} = \begin{bmatrix} E\left\{f_i^x f_j^x\right\} & E\left\{f_i^x f_j^y\right\} & E\left\{f_i^x f_j^z\right\} \\ E\left\{f_i^y f_j^x\right\} & E\left\{f_i^y f_j^y\right\} & E\left\{f_i^y f_j^z\right\} \\ E\left\{f_i^z f_j^x\right\} & E\left\{f_i^z f_j^y\right\} & E\left\{f_i^z f_j^z\right\} \end{bmatrix} \tag{6.49}$$

将式(6.45)代入式(6.49)可得如下三种情况。

(1) 当 $i=j$ 时，有

$$E\left\{f_i^x f_i^x\right\} = E\left\{\left(\sum_{e\in\{S_i\}} F_e l_e^i\right)^2\right\} = E\left\{\left(\sum_{e\in\{S_i\}} E_e A_e \delta_e l_e^i\right)^2\right\} = \sum_{e\in\{S_i\}}\left[\left(E_e A_e \sigma_e\right)^2 l_e^i l_e^i\right] \tag{6.50}$$

同理，有

$$E\left\{\boldsymbol{f}_i\boldsymbol{f}_i^{\mathrm{T}}\right\}=\sum_{e\in\{S_i\}}\left(E_eA_e\right)^2\sigma_e^2\begin{bmatrix} l_i^e l_i^e & l_i^e m_i^e & l_i^e n_i^e \\ m_i^e l_i^e & m_i^e m_i^e & m_i^e n_i^e \\ n_i^e l_i^e & n_i^e m_i^e & n_i^e n_i^e \end{bmatrix} \tag{6.51}$$

(2) 当$i\neq j$时，节点i和节点j由单元k相连，即$\left\{S_i\right\}\cap\left\{S_j\right\}=k$，则

$$E\left\{f_i^x f_j^x\right\}=E\left\{\sum_{e\in\{S_i\}}f_e l_e^i e\sum_{e\in\{S_j\}}f_e l_e^j\right\}=E\left\{\left(E_kA_k\right)^2\delta_k^i l_k^i l_k^j\right\}=\left(E_kA_k\right)^2\sigma_k^2 l_k^i l_k^j \tag{6.52}$$

同理，有

$$E\left\{\boldsymbol{f}_i\boldsymbol{f}_i^{\mathrm{T}}\right\}=\left(E^kA^k\right)^2\sigma_k^2\begin{bmatrix} l_i^k l_i^k & l_i^k m_i^k & l_i^k n_i^k \\ m_i^k l_i^k & m_i^k m_i^k & m_i^k n_i^k \\ n_i^k l_i^k & n_i^k m_i^k & n_i^k n_i^k \end{bmatrix} \tag{6.53}$$

(3) 当$i\neq j$时，节点i和节点j之间没有单元相连，即$\left\{S_i\right\}\cap\left\{S_j\right\}=\varnothing$，则

$$E\left\{\boldsymbol{f}_i\boldsymbol{f}_i^{\mathrm{T}}\right\}=\{0\} \tag{6.54}$$

由式(6.46)和式(6.50)～式(6.54)就可以得到反射面形面精度与结构单元制造误差分布参数(标准差)之间的关系。若结构所有单元材料和制造误差分布规律相同，且不考虑变形过程中刚度变化，即$E_eA_e=EA$，$\sigma_e=\sigma$，$\boldsymbol{K}=\overline{\boldsymbol{K}}$，则式(6.48)可简化为

$$E\left\{\boldsymbol{f}\boldsymbol{f}^{\mathrm{T}}\right\}=EA\sigma^2\boldsymbol{L}_0\boldsymbol{K} \tag{6.55}$$

式中，$\boldsymbol{L}_0=\boldsymbol{K}^{-1}\boldsymbol{K}^1$，$\boldsymbol{K}^1$为将所有单元长度设为1时的结构刚度矩阵。

将式(6.55)代入式(6.47)，可得反射面均方根误差的均值为

$$E\left\{w_{\mathrm{rms}}^2\right\}=\frac{EA\sigma^2}{N_{\mathrm{f}}}\mathrm{tr}\left\{\boldsymbol{K}^{-1}\boldsymbol{L}_0\right\}_{\{\mathrm{NF}\}} \tag{6.56}$$

2. 热变形误差

热梯度是空间网状天线在轨工作时的主要外载，首先令单元e在温度场下的放样长度为

$$L_T^e=L_0^e\left(1+\varepsilon_T\right) \tag{6.57}$$

式中，L_0^e为参考温度T_{ref}下单元的放样长度；ε_T为温度T下的单元应变，可通过式(6.58)计算：

$$\varepsilon_T=\alpha\left(T-T_{\mathrm{ref}}\right) \tag{6.58}$$

式中，α 为单元材料热膨胀系数。受加工制造误差的影响，材料热膨胀系数呈现一定的统计规律，其分布服从均值为 $\overline{\alpha}$、标准差为 σ_α 的高斯分布。这里，忽略在轨热变形对结构刚度的影响，式(6.43)可简化为

$$E\left\{w_{\mathrm{rms}}^2\right\}=\frac{1}{N_{\mathrm{f}}}\mathrm{tr}\left\{\overline{\boldsymbol{K}}^{-1}\overline{\boldsymbol{f}}\,\overline{\boldsymbol{f}}^{\mathrm{T}}\left(\overline{\boldsymbol{K}}^{-1}\right)^{\mathrm{T}}+\overline{\boldsymbol{K}}^{-1}E\left\{\Delta\boldsymbol{f}\Delta\boldsymbol{f}^{\mathrm{T}}\right\}\left(\overline{\boldsymbol{K}}^{-1}\right)^{\mathrm{T}}\right\}_{\{\mathrm{NF}\}} \tag{6.59}$$

这里等效外力向量不再是由单元长度制造误差引起的，而是由热应变产生的，可表示为

$$\boldsymbol{f}_{e,T}=F_{e,T}\left[l_e\ \ m_e\ \ n_e\ \ -l_e\ \ -m_e\ \ -n_e\right]^{\mathrm{T}} \tag{6.60}$$

式中，$F_{e,T}$ 为由温度引起的单元 e 的等效轴向力，其表达式为

$$F_{e,T}=E_eA_e\alpha\left(T-T_{\mathrm{ref}}\right) \tag{6.61}$$

对于任意节点 i，其等效节点外力为

$$\begin{cases}f_{i,T}^x=\sum\limits_{e\in\{S_i\}}F_{e,T}=E_eA_e\alpha\left(T-T_{\mathrm{ref}}\right)l_e^i\\ f_{i,T}^y=\sum\limits_{e\in\{S_i\}}F_{e,T}=E_eA_e\alpha\left(T-T_{\mathrm{ref}}\right)m_e^i\\ f_{i,T}^z=\sum\limits_{e\in\{S_i\}}F_{e,T}=E_eA_e\alpha\left(T-T_{\mathrm{ref}}\right)n_e^i\end{cases} \tag{6.62}$$

式中，$f_{i,T}^x$、$f_{i,T}^y$、$f_{i,T}^z$ 分别表示节点 i 在三个坐标轴的等效外力分量，那么

$$E\left\{f_{i,T}^x\right\}=E\left\{\sum_{e\in\{S_i\}}E_eA_e\alpha_e\left(T-T_{\mathrm{ref}}\right)l_e^i\right\}=\sum_{e\in\{S_i\}}E_eA_e\left(T-T_{\mathrm{ref}}\right)l_e^i\overline{\alpha}_e \tag{6.63}$$

式中，α_e 和 $\overline{\alpha}_e$ 分别表示单元 e 的热膨胀系数及其均值。同理，有

$$E\left\{f_{i,T}^y\right\}=\sum_{e\in\{S_i\}}E_eA_e\left(T-T_{\mathrm{ref}}\right)m_e^i\overline{\alpha}_e \tag{6.64}$$

$$E\left\{f_{i,T}^z\right\}=\sum_{e\in\{S_i\}}E_eA_e\left(T-T_{\mathrm{ref}}\right)n_e^i\overline{\alpha}_e \tag{6.65}$$

因此，$\overline{\boldsymbol{f}}\,\overline{\boldsymbol{f}}^{\mathrm{T}}$ 的任意子矩阵可表示为

$$\overline{\boldsymbol{f}}_i\,\overline{\boldsymbol{f}}_j^{\mathrm{T}}=\begin{bmatrix}E\left\{f_{i,T}^x\right\}E\left\{f_{j,T}^x\right\} & E\left\{f_{i,T}^x\right\}E\left\{f_{j,T}^y\right\} & E\left\{f_{i,T}^x\right\}E\left\{f_{j,T}^z\right\}\\ E\left\{f_{i,T}^y\right\}E\left\{f_{j,T}^x\right\} & E\left\{f_{i,T}^y\right\}E\left\{f_{j,T}^y\right\} & E\left\{f_{i,T}^y\right\}E\left\{f_{j,T}^z\right\}\\ E\left\{f_{i,T}^z\right\}E\left\{f_{j,T}^x\right\} & E\left\{f_{i,T}^z\right\}E\left\{f_{j,T}^y\right\} & E\left\{f_{i,T}^z\right\}E\left\{f_{j,T}^z\right\}\end{bmatrix} \tag{6.66}$$

将式(6.62)～式(6.65)代入式(6.66)得

$$\overline{\boldsymbol{f}}_i\overline{\boldsymbol{f}}_j^{\mathrm{T}}=\sum_{e\in\{S_i\}}E_eA_e\left(T-T_{\mathrm{ref}}\right)\overline{\alpha}_e\begin{bmatrix}l_e^il_e^j & l_e^im_e^j & l_e^in_e^j\\ m_e^il_e^j & m_e^im_e^j & m_e^in_e^j\\ n_e^il_e^j & n_e^im_e^j & n_e^in_e^j\end{bmatrix}\tag{6.67}$$

将 $E\left\{\Delta\boldsymbol{f}\Delta\boldsymbol{f}^{\mathrm{T}}\right\}$ 写成分块矩阵形式为

$$E\left\{\Delta\boldsymbol{f}\Delta\boldsymbol{f}^{\mathrm{T}}\right\}=\begin{bmatrix}E\left\{\Delta f_{1,T}\Delta f_{1,T}^{\mathrm{T}}\right\} & E\left\{\Delta f_{1,T}\Delta f_{2,T}^{\mathrm{T}}\right\} & \cdots & E\left\{\Delta f_{1,T}\Delta f_{n,T}^{\mathrm{T}}\right\}\\ E\left\{\Delta f_{2,T}\Delta f_{1,T}^{\mathrm{T}}\right\} & E\left\{\Delta f_{2,T}\Delta f_{2,T}^{\mathrm{T}}\right\} & \cdots & E\left\{\Delta f_{2,T}\Delta f_{n,T}^{\mathrm{T}}\right\}\\ \vdots & \vdots & & \vdots\\ E\left\{\Delta f_{n,T}\Delta f_{1,T}^{\mathrm{T}}\right\} & E\left\{\Delta f_{n,T}\Delta f_{2,T}^{\mathrm{T}}\right\} & \cdots & E\left\{\Delta f_{n,T}\Delta f_{n,T}^{\mathrm{T}}\right\}\end{bmatrix}\tag{6.68}$$

将式(6.62)～式(6.65)代入式(6.68)，可得如下三种情况。

(1) 当 $i=j$ 时，有

$$E\left\{\Delta f_{i,T}^{x}\Delta f_{i,T}^{x}\right\}=E\left\{\left(\sum_{e\in S_i}F_{e,T}l_e^i\right)^2\right\}=\sum_{e\in S_i}\left\{\left[E_eA_e\left(T-T_{\mathrm{ref}}\right)\sigma_{\alpha_e}\right]^2l_i^el_i^e\right\}\tag{6.69}$$

式中，σ_{α_e} 为单元 e 热膨胀系数的标准差。

同理：

$$E\left\{\Delta\boldsymbol{f}_{i,T}\Delta\boldsymbol{f}_{i,T}^{\mathrm{T}}\right\}=\sum_{e\in S_i}\left[E_eA_e\left(T-T_{\mathrm{ref}}\right)\sigma_{\alpha_e}\right]^2\begin{bmatrix}l_i^el_i^e & l_i^em_i^e & l_i^en_i^e\\ m_i^el_i^e & m_i^em_i^e & m_i^en_i^e\\ n_i^el_i^e & n_i^em_i^e & n_i^en_i^e\end{bmatrix}\tag{6.70}$$

(2) 当 $i\neq j$ 时，节点 i 和节点 j 由单元 k 相连，即 $\left\{S_i\right\}\cap\left\{S_j\right\}=k$，则

$$E\left\{\Delta f_{i,T}^{x}\Delta f_{j,T}^{x}\right\}=E\left\{\sum_{e\in\{S_i\}}F_{e,T}l_e^i\sum_{e\in\{S_j\}}F_{e,T}l_e^j\right\}=\left[E_kA_k\left(T-T_{\mathrm{ref}}\right)\sigma_{\alpha_k}\right]^2l_k^il_k^j\tag{6.71}$$

同理：

$$E\left\{\boldsymbol{f}_i\boldsymbol{f}_i^{\mathrm{T}}\right\}=\left[E_kA_k\left(T-T_{\mathrm{ref}}\right)\sigma_{\alpha_k}\right]^2\begin{bmatrix}l_i^kl_i^k & l_i^km_i^k & l_i^kn_i^k\\ m_i^kl_i^k & m_i^km_i^k & m_i^kn_i^k\\ n_i^kl_i^k & n_i^km_i^k & n_i^kn_i^k\end{bmatrix}\tag{6.72}$$

(3) 当 $i\neq j$ 时，节点 i 和节点 j 之间没有单元相连，即 $\left\{S_i\right\}\cap\left\{S_j\right\}=\varnothing$，则

$$E\left\{\Delta f_{i,T}\Delta f_{i,T}^{\mathrm{T}}\right\}=\{0\}\tag{6.73}$$

由式(6.67)和式(6.69)～式(6.73)可以得到在轨热变形造成的天线形面精度与热膨胀系数概率分布参数之间的关系。若结构所有单元材料热膨胀系数分布规律

相同，且不考虑变形过程中刚度变化，即 $E_e A_e = EA$ ，$\alpha_e = \alpha$ ，$\sigma_{\alpha_e} = \sigma_\alpha$ ，$\boldsymbol{K} = \overline{\boldsymbol{K}}$ ，则有

$$E\left\{\boldsymbol{f}\boldsymbol{f}^{\mathrm{T}}\right\} = \left[EA\left(T - T_{\mathrm{ref}}\right)\right]^2 \left[\left(\sigma_\alpha\right)^2 + \left(\bar{\alpha}_e\right)^2\right] \boldsymbol{L}_0 \boldsymbol{K} \tag{6.74}$$

将式(6.73)代入式(6.47)，得反射面均方根误差的均值为

$$E\left\{w_{\mathrm{rms}}^2\right\} = \frac{\left[EA\left(T - T_{\mathrm{ref}}\right)\right]^2 \left[\left(\sigma_\alpha\right)^2 + \left(\bar{\alpha}_e\right)^2\right]}{N_{\mathrm{f}}} \mathrm{tr}\left\{\overline{\boldsymbol{K}}^{-1} \boldsymbol{L}_0\right\}_{\{\mathrm{NF}\}} \tag{6.75}$$

6.5.2　蒙特卡洛法

蒙特卡洛法又称为随机模拟方法或统计模拟方法，是以概率和统计理论为基础的一种计算方法。其基本思想是，当所求问题的解是某个随机变量的数学期望，或者是与之相关的量，通过某种试验方法，得到该事件发生频率来近似该事件发生的概率，从而得到问题的解。研究结果表明，当样本量足够时，蒙特卡洛法所得到的稳定值可以当成真实值使用。它可以与有限元仿真软件联合使用，获得复杂模型的不确定性误差并统计计算。

利用蒙特卡洛法求解由加工制造误差造成的反射面形面误差的步骤如下所述。

(1) 假定第 e 个单元单位长度的误差服从均值为 0、标准差为 1/3 制造公差的正态分布。

(2) 给每个单元随机生成单元长度偏差。

(3) 生成包含长度偏差的结构模型，对结构进行静力学分析，计算出节点位移向量以及相对于理想结构的形面误差。

(4) 重复以上步骤，获得足够多的样本。

(5) 分析所有样本，确定形面误差的均值和标准偏差等统计参数。

蒙特卡洛法求解天线由工作时发生热变形造成的反射面形面误差的步骤如下所述。

(1) 假定单元材料热膨胀系数的均值服从均值为 $\bar{\alpha}_e$、标准差为 σ_{α_e} 的高斯分布。

(2) 给每个单元随机生成热膨胀系数。

(3) 生成包含随机热膨胀系数的结构有限元模型，在指定温度场下对结构进行静力学分析，计算出节点位移向量以及相对于理想结构的形面误差。

(4) 重复以上步骤，获得足够多的样本。

(5) 分析所有样本，确定形面误差的均值和标准偏差等统计参数。

6.5.3　环形桁架索网反射面的不确定性误差

图 6.14 展示了一个典型的环形桁架索网反射面，由索、横梁、竖梁和斜梁等基本构件组成，天线反射面结构的基本参数如表 6.1 所示。

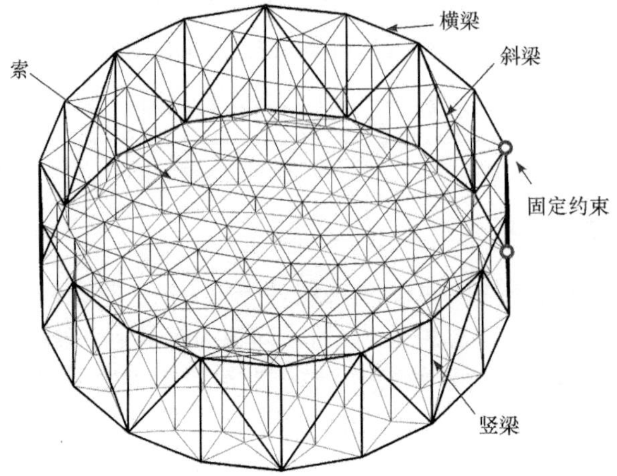

图 6.14　典型的环形桁架索网反射面示意图

表 6.1　天线反射面结构的基本参数

参数类型	参数	取值	参数	取值
结构几何参数	天线口径	12.5m	前反射面焦距	5.5125m
	前索网分段数	6	背索网焦距	5.5125m
	中心偏置距离	0	环形桁架上横梁数	18
	桁架高度	4m	—	—
单元单位长度偏差的标准差	索	0.8×10^{-5}	横梁	1.77×10^{-5}
	斜梁	1.18×10^{-5}	竖梁	1.22×10^{-5}
天线结构热膨胀系数	均值	0.5μ/℃	标准值	0.4μ/℃
天线工作温度	最低温度	−200℃	最高温度	+70℃

采用蒙特卡洛法和概率有限元法分别计算加工制造误差和在轨热变形引起的形面误差，如表 6.2 所示。对比表中的第 3 行和第 4 行可以发现，仅考虑桁架制造误差时的形面误差远远大于仅考虑索网制造误差时的形面误差，这说明，环形桁架索网反射面对桁架制造误差的敏感度大于对索网制造误差的敏感度。

表 6.2　形面误差(RMS)计算结果

误差类型	概率有限元法	蒙特卡洛法	两种方法计算结果相对误差
加工制造误差	0.2102mm	0.2079mm	1.106%
仅考虑桁架制造误差	0.1929mm	0.1913mm	0.836%
仅考虑索网制造误差	0.0848mm	0.0853mm	0.586%
−200℃时的热变形误差	1.5622mm	1.5695mm	0.465%
+70℃时的热变形误差	0.5482mm	0.5489mm	0.128%

图 6.15 展示了蒙特卡洛法获得的 RMS 均值与样本数的关系曲线，从图中可以看出，随着样本数的增加，样本的 RMS 均值趋于稳定，这个稳定值就是 RMS 的统计均值。

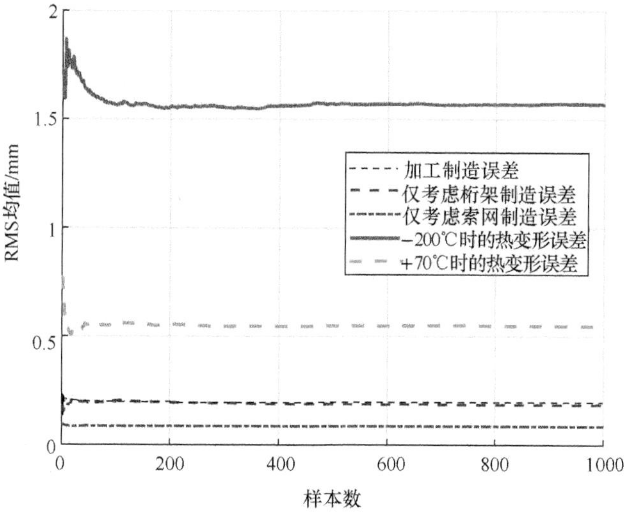

图 6.15　蒙特卡洛法抽样结果

为了进一步分析反射面形面误差对各构件误差的敏感程度，将图 6.16 所示 37 个单元的单位长度偏差的标准差设为1×10^{-5}，并研究在这些影响下的反射面形面误差。通过观察可以发现，反射面形面精度对靠近约束点的单元敏感；相比于索网结构，反射面形面精度对桁架单元误差更为敏感；在各类桁架单元中，反射面形面精度对竖杆相对敏感。

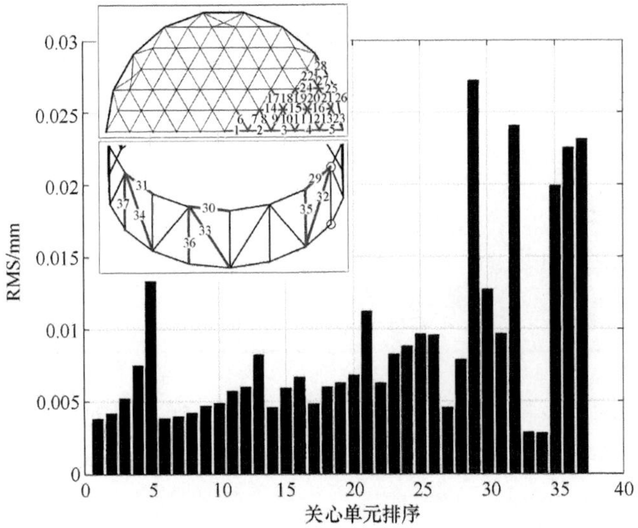

图 6.16　敏感度分析结果

6.6　面向形面误差分布的电性能计算

为了适应更一般的反射面变形量获取手段，这里采用 Zernike 多项式描述变形反射面的形面误差分布，并提出一种面向形面误差分布的天线电性能计算方法，将含有大量积分运算的远场方向图计算简化为线性计算。

6.6.1　面向形面误差分布的电性能计算公式

如图 6.17 所示，任意馈源位置反射面的几何关系可用三个笛卡儿坐标系（(x,y,z)、(x_s,y_s,z_s)、(x',y',z')）、三个极坐标系（(r,θ,ϕ)、(r_s,θ_s,ϕ_s)、(r',θ',ϕ')）或三个球坐标系（(ρ,ϕ,z)、(ρ_s,ϕ_s,z_s)、(ρ',ϕ',z')）分别表示，其中(x,y,z)、(r,θ,ϕ)和(ρ,ϕ,z)为反射面坐标系；(x_s,y_s,z_s)、(r_s,θ_s,ϕ_s)和(ρ_s,ϕ_s,z_s)为馈源坐标系；(x',y',z')、(r',θ',ϕ')和(ρ',ϕ',z')为反射面积分变量。

因此，图 6.17 所示的变形反射面的远场方向图可用物理光学(PO)法计算，其表达式如下[10]：

$$\boldsymbol{E}(\theta,\phi,t)=-\mathrm{j}k\eta\frac{\mathrm{e}^{-\mathrm{j}kr}}{4\pi r}(\boldsymbol{I}-\hat{\boldsymbol{r}}\hat{\boldsymbol{r}})\cdot\boldsymbol{T}(\theta,\phi,t) \tag{6.76}$$

$$\boldsymbol{T}(\theta,\phi,t)=\iint_{\sigma}\tilde{\boldsymbol{J}}(\rho',\phi')\mathrm{e}^{\mathrm{j}kz'\cos\theta}\mathrm{e}^{\mathrm{j}k\boldsymbol{r}'\cdot\hat{\boldsymbol{r}}}\mathrm{e}^{\mathrm{j}\delta(t)}\mathrm{d}\sigma' \tag{6.77}$$

$$\delta(t)=kz'_{\Delta}(t)(\cos\theta_s+\cos\theta) \tag{6.78}$$

式中，$\mathrm{j}=\sqrt{-1}$；$k=2\pi/\lambda$；η 表示空间波阻抗；$\boldsymbol{I}$ 表示单位并矢；σ 表示反射面 Σ 在 xoy 平面上的投影；$\delta(t)$ 表示反射面相位误差；$z'_{\Delta}(t)$ 表示 z' 方向的形面误差，如图 6.18 所示；$\hat{\boldsymbol{r}}$ 表示观测方向的单位矢量；$\boldsymbol{r}'$ 表示反射面积分点坐标矢量；$\boldsymbol{E}(\theta,\phi,t)$ 表示时间相关的电场强度矢量；$\boldsymbol{T}(\theta,\phi,t)$ 表示时间相关的 PO 辐射积分矢量；$\tilde{\boldsymbol{J}}(\rho',\phi')$ 表示口径面等效面电流。

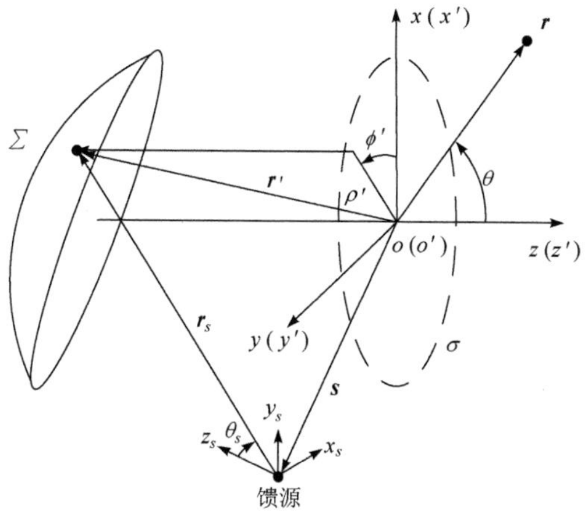

图 6.17 馈源与变形反射面的位置关系[10]

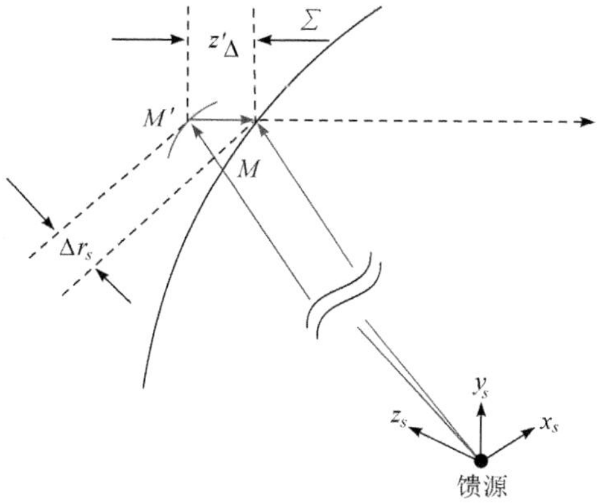

图 6.18 光程差和形面误差的几何关系

采用小单元对反射面进行单元划分，假设小单元的积分域足够小，将式(6.77)中的指数误差项在小单元内部的误差均值处进行泰勒级数展开，可得反射面的 PO 辐射积分矢量为

$$\boldsymbol{T}(\theta,\phi)=\sum_{e=1}^{E}\mathrm{e}^{\mathrm{j}\delta_e}\left(\boldsymbol{T}_{e,1}-\mathrm{j}\delta_e\boldsymbol{T}_{e,1}+\mathrm{j}\boldsymbol{T}_{e,2}\right) \tag{6.79}$$

$$\boldsymbol{T}_{e,1}=\iint_{\sigma_e}\tilde{\boldsymbol{J}}(\rho',\phi')\mathrm{e}^{\mathrm{j}kz'\cos\theta}\mathrm{e}^{\mathrm{j}k\rho'\sin\theta\cos(\phi'-\phi)}\mathrm{d}\sigma_e \tag{6.80}$$

$$\boldsymbol{T}_{e,2}=\iint_{\sigma_e}\tilde{\boldsymbol{J}}(\rho',\phi')\mathrm{e}^{\mathrm{j}kz'\cos\theta}\mathrm{e}^{\mathrm{j}k\rho'\sin\theta\cos(\phi'-\phi)}kz'_\Delta(\cos\theta_s+\cos\theta)\mathrm{d}\sigma_e \tag{6.81}$$

式中，$\boldsymbol{T}(\theta,\phi)$ 表示 PO 辐射积分矢量；$\boldsymbol{T}_{e,1}$ 表示理想反射面的 PO 辐射积分矢量；$\boldsymbol{T}_{e,2}$ 表示反射面变形量的 PO 辐射积分矢量。

为了进一步将反射面变形量从积分中分离出来，采用 Zernike 多项式作为反射面变形量的基，并用 Zernike 多项式表示反射面的变形。首先对反射面口径进行归一化，令

$$\rho''=\rho'/R \tag{6.82}$$

式中，R 为天线反射面口径面最大半径。将式(6.82)代入式(6.81)，可得

$$\boldsymbol{T}'_{e,2}=R^2\iint_{\sigma''_e}\tilde{\boldsymbol{J}}(\rho',\phi')\mathrm{e}^{\mathrm{j}kz'\cos\theta}\mathrm{e}^{\mathrm{j}kR\rho''\sin\theta\cos(\phi'-\phi)}kz'_\Delta(\cos\theta_s+\cos\theta)\rho''\mathrm{d}\rho''\mathrm{d}\phi' \tag{6.83}$$

式(6.83)中形面轴向变形可采用 Zernike 多项式作为基函数线性表示为

$$z'_\Delta(\rho'',\phi')=\sum_{p=1}^{P}C_pZ_p(\rho'',\phi') \tag{6.84}$$

$$\begin{cases}\left.\begin{aligned}Z_{\mathrm{even}\,p}(\rho'',\phi')=[2(n+1)]^{1/2}R_n^m(\rho'')\cos m\phi'\\ Z_{\mathrm{odd}\,p}(\rho'',\phi')=[2(n+1)]^{1/2}R_n^m(\rho'')\sin m\phi'\end{aligned}\right\}\quad(m\neq0)\\ Z_p(\rho'',\phi')=[(n+1)]^{1/2}R_n^m(\rho'')\qquad\qquad\qquad(m=0)\end{cases} \tag{6.85}$$

式中，ρ 表示极半径($0\leqslant\rho\leqslant1$)；ϕ 表示方位角($0\leqslant\phi\leqslant2\pi$)；$n$ 表示多项式的阶，m 表示方位角频率，m 和 n 同奇偶，且为非负整数，满足 $m\leqslant n$；$Z_p(\rho'',\phi')$ 表示第 p 项 Zernike 多项式；C_p 表示第 p 项 Zernike 多项式系数；$R_n^m(\rho'')$ 表示径向多项式函数，其表达式为

$$R_n^m(\rho'')=\sum_{s=0}^{(n-m)/2}\frac{(-1)^s(n-s)!}{s![0.5(n+m)-s]![0.5(n-m)-s]!}(\rho'')^{n-2s} \tag{6.86}$$

将式(6.83)和式(6.84)代入式(6.79)可得

$$\boldsymbol{T}(\theta,\phi)=\sum_{e=1}^{E}(1-\mathrm{j}\delta_e)\mathrm{e}^{\mathrm{j}\delta_e}\boldsymbol{T}_{e,1}+\sum_{e=1}^{E}\mathrm{e}^{\mathrm{j}\delta_e}\sum_{p=1}^{P}\mathrm{j}C_p\boldsymbol{T}_{e,2}^p \tag{6.87}$$

$$\boldsymbol{T}_{e,2}^p=kR^2\iint_{\sigma''_e}\tilde{\boldsymbol{J}}(\rho',\phi')\mathrm{e}^{\mathrm{j}kz'\cos\theta}\mathrm{e}^{\mathrm{j}kR\rho''\sin\theta\cos(\phi'-\phi)}Z_p(\cos\theta_s+\cos\theta)\rho''\mathrm{d}\rho''\mathrm{d}\phi' \tag{6.88}$$

至此，反射面变形量从积分中完全提取出，并表示为 Zernike 项系数。令

$$\tilde{\boldsymbol{T}}_{e,1}=\begin{bmatrix}\boldsymbol{T}_{1,1} & 0 & 0 & 0\\ 0 & \boldsymbol{T}_{2,1} & 0 & 0\\ 0 & 0 & \ddots & 0\\ 0 & 0 & 0 & \boldsymbol{T}_{E,1}\end{bmatrix},\quad \tilde{\boldsymbol{T}}_{e,2}=\begin{bmatrix}\boldsymbol{T}_{1,2}^{1} & \boldsymbol{T}_{1,2}^{2} & \cdots & \boldsymbol{T}_{1,2}^{P}\\ \boldsymbol{T}_{2,2}^{1} & \boldsymbol{T}_{2,2}^{2} & \cdots & \boldsymbol{T}_{2,2}^{P}\\ \vdots & \vdots & & \vdots\\ \boldsymbol{T}_{E,2}^{1} & \boldsymbol{T}_{E,2}^{2} & \cdots & \boldsymbol{T}_{E,2}^{P}\end{bmatrix},\quad \boldsymbol{C}=\begin{Bmatrix}C_1\\ C_2\\ \vdots\\ C_P\end{Bmatrix},\quad \boldsymbol{\varDelta}=\begin{Bmatrix}\delta_1\\ \delta_2\\ \vdots\\ \delta_E\end{Bmatrix}$$

则式(6.87)可以简写为

$$\boldsymbol{T}(\theta,\phi)=\exp\left\{\mathrm{j}\boldsymbol{\varDelta}^{\mathrm{T}}\right\}\tilde{\boldsymbol{T}}_{e,1}\left\{1-\mathrm{j}\boldsymbol{\varDelta}\right\}+\mathrm{j}\exp\left\{\mathrm{j}\boldsymbol{\varDelta}^{\mathrm{T}}\right\}\tilde{\boldsymbol{T}}_{e,2}\boldsymbol{C} \tag{6.89}$$

可以看出，变形反射面的 PO 辐射积分矢量计算公式中只有 $\boldsymbol{C}$ 和 $\boldsymbol{\varDelta}$ 与天线反射面变形量相关。一方面，该方程可以根据网状反射面的误差分布直接计算电性能。另一方面，对于给定的反射面天线，$\tilde{\boldsymbol{T}}_{e,1}$ 和 $\tilde{\boldsymbol{T}}_{e,2}$ 可以被建成数据库，这样，在天线的设计、制造、形面调整和主/被动控制时，可直接调用该数据库，从而避免反复的积分运算，使该变形反射面的远场方向图的计算简化为线性计算，从而大大提高计算效率。下面介绍基于数据库的多源误差反射面电性能快速计算方法。

6.6.2　基于数据库的变形反射面电性能快速计算

图 6.19 所示流程展示了基于数据库的反射面电性能的求解过程，该过程被分为三个模块：前处理模块、求解模块和后处理模块。首先，对于一个给定的反射面天线，需要根据其工作频段对其进行单元划分，并建立每个单元的 $\tilde{\boldsymbol{T}}_{e,1}$ 和 $\tilde{\boldsymbol{T}}_{e,2}$ 数据库。在一些商用软件(如 GRASP)中，Zernike 多项式被用于构建反射面，这类软件帮助提高数据库建立的效率。其次，当测量或计算出反射面的变形量时，该变形反射面 Zernike 多项式系数 $\boldsymbol{C}$ 可通过最小二乘法拟合获得，并根据各子单元的变形量 $\boldsymbol{\varDelta}$ 确定泰勒级数展开点。通过调用数据库，变形反射面的远场方向图可通过式 (6.89)迅速计算出来。最后，当前变形反射面的远场方向图可用于评价当前反射面的电性能并指导反射面的设计、制造、形面调整和主/被动控制。

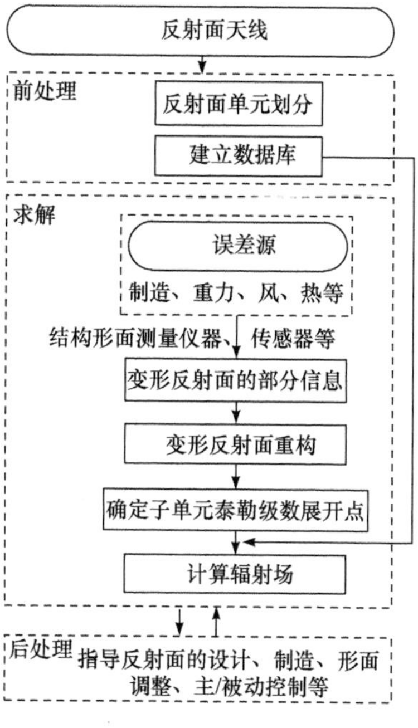

图 6.19　基于数据库的反射面电性能的求解流程图

6.6.3 多源误差影响下的环形天线电性能计算

本小节对所提出的电性能快速计算方法进行数值算例仿真，仿真对象为前馈式轴对称反射面，天线口径 $D=100\lambda$，焦距 $F=120\lambda$，工作频率为 20GHz，馈源采用式(6.90)所示的形式，式中 $q=13.255$，边缘照射电平为−10.3694dB。采用本小节提出的方法对如图 6.20 所示两个变形反射面的远场方向图进行计算，该变形反射面的 Zernike 多项式系数如表 6.3 所示。

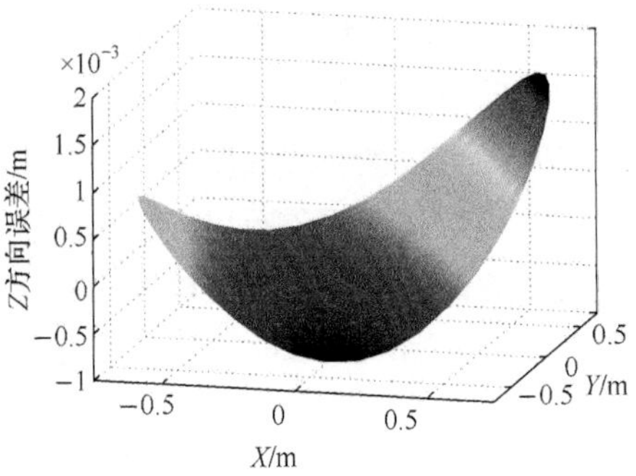

(a) 变形反射面1

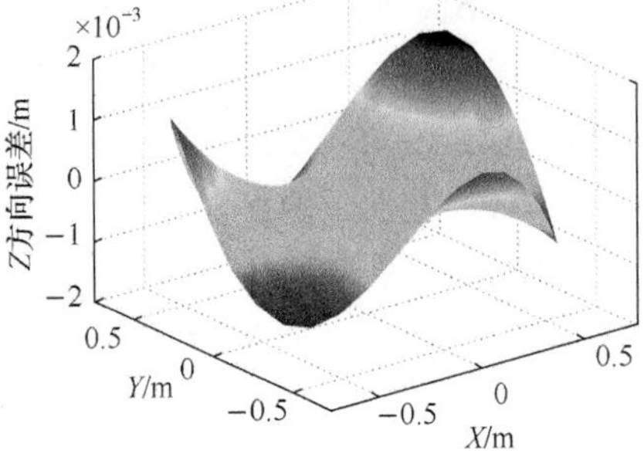

(b) 变形反射面2

图 6.20 反射面的变形量

$$\begin{cases} U(\theta_s,\phi_s)=\sin\phi_s\cos^q\theta_s \\ V(\theta_s,\phi_s)=\cos\phi_s\cos^q\theta_s \end{cases} \tag{6.90}$$

表 6.3 变形反射面的 Zernike 多项式系数

p	m	n	$D_1/(0.01\lambda)$	$D_2/(0.01\lambda)$
1	0	0	0	0
2	1	1	1.5	0.5
3	1	1	1.5	0
4	2	0	1.5	0.5
5	2	2	1.5	0
6	2	2	1.5	0.5
7	3	1	0	0
8	3	1	0	0
9	3	3	0	3
10	3	3	0	0
⋮	⋮	⋮	⋮	⋮

采用 2970 个单元对反射面进行单元划分，并采用 6.6.2 小节提供的方法建立

天线的数据库，调用该数据库对天线进行远场方向图计算，选用传统 PO 法和零点泰勒级数展开法作为本小节的对比方法，验证所提出方法的准确性和高效性，计算结果如图 6.21 所示。从图中可以看出，基于数据库法的结果曲线与传统 PO 法的结果曲线几乎重合，与零点泰勒级数展开法的结果曲线发生偏离，可见，对于零点泰勒级数展开法计算精度较差的大变形反射面，基于数据库法的计算精度仍然可以得到保证。在本例中，采用基于数据库法计算 200 个观测点只需要几秒，

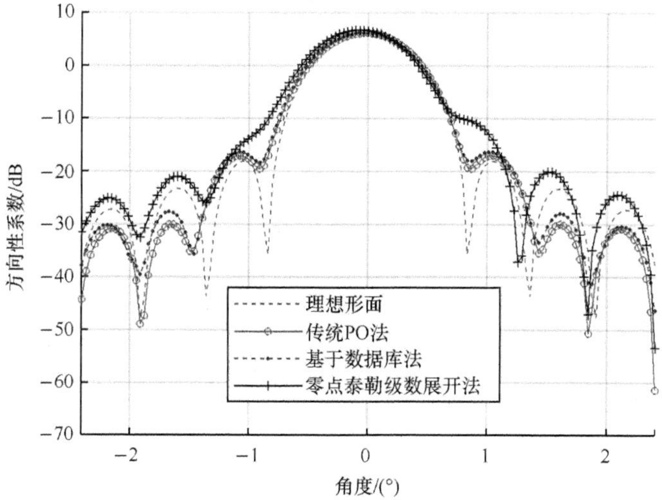

(a) 变形反射面1

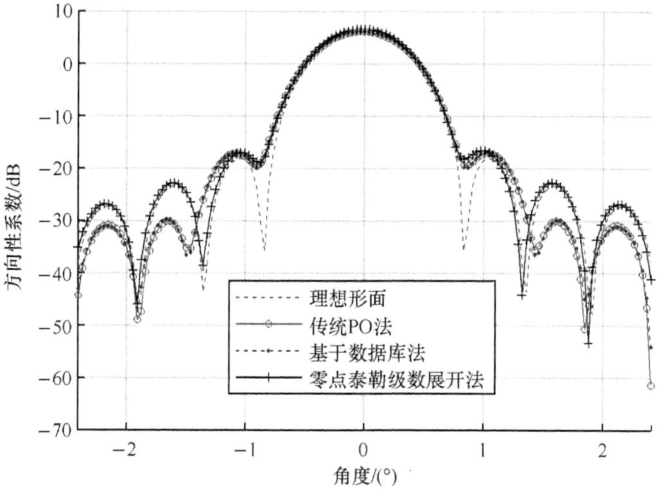

(b) 变形反射面2

图 6.21　变形反射面的远场方向图(E 面)

但是采用传统 PO 法却需要半个小时，可见，基于数据库法在保证精度的同时可以大大提高计算效率，当然这些都是建立在天线数据库建立好的基础上。事实上，数据库的计算是一项非常耗时的工作，在反射面尤其是索网反射面的调整和控制过程中，反射面的误差计算是一个非常反复的过程，且未来天线要在空间环境、没有人工干预的情况下实现主动调整，预先将数据建立并存储有利于提高算法的计算效率和操作的实时性。

参考文献

[1] 唐雅琼. 空间网状天线多源误差与形面稳定性研究[D].西安:西安电子科技大学,2017.

[2] TANG Y Q, LI T J, MA X F. Pillow distortion analysis for a space mesh reflector antenna [J]. AIAA Journal, 2017, 55(9): 3206-3213.

[3] TANG Y Q, LI T J, WANG Z W, et al. Surface accuracy analysis of large deployable antennas [J]. Acta Astronautica, 2014, 104(1):125-133.

[4] YANG Y Q, LI T J. Time-dependent radiation pattern analysis of cable-net reflector antennas [J]. IET Microwaves, Antennas & Propagation. 2019, 13(12): 2166-2170.

[5] RUZE J. The effect of aperture errors on the antenna radiation pattern[J]. Ⅱ Nuovo Cimento, 1952, 9(3):364-380.

[6] RUZE J. Antenna tolerance theory: A review[J]. Proceedings of the IEEE, 1966, 54(4):633-640.

[7] AGRAWAL P K, ANDERSON S M, CARD M F. Preliminary design of large reflectors with flat facets[J]. IEEE Transactions on Antennas and Propagation, 1981, 29(4):688-694.

[8] HEDGEPETH J M. Accuracy potentials for large space antenna reflectors with passive structure[J]. AIAA, 1982, 19(3): 211-217.

[9] PRATA A, RUSCH W V T, MILLER R K. Mesh pillow in deployable front-fed umbrella parabolic reflectors[C]. Digest on Antennas and Propagation Society International Symposium, San Jose, USA, 1991: 254-257.

[10] RAHMAT-SAMII Y, GALINDO-ISRAEL V. Shaped reflector antenna analysis using the Jacobi-Bessel series[J]. IEEE Transactions on Antennas and Propagation, 1980, 28(4):425-435.

第 7 章　索网反射面力学松弛与精度退化

7.1　概　　述

空间网状天线反射面通常采用具有高比强度、高比模量、耐疲劳等优异性能的芳纶、聚酰亚胺等纤维绳索。然而，绳索在长期预应力作用下会发生蠕变，导致索网结构整体势能下降，预应力分布改变，精度随着时间的推移逐渐退化，最终将影响天线的使用性能和使用寿命。本章介绍一种绳索蠕变/恢复行为的研究方法，一种索网结构力学松弛分析方法及该方法在网状天线精度退化等方面的扩展应用[1-3]，并介绍一种面向精度退化的网状天线电性能计算方法[3,4]。

7.2　绳索蠕变/恢复分析

7.2.1　非线性黏弹性本构模型

绳索的蠕变行为与加载应力、环境温度、湿度等因素息息相关，在空间环境下，绳索所承受载荷主要来源于预张力和空间温度的变化，因此，这里主要探究绳索蠕变/恢复与加载力、温度之间的关系。在恒定温度条件下，绳索应力-应变关系可用 Schapery 积分形式表示为[5,6]

$$\varepsilon_{\mathrm{ve}}(t,\sigma,T)=g_0D_0\sigma(t)+g_1\int_0^t\Delta D[\psi(t)-\psi(\tau)]\frac{\mathrm{d}(g_2\sigma)}{\mathrm{d}\tau}\mathrm{d}\tau \tag{7.1}$$

式中，$\sigma(t)$ 为在 t 时刻加载的应力；g_0 为非线性初始弹性柔量系数，用来衡量材料刚度与温度、应力的关系；g_1 为瞬态蠕变应变参数，用来衡量温度和应力对材料弹性柔量的非线性影响；D_0 为线性黏弹性蠕变柔量的初始量；ΔD 为线性黏弹性蠕变柔量的瞬时增量；折算时间 $\psi(t)$ 为

$$\begin{cases}\psi(t)=\displaystyle\int_0^t\frac{\mathrm{d}s}{a_\sigma[\sigma(s)]}\\ \psi'(t)=\psi(\tau)=\displaystyle\int_0^\tau\frac{\mathrm{d}s}{a_\sigma[\sigma(s)]}\end{cases}\quad(a_\sigma>0) \tag{7.2}$$

式中，a_σ 为时间缩放比例因子。g_0、g_1、g_2、a_σ 都是与应力、温度相关的非线性参数，反映了自由能与应力、温度的相关性，但与时间无关。

线性黏弹性蠕变柔量的瞬时增量 ΔD 可以采用 Prony 级数表示，即

$$\Delta D(\psi)=\sum_{m=1}^{N_{\mathrm{p}}}D_m(1-\mathrm{e}^{-\lambda_m\psi}) \tag{7.3}$$

式中，N_{p} 为 Prony 级数的项数；D_m 为第 m 项 Prony 级数的系数；λ_m 为延迟时间的倒数。

7.2.2 变载荷下蠕变/恢复分析模型

索网结构属于小应变大位移的几何非线性结构，在蠕变/恢复过程中绳索的预应力将随着时间的推移逐渐衰减，绳索间的预应力分布发生改变。因此，索网结构中绳索所受载荷为时变单轴拉伸载荷。由于绳索预应力随时间的变化规律未知，因此需要将连续的时变单轴拉伸载荷离散为有限的阶跃载荷来处理。

首先，定义阶跃载荷：

$$\sigma(t)=\begin{cases}\sigma_0 & (0<t<t_1)\\ 0 & (t\geqslant t_1)\end{cases} \tag{7.4}$$

将其施加到绳索上，式(7.1)可以表示成以下分段函数。

(1) 当 $0<t<t_1$ 时，σ_0 为常数。在这个时间段，当且仅当 $\tau=0$ 时，$\mathrm{d}(g_2\sigma)/\mathrm{d}\tau\neq 0$，有

$$\varepsilon_{\mathrm{ve}}(t,\sigma_0,T)=g_0^0D_0\sigma_0+\Delta D(\psi(t))\cdot g_1^0\int_0^t\frac{\mathrm{d}g_2\sigma_0}{\mathrm{d}\tau}\mathrm{d}\tau \tag{7.5}$$

对式(7.5)进行积分，可得

$$\varepsilon_{\mathrm{ve}}(t,\sigma_0,T)=g_0^0D_0\sigma_0+g_1^0g_2^0\Delta D(\psi_0)\sigma_0 \tag{7.6}$$

式中，$\psi_0=t/a_\sigma$。

(2) 当 $t=t_1$ 时，应力从 σ_0 迅速卸载到零，$\mathrm{d}(g_2\sigma)/\mathrm{d}\tau\neq 0$，因此，当 $t_1\leqslant t<t_2$ 时，绳索的黏弹性应变可表示为

$$\varepsilon_{\mathrm{ve}}(t,\sigma_0,T)=\Delta D(\psi_0)\cdot g_1^1\int_0^{t_1}\frac{\mathrm{d}g_2\sigma}{\mathrm{d}\tau}\mathrm{d}\tau+\Delta D(\psi_1)\cdot g_1^1\int_{t_1}^t\frac{\mathrm{d}g_2\sigma}{\mathrm{d}\tau}\mathrm{d}\tau \tag{7.7}$$

式中，第一项表示蠕变应变；第二项表示恢复应变。对式(7.7)进行积分，可得

$$\varepsilon_{\mathrm{ve}}(t,\sigma_0,T)=g_1^1g_2^0\sigma_0\Delta D(\psi_0)-g_1^1g_2^0\sigma_0\Delta D(\psi_1) \tag{7.8}$$

式中，$\psi_0=t_1/a_\sigma^0+(t-t_1)/a_\sigma^1$；$\psi_1=(t-t_1)/a_\sigma^1$。

将式(7.3)代入式(7.6)和式(7.8)可得阶跃载荷下绳索的蠕变/恢复模型为

$$\varepsilon_{\mathrm{ve}}(t,\sigma_0,T)=\begin{cases} g_0 D_0\sigma_0+g_1 g_2\sigma_0\sum_{i=1}^{N_{\mathrm{p}}}D_i(1-\mathrm{e}^{-\lambda_i t/a_\sigma}) & (0<t\leqslant t_1) \\ g_2\sigma_0\left[\sum_{i=1}^{N_{\mathrm{p}}}D_i\left(1-\mathrm{e}^{-\lambda_i(t_1/a_\sigma+t-t_1)}\right)-\sum_{i=1}^{N_{\mathrm{p}}}D_i\left(1-\mathrm{e}^{-\lambda_i(t-t_1)}\right)\right] & (t>t_1)\end{cases} \tag{7.9}$$

然后，定义多级阶跃载荷：

$$\sigma(t)=\begin{cases}\sigma_0 & (0<t\leqslant t_1) \\ \sigma_i & (t_i<t\leqslant t_{i+1}, i=1,2,\cdots)\end{cases} \tag{7.10}$$

将其施加到绳索上，式(7.1)可以表示成以下分段函数。

(1) 当$0<t\leqslant t_1$时，绳索随时间变化的应变方程同式(7.5)；

(2) 当$t=t_i$ 时，加载应力从σ_{i-1}迅速卸载到σ_i，此时$\mathrm{d}(g_2\sigma)/\mathrm{d}\tau\neq 0$；

(3) 当$t_i<t\leqslant t_{i+1}$时，加载应力为σ_i，此时蠕变/恢复模型可表示为

$$\varepsilon_{\mathrm{ve}}(t,\sigma,T)=g_0^i D_0\sigma_i+g_1^i\sum_{j=0}^{i-1}\Delta D(\psi_j)\int_{t_j}^{t_{j+1}}\frac{\mathrm{d}(g_2\sigma)}{\mathrm{d}\tau}\mathrm{d}\tau+g_1^i\Delta D(\psi_j)\int_{t_i}^{t}\frac{\mathrm{d}(g_2\sigma)}{\mathrm{d}\tau}\mathrm{d}\tau \tag{7.11}$$

式中，$\psi_j=(t_{j+1}-t_j)/a_\sigma^j+\cdots+(t_i-t_{i-1})/a_\sigma^{i-1}+(t-t_i)/a_\sigma^i$。对式(7.11)进行积分，可得

$$\varepsilon_{\mathrm{ve}}(t,\sigma,T)=g_0^i D_0\sigma_i+g_1^i\sum_{j=0}^{i}\left(g_2^j\sigma_j-g_2^{j-1}\sigma_{j-1}\right)\Delta D\left(\psi_j\right) \tag{7.12}$$

将式(7.3)代入式(7.12)可得

$$\varepsilon_{\mathrm{ve}}(t,\sigma,T)=g_0^i D_0\sigma_i+g_1^i\sum_{j=0}^{i}\left[\left(g_2^j\sigma_j-g_2^{j-1}\sigma_{j-1}\right)\sum_{m=1}^{N_{\mathrm{p}}}D_m(1-\mathrm{e}^{-\lambda_m\psi_j})\right] \tag{7.13}$$

综上所述，绳索的单轴拉伸应力-应变关系可表示为

$$\varepsilon_{\mathrm{ve}}(t,\sigma,T)=\begin{cases} g_0 D_0\sigma_0+g_1 g_2\sigma_0\sum_{i=1}^{N_{\mathrm{p}}}D_i(1-\mathrm{e}^{-\lambda_i t/a_\sigma}) & (0<t\leqslant t_1) \\ g_0^i D_0\sigma_i+g_1^i\sum_{j=0}^{i}\left(g_2^j\sigma_j-g_2^{j-1}\sigma_{j-1}\right)\sum_{m=1}^{N_{\mathrm{p}}}D_m(1-\mathrm{e}^{-\lambda_m\psi_j}) & (t_i<t\leqslant t_{i+1}, i=1,2,\cdots)\end{cases} \tag{7.14}$$

从式(7.14)可看出，阶跃激励作用下的蠕变/恢复行为在任意一时间子步可以理解为弹性应变、当前应力下的蠕变和历史蠕变的恢复三种行为的叠加。因此，把绳索黏弹性在载荷作用下表现出来的力学现象称为蠕变/恢复行为。由于恢复总是滞后于蠕变，因此绳索黏弹性在索网结构中表现出总体内应力的衰减，把这种现象称为索网结构的力学松弛。

7.2.3 阶跃载荷下绳索的蠕变/恢复模型

某绳索的蠕变/恢复模型如下：

$$\varepsilon_{\mathrm{ve}}(t,\sigma)=g_0^i D_0\sigma_i+g_1^i\sum_{j=0}^{i}\left[\left(g_2^j\sigma_j-g_2^{j-1}\sigma_{j-1}\right)\sum_{m=1}^{N_p}D_m\left(1-\mathrm{e}^{-\lambda^{2m-1}\psi_j}\right)\right] \tag{7.15}$$

式中，时间 t 的单位为小时(h)；应力 σ_i 的单位为帕(Pa)；各系数的值如下：$g_0^i=a_\sigma^i$，$D_0=1/20\mathrm{GPa}$，$g_1^i=1.042\times10^{-3}\times\sigma_i^{0.333}$，$D_1=1.42\times10^{-10}$，$D_2=-1.28\times10^{-10}$，$D_3=1.07\times10^{-10}$，$D_4=9.8\times10^{-11}$，$D_5=7.2\times10^{-11}$，$\lambda$=0.3674，$g_2^j=1$，$j=1,2,\cdots,i$。

当式(7.16)所示的阶跃载荷作用于该绳索两端时，索单元的蠕变/恢复响应如图 7.1 所示。

$$F(t)=\begin{cases}F_0 & (0<t\leqslant 500\mathrm{d})\\ 0.5F_0 & (500\mathrm{d}<t\leqslant 1000\mathrm{d})\\ 2F_0 & (1000\mathrm{d}<t\leqslant 1500\mathrm{d})\end{cases} \tag{7.16}$$

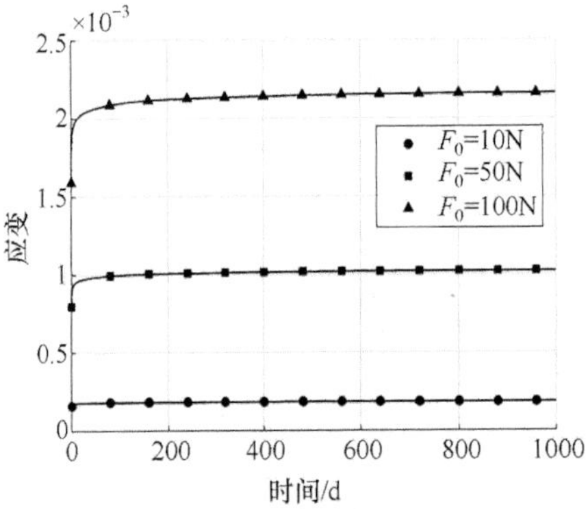

(a) 恒定载荷

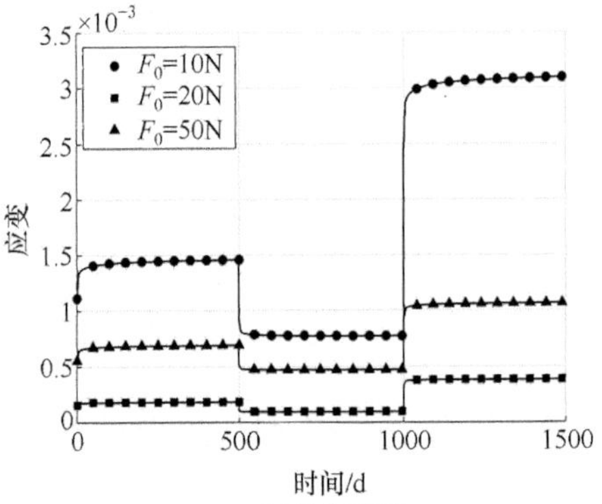

(b) 阶跃载荷

图 7.1 不同载荷作用下索单元的蠕变/恢复响应

从图 7.1(a) 可以看出，当绳索受到恒定载荷作用时，其应变随着时间增加而增加，蠕变速率随着时间的增加而减小，随着应力的增大而非线性增大。从图 7.1(b)中可以看出，在索力改变的瞬间，索力会发生突变，当索力突然减小时，应变会在索力减小后的某一段时间(如 $t>500$ d)内继续减小然后才会上升，这反映了索单元的黏弹性，当应力突然增大时(如 $t>1000$ d)，在较短的时间内将有较大的蠕变量产生。

7.3　索网结构力学松弛分析

7.3.1　非线性切线刚度矩阵

空间环境服役过程中，影响绳索张力的因素包括环境温度变化、相连绳索张力的变化和绳索材料属性随时间推移产生的变化等，可用式(7.17)表示：

$$N_m(t)=\underbrace{\overbrace{k_m(t,\sigma,T)}^{(3)}\frac{L_m(t)-L_m^0}{L_m^0}}_{(2)}-\underbrace{\overbrace{k_m(t,\sigma_0,T)}^{(3)}\alpha_m\Delta T}_{(1)} \tag{7.17}$$

式中，$N_m(t)$为绳索 m 的轴向力；$k_m(\cdot)$为绳索 m 的单位长度拉伸刚度；σ_0 和 T 分别为初始应力和环境温度，研究结果表明，绳索所受应力及所处环境不同将表现出不同的特性；α_m 为绳索 m 的热膨胀系数；$L_m(t)$为索段变形后的长度；L_m^0 为绳索 m 的放样长度。

绳索的力密度可表示为

$$q_m(t)=k_m(t,\sigma_0,T)\left[\frac{1}{L_m^0}-\frac{1}{L_m(t)}(1+\alpha_m T_m)\right] \tag{7.18}$$

根据第 4 章的内容，可建立该索网结构在自由节点处的力平衡方程：

$$\boldsymbol{f}_x=\boldsymbol{C}_\mathrm{u}^\mathrm{T}\boldsymbol{Q}(t)\boldsymbol{C}_\mathrm{u}\boldsymbol{x}_\mathrm{u}+\boldsymbol{C}_\mathrm{u}^\mathrm{T}\boldsymbol{Q}(t)\boldsymbol{C}_\mathrm{f}\boldsymbol{x}_\mathrm{f} \tag{7.19}$$

$$\boldsymbol{f}_y=\boldsymbol{C}_\mathrm{u}^\mathrm{T}\boldsymbol{Q}(t)\boldsymbol{C}_\mathrm{u}\boldsymbol{y}_\mathrm{u}+\boldsymbol{C}_\mathrm{u}^\mathrm{T}\boldsymbol{Q}(t)\boldsymbol{C}_\mathrm{f}\boldsymbol{y}_\mathrm{f} \tag{7.20}$$

$$\boldsymbol{f}_z=\boldsymbol{C}_\mathrm{u}^\mathrm{T}\boldsymbol{Q}(t)\boldsymbol{C}_\mathrm{u}\boldsymbol{z}_\mathrm{u}+\boldsymbol{C}_\mathrm{u}^\mathrm{T}\boldsymbol{Q}(t)\boldsymbol{C}_\mathrm{f}\boldsymbol{z}_\mathrm{f} \tag{7.21}$$

力密度矩阵为

$$\boldsymbol{Q}(t)=\boldsymbol{k}(t,\sigma_0,T)[\boldsymbol{L}_0^{-1}-\left(\boldsymbol{I}+\boldsymbol{\alpha}\boldsymbol{T}\right)\cdot\boldsymbol{L}(t)^{-1}] \tag{7.22}$$

式中，$\boldsymbol{k}$、$\boldsymbol{L}_0$、$\boldsymbol{L}$、$\boldsymbol{\alpha}$ 和 $\boldsymbol{T}$ 分别为单元轴向拉伸刚度、原长度、实际长度、热膨胀系数和所受温差的对角矩阵；$\boldsymbol{I}$ 为单位矩阵；且有

$$\boldsymbol{L}(t)=\sqrt{\boldsymbol{U}^2(t)+\boldsymbol{V}^2(t)+\boldsymbol{W}^2(t)} \tag{7.23}$$

式中，$\boldsymbol{U}$、$\boldsymbol{V}$ 和 $\boldsymbol{W}$ 分别表示单元长度在三个坐标轴上的投影。

根据切线刚度矩阵的定义，索网结构的切线刚度矩阵计算公式为

$$\boldsymbol{K}_T(t)=\begin{bmatrix}\dfrac{\partial \boldsymbol{f}_x}{\partial \boldsymbol{x}_{\mathrm{u}}(t)^{\mathrm{T}}} & \dfrac{\partial \boldsymbol{f}_x}{\partial \boldsymbol{y}_{\mathrm{u}}(t)^{\mathrm{T}}} & \dfrac{\partial \boldsymbol{f}_x}{\partial \boldsymbol{z}_{\mathrm{u}}(t)^{\mathrm{T}}} \\ \dfrac{\partial \boldsymbol{f}_y}{\partial \boldsymbol{x}_{\mathrm{u}}(t)^{\mathrm{T}}} & \dfrac{\partial \boldsymbol{f}_y}{\partial \boldsymbol{y}_{\mathrm{u}}(t)^{\mathrm{T}}} & \dfrac{\partial \boldsymbol{f}_y}{\partial \boldsymbol{z}_{\mathrm{u}}(t)^{\mathrm{T}}} \\ \dfrac{\partial \boldsymbol{f}_z}{\partial \boldsymbol{x}_{\mathrm{u}}(t)^{\mathrm{T}}} & \dfrac{\partial \boldsymbol{f}_z}{\partial \boldsymbol{y}_{\mathrm{u}}(t)^{\mathrm{T}}} & \dfrac{\partial \boldsymbol{f}_z}{\partial \boldsymbol{z}_{\mathrm{u}}(t)^{\mathrm{T}}}\end{bmatrix} \tag{7.24}$$

将式(7.19)～式(7.22)代入式(7.24)，以第一项为例：

$$\frac{\partial \boldsymbol{f}_x}{\partial \boldsymbol{x}_{\mathrm{u}}(t)^{\mathrm{T}}}=\frac{\partial \boldsymbol{C}_{\mathrm{u}}^{\mathrm{T}}\boldsymbol{Q}(t)\boldsymbol{C}_{\mathrm{u}}}{\partial \boldsymbol{x}_{\mathrm{u}}(t)^{\mathrm{T}}}x_{\mathrm{u}}(t)+\frac{\partial \boldsymbol{C}_{\mathrm{u}}^{\mathrm{T}}\boldsymbol{Q}(t)\boldsymbol{C}_{\mathrm{f}}}{\partial \boldsymbol{x}_{\mathrm{u}}(t)^{\mathrm{T}}}x_{\mathrm{f}}(t)+\boldsymbol{C}_{\mathrm{u}}^{\mathrm{T}}\boldsymbol{Q}(t)\boldsymbol{C}_{\mathrm{u}} \tag{7.25}$$

式中，

$$\frac{\partial \boldsymbol{C}_{\mathrm{u}}^{\mathrm{T}}\boldsymbol{Q}(t)\boldsymbol{C}_{\mathrm{u}}}{\partial x_i(t)}=-\boldsymbol{C}_{\mathrm{u}}^{\mathrm{T}}\boldsymbol{k}(t,\sigma_0,T)(\boldsymbol{I}+\boldsymbol{\alpha T})\frac{\partial \boldsymbol{L}(t)^{-1}}{\partial x_i(t)}\boldsymbol{C}_{\mathrm{u}} \tag{7.26}$$

$$\frac{\partial \boldsymbol{C}_{\mathrm{u}}^{\mathrm{T}}\boldsymbol{Q}(t)\boldsymbol{C}_{\mathrm{f}}}{\partial x_i(t)}=-\boldsymbol{C}_{\mathrm{u}}^{\mathrm{T}}\boldsymbol{k}(t,\sigma_0,T)(\boldsymbol{I}+\boldsymbol{\alpha T})\frac{\partial \boldsymbol{L}(t)^{-1}}{\partial x_i(t)}\boldsymbol{C}_{\mathrm{f}} \tag{7.27}$$

又因为

$$\frac{\partial \boldsymbol{L}(t)}{\partial x_i(t)}=\boldsymbol{L}(t)^{-1}\boldsymbol{U}(t)\mathrm{diag}\{\boldsymbol{c}_i\} \tag{7.28}$$

所以将式(7.28)代入式(7.26)和式(7.27)，可得

$$\frac{\partial \boldsymbol{C}_{\mathrm{u}}^{\mathrm{T}}\boldsymbol{Q}(t)\boldsymbol{C}_{\mathrm{u}}}{\partial x_i(t)}=\boldsymbol{C}_{\mathrm{u}}^{\mathrm{T}}\boldsymbol{k}(t,\sigma_0,T)(\boldsymbol{I}+\boldsymbol{\alpha T})\boldsymbol{L}(t)^{-3}\boldsymbol{U}(t)\mathrm{diag}\{\boldsymbol{c}_i\}\boldsymbol{C}_{\mathrm{u}} \tag{7.29}$$

$$\frac{\partial \boldsymbol{C}_{\mathrm{u}}^{\mathrm{T}}\boldsymbol{Q}(t)\boldsymbol{C}_{\mathrm{f}}}{\partial x_i(t)}=\boldsymbol{C}_{\mathrm{u}}^{\mathrm{T}}\boldsymbol{k}(t,\sigma_0,T)(\boldsymbol{I}+\boldsymbol{\alpha T})\boldsymbol{L}(t)^{-3}\boldsymbol{U}(t)\mathrm{diag}\{\boldsymbol{c}_i\}\boldsymbol{C}_{\mathrm{f}} \tag{7.30}$$

将式(7.29)和式(7.30)代入式(7.25)，可得

$$\frac{\partial \boldsymbol{f}_x}{\partial \boldsymbol{x}_{\mathrm{u}}(t)}=\boldsymbol{C}_{\mathrm{u}}^{\mathrm{T}}\boldsymbol{k}(t,\sigma_0,T)(\boldsymbol{I}+\boldsymbol{\alpha T})\boldsymbol{L}(t)^{-3}\boldsymbol{U}(t)^2\boldsymbol{C}_{\mathrm{u}}+\boldsymbol{C}_{\mathrm{u}}^{\mathrm{T}}\boldsymbol{Q}(t)\boldsymbol{C}_{\mathrm{u}} \tag{7.31}$$

令 $\boldsymbol{S}_x(t)=\boldsymbol{C}_{\mathrm{u}}^{\mathrm{T}}\boldsymbol{U}(t)\boldsymbol{L}(t)^{-1}$ 和 $\overline{\boldsymbol{q}}(t,\sigma_0,T)=\boldsymbol{k}(t,\sigma_0,T)(\boldsymbol{I}+\boldsymbol{\alpha T})\boldsymbol{L}(t)^{-1}$，式(7.31)可简化为

$$\frac{\partial \boldsymbol{f}_x}{\partial \boldsymbol{x}_{\mathrm{u}}(t)^{\mathrm{T}}}=\boldsymbol{S}_x(t)\overline{\boldsymbol{q}}(t)\boldsymbol{S}_x(t)^{\mathrm{T}}+\boldsymbol{C}_{\mathrm{u}}^{\mathrm{T}}\boldsymbol{Q}(t)\boldsymbol{C}_{\mathrm{u}} \tag{7.32}$$

同理，可得切线刚度的任意一项。

令 $\boldsymbol{S}(t)^{\mathrm{T}}=[\boldsymbol{S}_x(t)^{\mathrm{T}},\boldsymbol{S}_y(t)^{\mathrm{T}},\boldsymbol{S}_z(t)^{\mathrm{T}}]$，则切线刚度矩阵可表示为

$$\boldsymbol{K}_T(t)=\underbrace{\boldsymbol{S}(t)\overline{\boldsymbol{q}}\left(t,\sigma_0,T\right)\boldsymbol{S}(t)^{\mathrm{T}}}_{\boldsymbol{K}_{\mathrm{E}}(t)}+\underbrace{\boldsymbol{I}_3\otimes\boldsymbol{C}_{\mathrm{u}}^{\mathrm{T}}\boldsymbol{Q}(t)\boldsymbol{C}_{\mathrm{u}}}_{\boldsymbol{K}_{\mathrm{G}}(t)} \tag{7.33}$$

式中，$\boldsymbol{K}_{\mathrm{E}}$ 为材料非线性刚度矩阵；$\boldsymbol{K}_{\mathrm{G}}$ 为几何非线性刚度矩阵；$\boldsymbol{I}_3$ 和 $\otimes$ 分别为 3×3 单位矩阵和张量积。

7.3.2　时变非线性分析

首先，将观测时间段分割成每个时间子步足够小的响应过程，对于每个足够小的时间段 $[t_{i-1}^+, t_i^-]$，可以假设索网结构的应力状态和几何位置不变，应变随时间的推延而增大，即

$$\varepsilon_{\mathrm{c},i-1}(t_{i-1}^+)\to\varepsilon_{\mathrm{c},i-1}(t_i^-) \tag{7.34}$$

其次，在 t_i 时刻考虑绳索应变变化对索网结构的应力分布和几何位置的影响，此时，绳索的拉伸刚度由于蠕变发生了改变，即

$$k_m(t_i^-)=k_m(t_{i-1}^+)\frac{\varepsilon_{m,i-1}(t_{i-1}^+)}{\varepsilon_{m,i-1}(t_i^-)} \tag{7.35}$$

最后，结合切线刚度矩阵和 Newton-Raphson 法，求解出索网结构新的节点位置($\boldsymbol{x}(t_i^+)$， $\boldsymbol{y}(t_i^+)$， $\boldsymbol{z}(t_i^+)$)，以及新的应力状态 $N_m(t_i^+)$ 和实际应变 $\varepsilon_{\mathrm{c},i-1}(t_i^+)$。

重复上述步骤可以实现索网结构时变非线性分析，完成索网结构应力分布和形面精度随时间变化规律的预测。

7.3.3　索网结构的力学松弛

以图 6.14 所示的环形桁架索网反射面为例，采用三向网格和极小二范数法分别设计几何形式和预张力，设计结果如图 7.2 和表 7.1 所示。

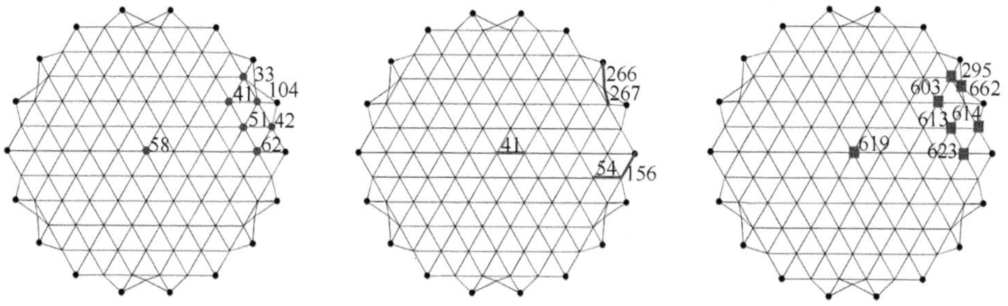

(a) 前索网节点编号　(b) 背索网索段编号　(c) 张紧索索段编号

图 7.2　索网反射面几何形式 1

表 7.1　索网反射面预张力分布

索网类型	均值/N	最大力/N	最小力/N	最大力/最小力
前索网	17.5313	31.4600	9.6869	3.2477
背索网	17.5313	31.4600	9.6869	3.2477
张紧索	5.0000	5.8686	2.8845	2.0345

图 7.3 展示了索网结构的 RMS 随着时间的变化情况。从图中可以看出，RMS 在前 200 天内变化剧烈，随着时间的增大，RMS 的变化率减小。图中“5, 10, 10”表示 0～10d 时间段将几何非线性方程的求解均匀划分为 5 个时间子步，10～110d 时间段将几何非线性方程的求解均匀划分为 10 个时间子步，110～1110d 时间段将几何非线性方程的求解均匀划分为 10 个时间子步。“30, 10, 10”、“10, 20, 20”与“5, 10, 10”意思类似。从这三种不同的子步数划分方式的曲线对比来看，显然时间子步数越多，求解越准确，但是在相同时间子步数的情况下，“30, 10, 10”比“10, 20, 20”的效果要好，原因是索网结构的蠕变速率随着时间的增大而减小，在结构形成初期的蠕变最显著，对结构几何形态的影响最大。这就意味着，对于长时间的蠕变预测，时间初期的时间子步划分较细，末期的时间子步适当放宽，可以有效节约计算时间。

为了更好地了解索网结构形面的变化情况，还对各节点位移的时间特性进行了跟踪，如图 7.4 所示。结合图 7.2(a)可以看出，整体上靠近边界并且不直接与边界相连的节点，其位移随着时间的变化较明显，如与四根索单元相连的节点 33，虽然其初始应力比节点 104 小，但是其蠕变速率却比节点 104 大，这个现象反映了索网结构的几何非线性一定程度上加大了索网结构力学松弛的复杂性。如图 7.5 和图 7.6 所示，随着时间的延迟，张力无疑都是在减小，并且其衰减速度与应力的大小成正相关。这个现象对自平衡索网结构与外载荷影响下的索网结构有所区

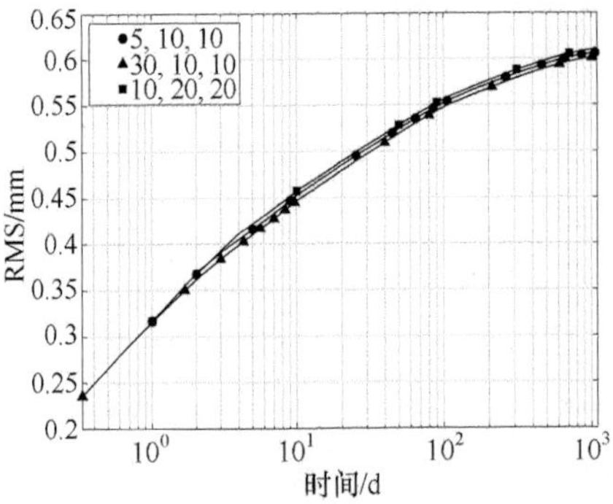

图 7.3　索网结构的 RMS 随时间的变化 1

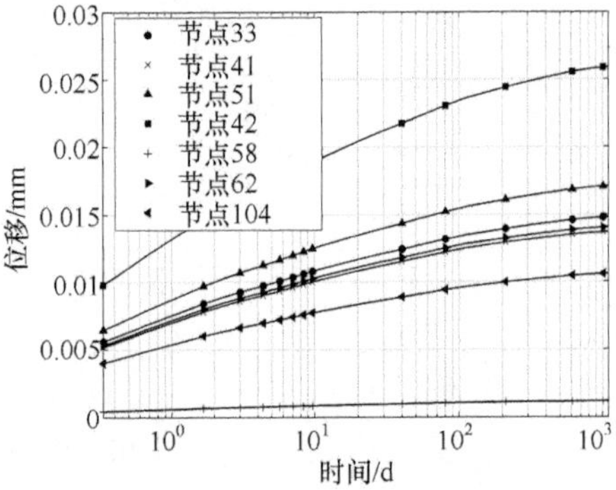

图 7.4　节点位移随时间的变化 1

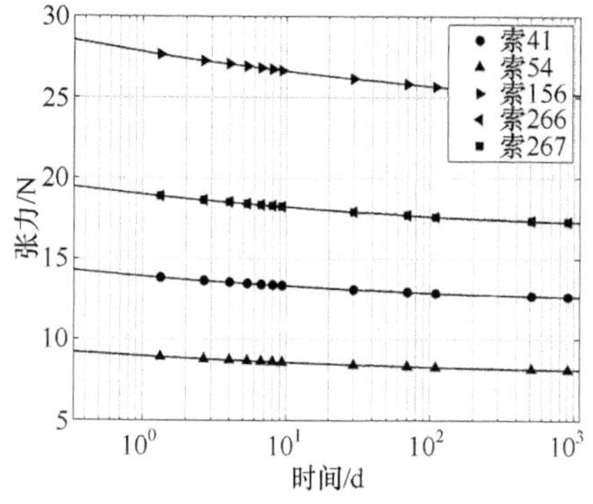

图 7.5　前索网张力随时间的变化 1

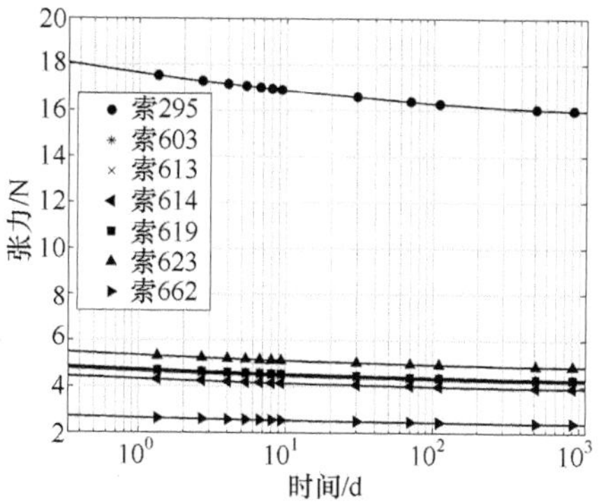

图 7.6　张紧索张力随时间的变化 1

别。可以想象，当索网结构各节点受到恒定外载荷作用时，为了平衡该外载荷，索网必然向着张力增大的方向发展，其 RMS 的变化会更大。

7.4　索网反射面精度退化与补偿

7.4.1　补偿设计算法

受绳索黏弹性的影响，索网结构在长期持续载荷的作用下，结构会发生预应力损失。幸运的是，蠕变速率和应力松弛速率是随时间减小的变量，索网结构的形面精度在力学松弛的影响下，也会随着时间的变化趋于稳定。考虑到索网结构长期的工作性能，在制造和工作初期，牺牲掉一部分形面精度，在力学松弛的影响下，形面会随着时间发生变化并且最终稳定于理想形面。因此，针对索网结构力学松弛的补偿设计实际上就转化为初始参考形面的优选问题。

以前索网和背索网的初始形状为设计变量，以 $t=t'$ 时刻的 RMS 最小为目标，以索网结构的时间相关的力平衡方程为约束条件，构造出索网补偿设计优化模型，即

$$
\begin{aligned}
&\text{find} \quad \boldsymbol{Q}\big|_{t=0}, \boldsymbol{x}_{\mathrm{u}}\big|_{t=0}, \boldsymbol{y}_{\mathrm{u}}\big|_{t=0}, \boldsymbol{z}_{\mathrm{u}}\big|_{t=0} \\
&\min \quad w_{\mathrm{rms}}\big|_{t=t'} \\
&\text{s.t.} \quad \boldsymbol{f}_x(t)=0, \\
&\qquad \boldsymbol{f}_y(t)=0, \\
&\qquad \boldsymbol{f}_z(t)=0
\end{aligned}
\tag{7.36}
$$

式中，$w_{\mathrm{rms}}\big|_{t=t'}$ 表示 t' 时刻的形面均方根误差。

以图 7.7 所示的简单索网结构为例，介绍用迭代算法求解上述优化模型的基本原理与步骤：

(1) 采用形态设计算法计算出索网结构初始构型，保证$t=0$时刻所有节点坐标均在理想抛物面上，并以此构型作为理想构型。

(2) 在结构力学松弛行为的影响下，经过一段时间，结构发生变形，其反射面形状发生改变。在$t=t'$时刻，P点的Z轴移动量为d_1。

(3) 将P点位置反向调整h_1d_1，其中h_1为调整系数，用于调整算法的下降速度，在保证索网在口径面投影的力分布不变的情况下重新计算一组符合新构型的预张力值。

(4) 在结构力学松弛行为的影响下，经过一段时间，结构发生再次变形，其反射面形状发生改变。在$t=t'$时刻，P点的Z轴移动量为d_2。

(5) 将P点位置反向调整h_2d_2。经过多次迭代上述过程，P点在$t=t'$时刻会越来越接近其理想位置，最终达到补偿设计的目的。

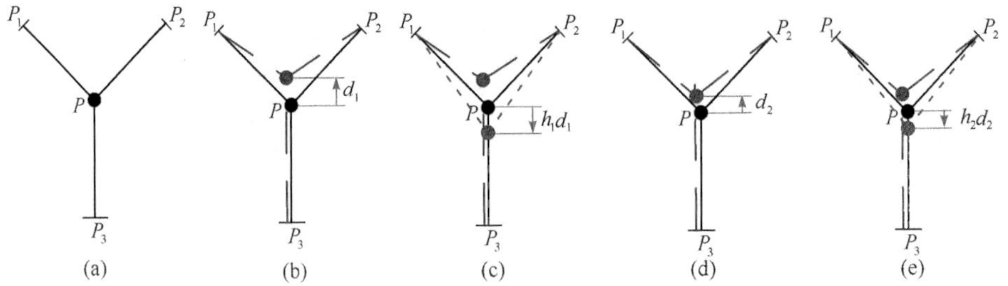

图 7.7　迭代算法的原理图

7.4.2　索网反射面补偿设计

仍然以图 6.14 所示的环形桁架索网反射面为例，采用等力密度法同时设计几何形式和预张力，设计结果如图 7.8 和表 7.2 所示。对比表 7.1 和表 7.2 可以发现，等力密度法获得的预张力分布更加均匀。

表 7.2　环形桁架索网反射面初始预张力分布

索网类型	均值/N	最大力/N	最小力/N	最大力/最小力
前索网	14.0832	22.0032	11.5014	1.9131
背索网	14.0832	22.0032	11.5014	1.9131
张紧索	3.3510	5.1069	2.8364	1.8005

表 7.3 展示了图 7.8 所示结构 110d 后的张力分布情况。对比表 7.2 和表 7.3 可以看出，索网结构的张力随着时间的推移逐渐松弛，索段之间的张力分布差异逐渐减小。更具体地，索网结构的 RMS 和图 7.8 中所标注的前索网节点位移和观测索段张力随时间的变化曲线如图 7.9～图 7.12 所示。从图中可以看出，形面精度

随着时间的推移逐渐变差，前索网整体下沉，张力逐渐松弛，但恶化速率逐渐降低。对比图 7.3 和图 7.9 可以发现，本案例采用的形态设计结果力学松弛误差更小，等力密度法对索网的抗力学松弛特性更有利。因此，选择合适的形态设计方法是索网反射面退化精度补偿的一个重要措施。

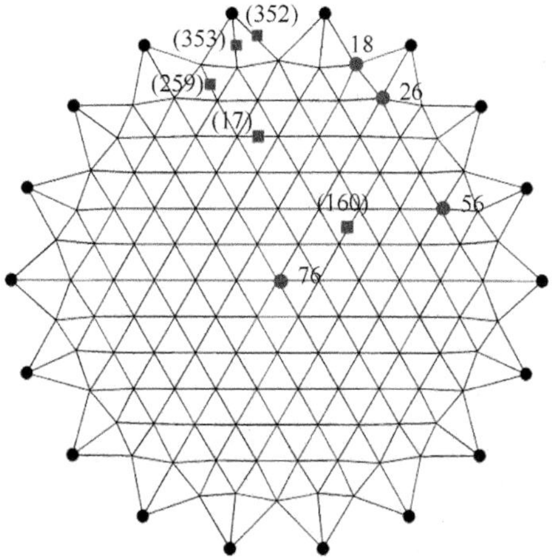

图 7.8　索网反射面几何形式 2

有括号数字表示索的编号；无括号数字表示节点的编号

表 7.3　110d 后环形桁架索网反射面预张力分布

索网类型	均值/N	最大力/N	最小力/N	最大力/最小力
前索网	12.7899	19.9104	10.4512	1.9051
背索网	12.7899	19.9104	10.4512	1.9051
张紧索	3.0432	4.6242	2.5824	1.7907

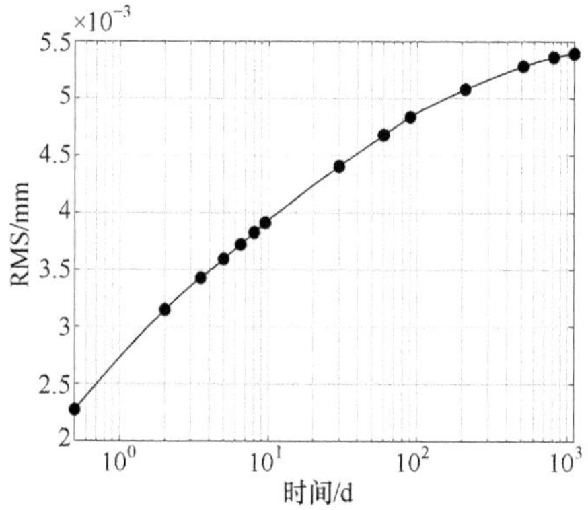

图 7.9　索网结构的 RMS 随时间的变化 2

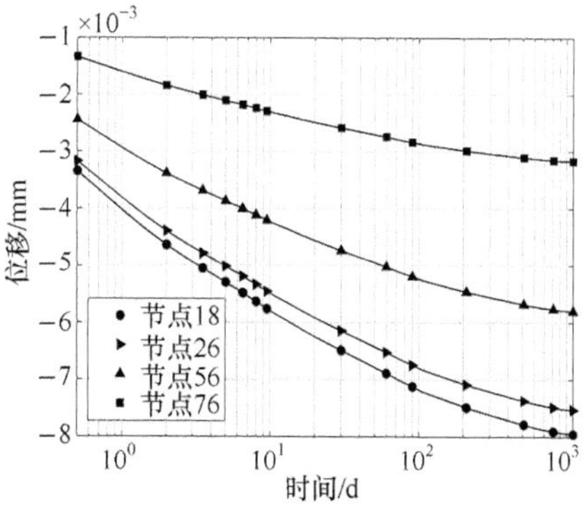

图 7.10　节点位移随时间的变化 2

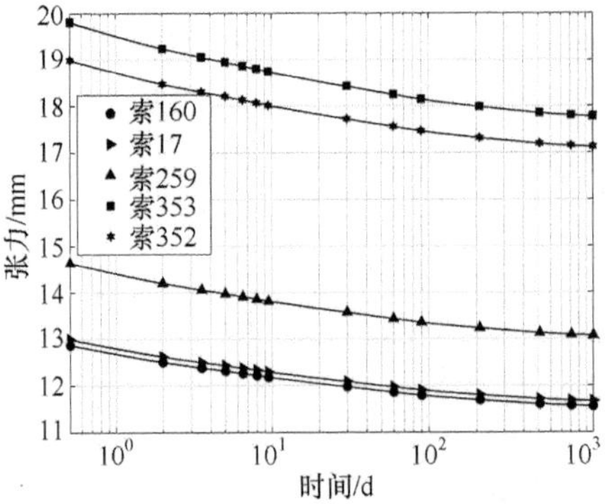

图 7.11　前索网张力随时间的变化 2

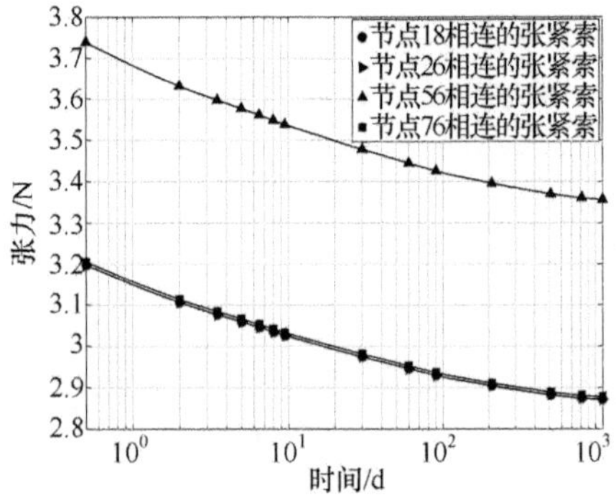

图 7.12　张紧索张力随时间的变化 2

随后，采用补偿设计算法进一步优化索网反射面初始形态，优化后的形面均方根误差和节点位移随时间变化曲线分别如图 7.13 和图 7.14 所示。可以看出，RMS 随着时间的推移虽然保持上升的趋势，但 RMS 值始终保持在非常小的范围，此时前索网节点不再是相对于理想形面整体下沉，这将有助于索网的形面保持。因此，考虑精度退化的初始形态优化设计是实现索网反射面退化精度补偿的另一个重要措施。

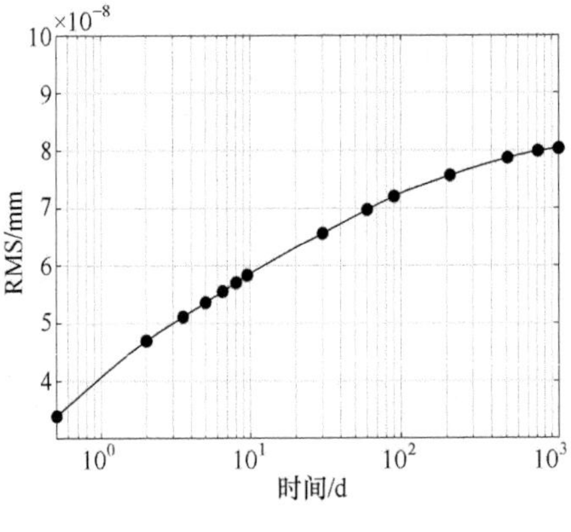

图 7.13　索网结构的 RMS 随时间的变化 3

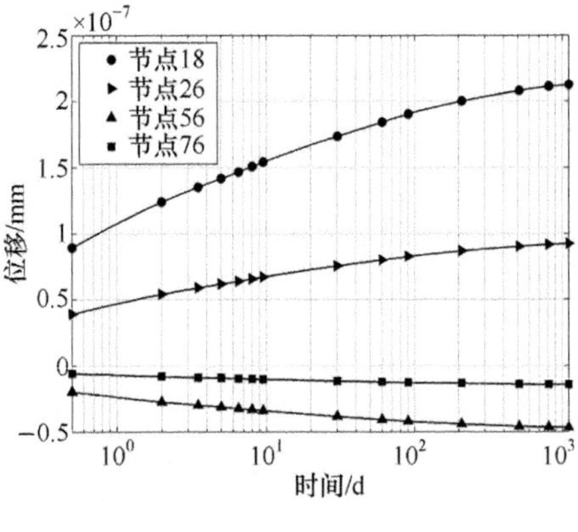

图 7.14　节点位移随时间的变化 3

7.5　面向精度退化的电性能计算

7.5.1　时变反射面电性能计算方法

空间网状天线一般由三角形或四边形索网-金属网复合单元组成。将索网-金属网复合单元按图 7.15 所示单元划分形式进行划分，其中，每个子单元形状均相同，子单元的数目 E 由天线工作频段确定。令每个子单元的积分域为 σ_e^m，$e=1,2,\cdots,E$。当子单元的积分域足够小时，可以认为每个子单元内的变形量变化很小，那么式(6.77)中的指数误差项 $\mathrm{e}^{\mathrm{j}\delta(t)}$ 可在均值处进行泰勒级数展开，PO 辐射积分矢量 $\boldsymbol{T}(\theta,\phi,t)$ 可近似为

$$\boldsymbol{T}(\theta,\phi,t)=\sum_{m=1}^{M}\sum_{e=1}^{E}\mathrm{e}^{\mathrm{j}\delta_e^m}\left(\boldsymbol{T}_{e,1}^m-\mathrm{j}\delta_e^m(t)\boldsymbol{T}_{e,1}^m+\mathrm{j}\boldsymbol{T}_{e,2}^m(t)\right)\tag{7.37}$$

$$\boldsymbol{T}_{e,1}^m=\iint_{\sigma_e^m}\tilde{\boldsymbol{J}}(\rho',\phi')\mathrm{e}^{\mathrm{j}kz'\cos\theta}\mathrm{e}^{\mathrm{j}k\boldsymbol{r}'\cdot\hat{\boldsymbol{r}}}\mathrm{d}\sigma'\tag{7.38}$$

$$\boldsymbol{T}_{e,2}^m(t)=\sum_{i}^{I}\iint_{\sigma_e^m(t)}\tilde{\boldsymbol{J}}(\rho',\phi')\mathrm{e}^{\mathrm{j}kz'\cos\theta}\mathrm{e}^{\mathrm{j}k\boldsymbol{r}'\cdot\hat{\boldsymbol{r}}}k(\cos\theta_{\mathrm{s}}+\cos\theta)N_i\mathrm{d}\sigma' z'_{\Delta,i}(t)\tag{7.39}$$

式中，$\boldsymbol{T}_{e,1}^m$ 表示初始形面的 PO 辐射积分矢量；$\boldsymbol{T}_{e,2}^m$ 表示 t 时刻的变形反射面 PO 辐射积分矢量；N_i 和 I 分别表示 t 时刻子单元的线性插值函数和顶点个数；$z'_{\Delta,i}(t)$ 表示 t 时刻节点 i 沿 z 轴的位移；M 表示索网-金属网复合单元总数。

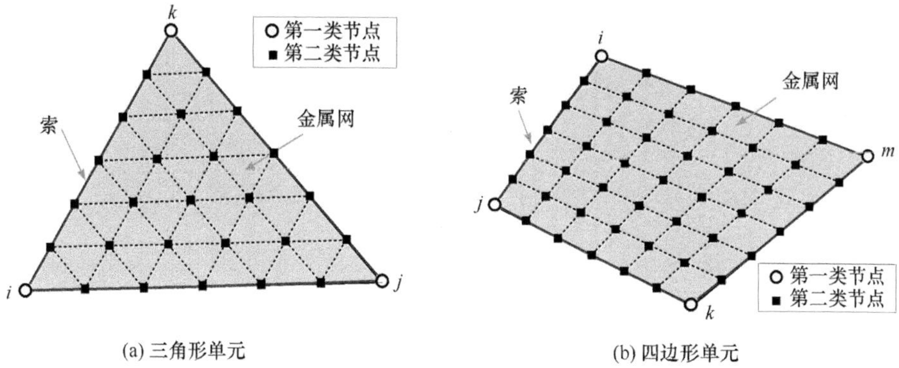

图 7.15　典型的索网-金属网复合单元

将式(7.39)在时间维度上离散，可得

$$\boldsymbol{T}_{e,2}^m(t_r)=\boldsymbol{T}_{e,2}^m(t_{r-1})+\sum_{i}^{I}\iint_{\sigma_e^m(t_r)}\tilde{\boldsymbol{J}}(\rho',\phi')\mathrm{e}^{\mathrm{j}kz'\cos\theta}\mathrm{e}^{\mathrm{j}k\boldsymbol{r}'\cdot\hat{\boldsymbol{r}}}k(\cos\theta_{\mathrm{s}}+\cos\theta)N_i\mathrm{d}\sigma'\Delta z'_{\Delta,i}\tag{7.40}$$

式中，$\Delta z'_{\Delta,i}$ 表示节点 i 在 $t_{r-1}\sim t_r$ 时间段的 z 轴位移。

根据 7.3 节的知识可知，节点 i 在 $t_{r-1}\sim t_r$ 时间段的位移可表示为

$$\Delta x'_{\Delta,i}=\boldsymbol{K}_{T,i}^x(t_r)\boldsymbol{\chi}(t_{r-1}),\quad \Delta y'_{\Delta,i}=\boldsymbol{K}_{T,i}^y(t_r)\boldsymbol{\chi}(t_{r-1}),\quad \Delta z'_{\Delta,i}=\boldsymbol{K}_{T,i}^z(t_r)\boldsymbol{\chi}(t_{r-1})\tag{7.41}$$

式中，$\boldsymbol{\chi}(\cdot)=\{x';\ y';\ z'\}$，表示节点坐标向量；$\Delta x'_{\Delta,i}$ 和 $\Delta y'_{\Delta,i}$ 分别表示节点 i 沿 x 轴和 y 轴的位移，它们将决定积分域 $\sigma_e^m(t_r)$ 的大小和位置；$\boldsymbol{K}_{T,i}^x(t_r)$、$\boldsymbol{K}_{T,i}^y(t_r)$ 和 $\boldsymbol{K}_{T,i}^z(t_r)$ 分别表示索网结构切线刚度矩阵三个坐标分量的第 i 行。

如图 7.15 所示，节点可分为两类：单元顶点(第一类节点)和单元内部节点(第二类节点)。当节点 i 为索和金属网共用节点时，其切线矩阵可表示为

$$\boldsymbol{K}_{T,i}^x(t_r)=\frac{\partial f_{x,i}(t_r)}{\partial \boldsymbol{\chi}^{\mathrm{T}}},\quad \boldsymbol{K}_{T,i}^y(t_r)=\frac{\partial f_{y,i}(t_r)}{\partial \boldsymbol{\chi}^{\mathrm{T}}},\quad \boldsymbol{K}_{T,i}^z(t_r)=\frac{\partial f_{z,i}(t_r)}{\partial \boldsymbol{\chi}^{\mathrm{T}}} \tag{7.42}$$

否则，

$$\boldsymbol{K}_{T,i}^x(t_r)=\sum N_a\boldsymbol{K}_{T,a}^x(t_r),\quad \boldsymbol{K}_{T,i}^y(t_r)=\sum \boldsymbol{N}_a\boldsymbol{K}_{T,a}^y(t_r),\quad \boldsymbol{K}_{T,i}^z(t_r)=\sum \boldsymbol{N}_a\boldsymbol{K}_{T,a}^z(t_r) \tag{7.43}$$

式中，$f_{x,i}(t_r)$、$f_{y,i}(t_r)$ 和 $f_{z,i}(t_r)$ 分别表示节点 i 在三个坐标轴的残余应力；a 和 N_a 分别表示节点 i 所在三角形或四边形面单元的顶点编号和线性插值函数。

将式(7.41)代入式(7.40)，t_r 时刻的变形反射面 PO 辐射积分矢量可表示为

$$\boldsymbol{T}_{e,2}^m(t_r)=\boldsymbol{T}_{e,2}^m(t_{r-1})+\sum_i^I \boldsymbol{T}_{e,2}^{m,i}(t_r)\boldsymbol{K}_{T,i}^z(t_r)\boldsymbol{\chi}(t_{r-1}) \tag{7.44}$$

$$\boldsymbol{T}_{e,2}^{m,i}(t_r)=\iint_{\sigma_e^m(t_r)}\tilde{\boldsymbol{J}}(\rho',\phi')\mathrm{e}^{\mathrm{j}kz'\cos\theta}\mathrm{e}^{\mathrm{j}k\boldsymbol{r}'\cdot\hat{\boldsymbol{r}}}k(\cos\theta_{\mathrm{s}}+\cos\theta)N_i\mathrm{d}\sigma' \tag{7.45}$$

将式(7.44)代入式(7.37)，可得

$$\boldsymbol{T}(\theta,\phi,t_r)=\sum_{m=1}^M\sum_{e=1}^E \mathrm{e}^{\mathrm{j}\delta_e^m}\left(\boldsymbol{T}_{e,1}^m-\mathrm{j}\delta_e^m(t_r)\boldsymbol{T}_{e,1}^m+\mathrm{j}\sum_{r=1}^{N_r}\sum_i^I \boldsymbol{T}_{e,2}^{m,i}(t_r)\boldsymbol{K}_{T,i}^z(t_r)\boldsymbol{\chi}(t_{r-1})\right) \tag{7.46}$$

式中，N_r 表示时间子步数。

当积分域变化量非常小时，t 时刻的反射面 PO 辐射积分矢量可近似为

$$\boldsymbol{T}(\theta,\phi,t)=\sum_{m=1}^M\sum_{e=1}^E \mathrm{e}^{\mathrm{j}\delta_e^m}\left(\boldsymbol{T}_{e,1}^m-\mathrm{j}\delta_e^m(t)\boldsymbol{T}_{e,1}^m+\mathrm{j}\sum_{r=1}^{N_r}\sum_i^I \boldsymbol{T}_{e,2}^{m,i}\boldsymbol{K}_{T,i}^z(t_r)\boldsymbol{\chi}(t_{r-1})\right) \tag{7.47}$$

至此，时间因子被完全从积分内提取出，避免了重复的积分计算，大大提高了求解效率。

7.5.2 力学松弛对环形桁架天线电性能的影响

设馈源远场方向图满足方程(7.48)，其中 $q=15.255$，边缘电平为−9.064dB，工作频率为 20GHz。反射面口径为 4m，焦距为 5.5m，分段数为 5，背索网反射面的焦距为 8m，前/背索网结构形式如图 7.16 所示，反射面索段预张力分布情况

如图 7.17 所示，索的蠕变/恢复模型如式(7.15)所示。

$$\begin{cases} U\left(\theta_s, \phi_s\right) = \sin\phi_s \cos^q \theta_s \\ V\left(\theta_s, \phi_s\right) = \cos\phi_s \cos^q \theta_s \end{cases} \tag{7.48}$$

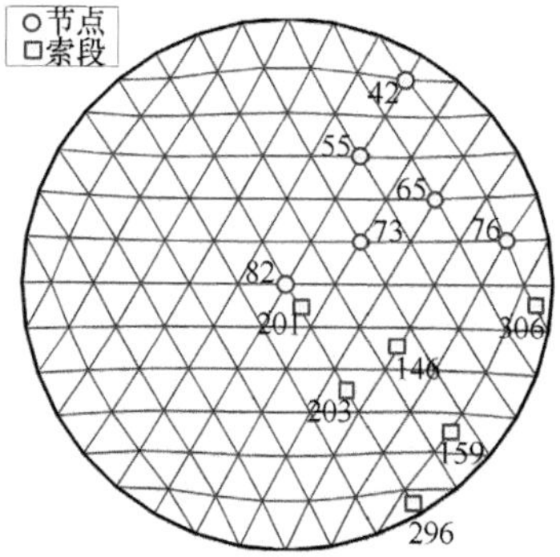

图 7.16　前/背索网结构形式

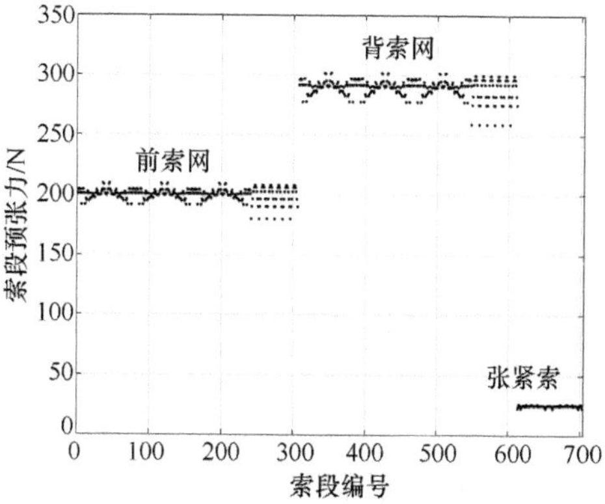

图 7.17　反射面索段预张力分布

图 7.18 展现了索网部分节点位置和索段张力随时间的变化情况。从图中可以看出，反射面的形面精度随着时间的推移而恶化，索力发生松弛。在本例中，节点沿 x 轴和 y 轴的位移量远远小于沿 z 轴的位移量，因此采用式(7.46)和式(7.47)计算反射面随时间变化的电性能。

图 7.19(a)为采用式(7.47)计算出的反射面天线远场方向图(E 面)随时间的变化情况，可以看出，随着时间的推移，反射面天线远场方向图的主瓣宽度变宽，副瓣电平抬高，这将造成天线失效。另外，图 7.19(b)对采用式(7.46)和式(7.47)计算出的远场方向图结果进行了对比，可以看出，考虑积分域变化和不考虑积分域变化计算出的远场方向图几乎重合。因此，当积分域变化量非常小时，式(7.47)的形面精度可以得到保证。

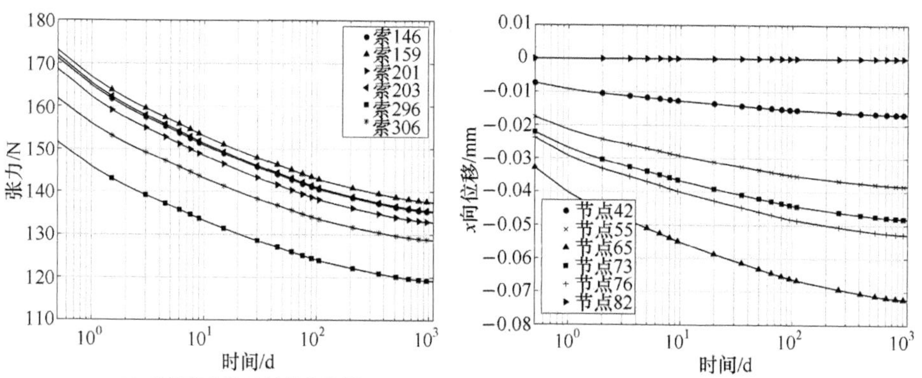

(a) 索段张力随时间的变化量　　(b) 沿x轴节点位移

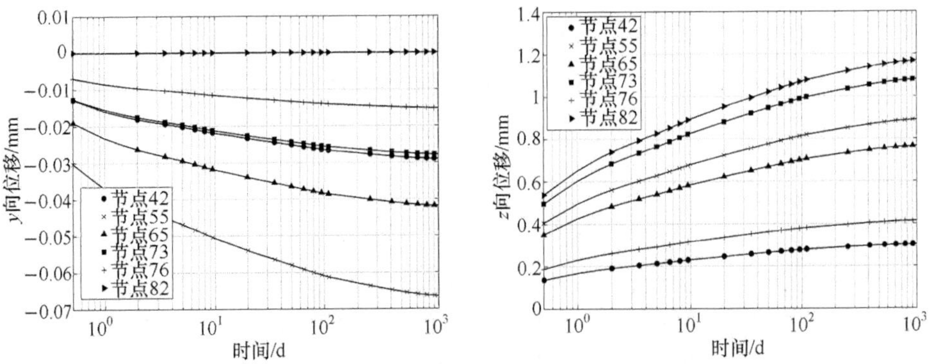

(c) 沿y轴节点位移　　(d) 沿z轴节点位移

图 7.18　索网反射面随时间的变化量

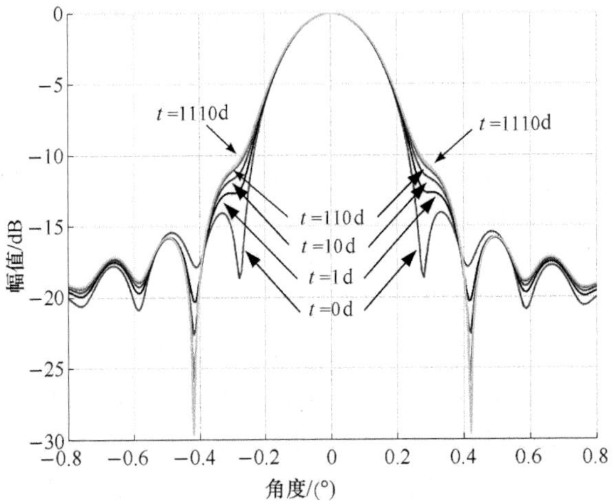

(a) 远场方向图(E面)随时间的变化情况

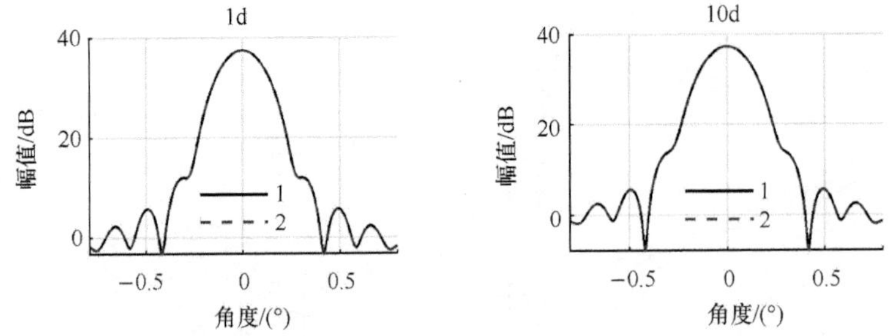

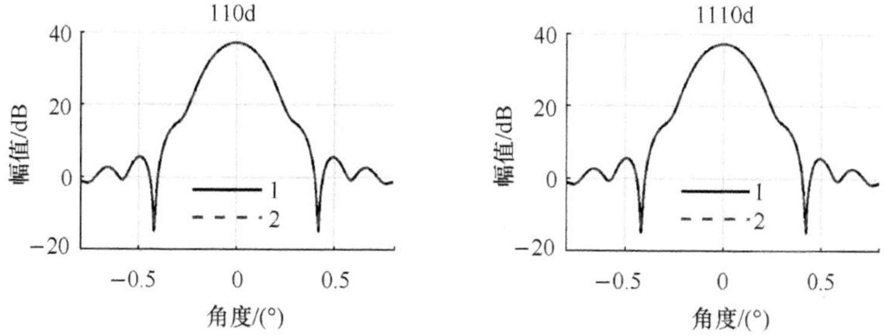

(b) 远场方向图结果对比

图 7.19　反射面天线远场方向图(E 面)

1 为式(7.46)的计算结果；2 为式(7.47)的计算结果

参 考 文 献

[1] TANG Y Q, LI T J, MA X F. Creep and recovery behavior analysis of space mesh structures [J]. Acta Astronautica, 2016, 128: 455-463.

[2] TANG Y Q, LI T J, MA X F. Form-finding of cable net reflector antennas considering creep and recovery behaviors[J]. Journal of Spacecraft and Rockets, 2016, 53(4): 610-618.

[3] 唐雅琼. 空间网状天线多源误差与形面稳定性研究[D].西安:西安电子科技大学, 2017.

[4] TANG Y Q, LI T J. Time-dependent radiation pattern analysis of cable-net reflector antennas[J]. IET Microwaves, Antennas & Propagation, 2019, 13(12): 2166-2170.

[5] SCHAPERY R A. On the characterization of nonlinear viscoelastic materials[J]. Polymer Engineering & Science, 1969, 9(4): 295-310.

[6] SCHAPERY R A. On a thermodynamic constitutive theory and its application to various nonlinear materials[C]. Proceedings of IUTAM Symposium, Los Angeles, USA, 1968: 259-285.

第 8 章　基于电性能的索网反射面形面形状重构

8.1　概　　述

网状天线在轨运行过程中受到复杂空间环境的影响会产生形面变形，导致增益降低、波束位置偏转大等电性能问题，在轨形面调控是在服役环境下保证网状反射面形面精度的重要手段，反射面形面测量与重构是在轨形面调控的前提。本章介绍一种基于电性能的索网反射面离散节点重构方法[1,2]，即结合几何光学法与模态叠加法，基于电性能预测索网结构离散节点的轴向变形(反射面中轴线方向)，在此基础上，采用迁移学习方法，重构索网反射面离散节点的三维变形。

8.2　反射面形面轴向误差重构

8.2.1　连续反射面轴向误差反演

图 8.1 为反射面天线的几何示意图，其中反射面口径为D，反射面焦距为f，Δz 为反射面任意点的轴向误差，该点到馈源的距离为 r，其与 z 轴间的夹角为ξ，投影到口径面上对应点的极半径为ρ，其与 x 轴间的夹角为ϕ'，远场观测点的坐标为 $P(r',\theta,\phi)$，其中 r' 为该观测点与馈源之间的距离，θ 和ϕ 分别为远场观测点所在线与 z 轴和 x 轴的夹角。

基于几何光学法，天线指定点远场的电性能模型为[3,4]

$$\boldsymbol{E}(\theta,\phi)=\int_0^{2\pi}\int_0^{R}\boldsymbol{E}_k(\rho,\phi')\times \mathrm{e}^{\mathrm{j}k\rho\sin\theta\cos(\phi-\phi')}\rho\mathrm{d}\rho\mathrm{d}\phi' \tag{8.1}$$

$$\boldsymbol{E}_k(\rho,\phi')=\left|E_f\right|\sqrt{\frac{r\mathrm{d}\xi}{\mathrm{d}\rho}}\times \mathrm{e}^{-\mathrm{j}k2f}\times\hat{\boldsymbol{e}}_r \tag{8.2}$$

$$\left|E_f\right|=\left(\sqrt{\frac{\varepsilon_0}{\mu_0}}\times\frac{P_{\mathrm{t}}}{4\pi}\right)^{1/2}\times\frac{\sqrt{G_f(\xi,\phi')}}{r} \tag{8.3}$$

$$G_f(\xi,\phi')=\boldsymbol{f}^2(\xi,\phi'),\quad k=2\pi/\lambda \tag{8.4}$$

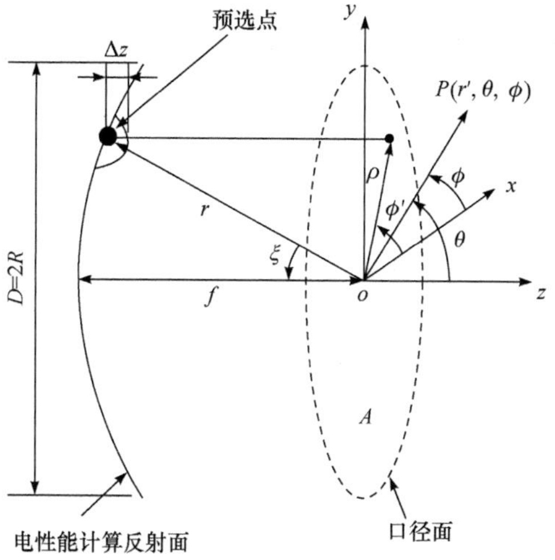

图 8.1　反射面天线的几何示意图

式中，$\left|E_f\right|$为从馈源辐射到天线表面的电场密度；$\boldsymbol{E}_k(\rho,\phi')$为口径面上的反射电场；$\varepsilon_0$和$\mu_0$分别为空气介电常数和自由空间波阻抗；$G_f(\xi,\phi')$和$\boldsymbol{f}(\xi,\phi')$分别为标准化的功率模型和场强模型；$\hat{\boldsymbol{e}}_r$为反射电场的极化方向；$P_{\mathrm{t}}$为馈源总辐射功率。

理想形面下，天线指定预选点的远场电性能为

$$\boldsymbol{E}(\theta,\phi)=\mathrm{e}^{-\mathrm{j}k2f}\int_0^{2\pi}\int_0^R\left(\sqrt{\frac{\varepsilon_0}{\mu_0}}\times\frac{P_{\mathrm{t}}}{4\pi}\right)^{1/2}\frac{\boldsymbol{f}(\xi,\phi')}{r}\mathrm{e}^{\mathrm{j}k\rho\sin\theta\cos(\phi-\phi')}\rho\mathrm{d}\rho\mathrm{d}\phi' \tag{8.5}$$

当反射面为理想形面时，电磁波由馈源发射经反射面反射到口径面后，口径面上的场相位处处相等。当反射面不是理想抛物面，具有一定的形面变形时，电磁波反射会产生额外的光程差。该光程差可表示为

$$\Delta s=\Delta z\cdot\cos^2\left(\frac{\xi}{2}\right) \tag{8.6}$$

该光程差引起的相位差为

$$\varphi=k\Delta s=\frac{4\pi}{\lambda}\Delta z\cdot\cos^2\left(\frac{\xi}{2}\right) \tag{8.7}$$

形面误差分布与电磁场之间的关系为

$$\boldsymbol{E}(\theta,\phi)=\mathrm{e}^{-\mathrm{j}k2f}\int_0^{2\pi}\int_0^R\left(\sqrt{\frac{\varepsilon_0}{\mu_0}}\times\frac{P_{\mathrm{t}}}{4\pi}\right)^{1/2}\frac{\boldsymbol{f}(\xi,\phi')}{r}\mathrm{e}^{\mathrm{j}2k\Delta z\cos^2(\xi/2)}\mathrm{e}^{\mathrm{j}k\rho\sin\theta\cos(\phi-\phi')}\rho\mathrm{d}\rho\mathrm{d}\phi' \tag{8.8}$$

通过傅里叶反变换，将式(8.8)进行变换，得到：

$$\mathrm{e}^{\mathrm{j}2k\Delta z\cos^2(\xi/2)}=\frac{\mathrm{e}^{\mathrm{j}k2f}\int_{-\infty}^{+\infty}\int_{-\infty}^{+\infty}\boldsymbol{E}(\theta,\phi)\mathrm{e}^{-\mathrm{j}k\left[\rho\sin\theta\cos(\phi-\phi')\right]}\mathrm{d}\theta\mathrm{d}\phi}{\left(\sqrt{\dfrac{\varepsilon_0}{\mu_0}}\times\dfrac{P_\mathrm{t}}{4\pi}\right)^{1/2}\dfrac{\boldsymbol{f}(\xi,\phi')}{r}} \tag{8.9}$$

对轴向误差离散化后，可得到变形反射面各预选点的轴向误差分布：

$$\Delta z=\ln\left(\frac{\sum_{p=1}^{P}\sum_{q=1}^{Q}\boldsymbol{E}(p\Delta\theta,q\Delta\phi)\mathrm{e}^{-\mathrm{j}k\left[\rho\sin p\Delta\theta\cos(q\Delta\phi-\phi')\right]}\sin p\Delta\theta\Delta\theta\Delta\phi}{\left(\sqrt{\dfrac{\varepsilon_0}{\mu_0}}\times\dfrac{P_\mathrm{t}}{4\pi}\right)^{1/2}\boldsymbol{f}(\rho,\phi')}\right)\times\left[\mathrm{j}2k\cos^2(\xi/2)\right]^{-1} \tag{8.10}$$

式中，每一个(ρ,ϕ')可以确定反射面上对应预选点的Δz。由式(8.10)可知，轴向误差在一个波长范围内唯一确定。因天线反射面变形较小，只需要确定口径面上点坐标位置即可计算得到该点的轴向变形量。

8.2.2　索网反射面轴向变形预测

预选点不一定是索网反射面结构节点，因此需要将预选点轴向误差转化为反射面离散节点的轴向误差。将离散的索网反射面假设为一个连续的变形反射面，其包括预选点和索网反射面离散的机械节点。连续变形反射面可以用一组正交模态线性叠加逼近。详细转化步骤如下：

(1) 计算网状天线各面片上预选点的轴向变形；

(2) 对理想面片顶点的轴向模态值进行插值，计算预选点轴向模态；

(3) 预选点轴向变形可用插值的轴向模态线性表示，求解所有预选点的模态坐标；

(4) 利用各预选点的模态坐标，基于模态叠加法得到各面片顶点的轴向变形。

以三角形面片组成的索网反射面为例，对上述步骤进行说明。如图 8.2 所示，空间三角形面片被投影到 xoy 平面上。将变形三角形面片的顶点记为 A、B、C，将理想三角形面片的对应顶点记为 A_{ideal}、B_{ideal}、C_{ideal}。O 和 O_{ideal} 分别为变形三角形面片和理想三角形面片的中心点。在每个面片内部随机选择一个预选点 D。r 是预选点 D 的选择范围半径。若预选点离理想网格面边界太近，可能会导致变形后的预选点坐标落在相邻面片上。因此，要求预选点 D 与点 O_{ideal} 之间的距离小于 r。

为了更清晰地描述模态插值方法，图 8.3 展示了三角形面片顶点处的轴向模态值，z 轴为轴向模态值，x 轴和 y 轴表示理想反射面节点处的物理坐标。$\triangle A'B'C'$ 径向坐标为理想三角形面片坐标。点 A' 、点 B' 、点 C' 的坐标分别为 $(x_{A'},y_{A'},z_{A'm})$ 、$(x_{B'},y_{B'},z_{B'm})$ 、$(x_{C'},y_{C'},z_{C'm})$ ，预选点 D 的径向坐标为 (x_D,y_D) 。预选点 D 的径向坐标可由 z_{Dm} 得到，即线性插值计算的预选点 D 的轴向模态值。

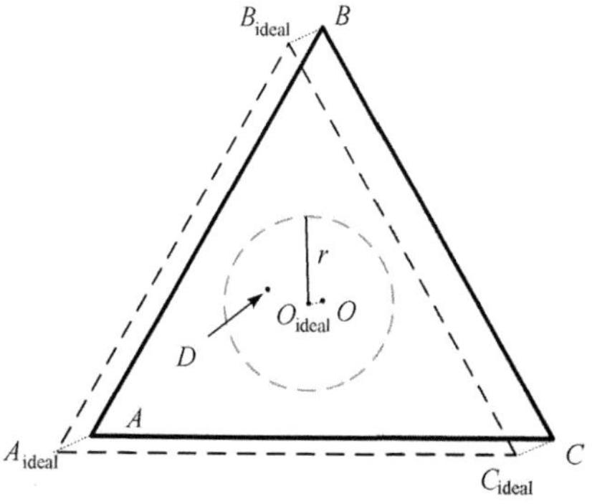

图 8.2　三角形面片上预选点的选择

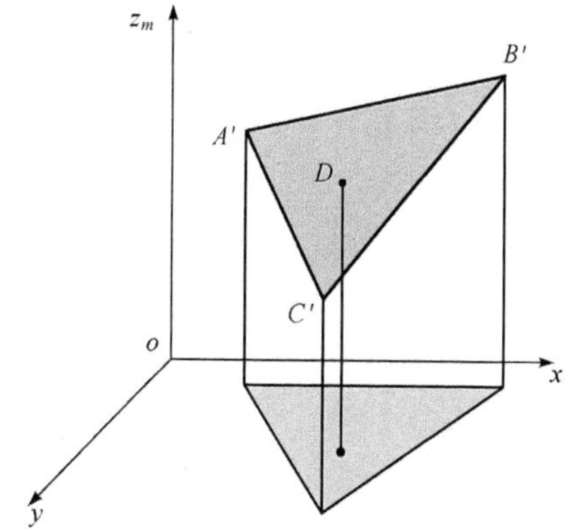

图 8.3　三角形面片上预选点 D 的轴向模态值

$\triangle A'B'C'$ 所在平面方程为

$$ax+by+cz+d=0 \tag{8.11}$$

已知点 A' 、B' 、C' 的坐标，则有

$$\begin{cases}\begin{pmatrix}a\\ b\\ c\end{pmatrix}=\begin{vmatrix}1 & 1 & 1\\ x_{B'}-x_{A'} & y_{B'}-y_{A'} & z_{B'm}-z_{A'm}\\ x_{C'}-x_{A'} & y_{C'}-y_{A'} & z_{C'm}-z_{A'm}\end{vmatrix}\\ d=-ax_{A'}-by_{A'}-cz_{A'm}\end{cases} \tag{8.12}$$

将 (x_D,y_D) 代入式(8-11)可计算出 z_{Dm} 。当所有面片内预选点 D 的轴向变形 Δz 和对应的轴向模态值 z_{Dm} 确定后，建立如下线性方程组求解模态坐标 $\boldsymbol{a}=(a_1,a_2,\cdots,a_m)$ ：

$$\begin{cases}\Delta z_1=a_1z_{11}+a_2z_{12}+\cdots+a_mz_{1m}\\ \Delta z_2=a_1z_{21}+a_2z_{22}+\cdots+a_mz_{2m}\\ \qquad\vdots\\ \Delta z_n=a_1z_{n1}+a_2z_{n2}+\cdots+a_mz_{nm}\end{cases} \tag{8.13}$$

式中，模态阶数 m 等于索网反射面的节点数；n 为预选节点个数；z_{nm} 为第 n 个预选节点的 m 阶轴向模态。通过模态叠加，计算出反射面各面片顶点的轴向变形：

$$\Delta z = \boldsymbol{a} \cdot \boldsymbol{z}_{\text{mode}} \tag{8.14}$$

式中，索网反射面节点的轴向模态矩阵 $\boldsymbol{z}_{\text{mode}}$ 为

$$\boldsymbol{z}_{\text{mode}} = \begin{bmatrix} z_{11} & z_{12} & \cdots & z_{1m} \\ z_{21} & z_{22} & \cdots & z_{2m} \\ \vdots & \vdots & & \vdots \\ z_{p1} & z_{p2} & \cdots & z_{pm} \end{bmatrix} \tag{8.15}$$

式中，p 为索网反射面节点个数；z_{pm} 为第 p 个节点的第 m 阶轴向模态值。

8.3　索网反射面三维变形重构

索网反射面节点径向和轴向位移是强耦合的，且在服役中网状天线反射面的力学模型是未知的，难以用解析的方法建立反射面节点径向位移的预测模型。因此，采用深度学习算法，模拟索网反射面节点径向和轴向位移之间的非线性关系。深度学习算法需要大量的变形数据样本进行训练，而在轨服役的网状天线无法获得大量的变形数据样本。因此，本节结合迁移学习方法与深度学习算法，建立索网反射面节点径向位移的预测模型。

基于参数/模型的迁移学习方法是指在源域和目标域之间寻找可以共享的参数信息，从而实现迁移。在建模过程中，深度学习模型的输入为索网反射面节点的轴向变形向量 $\Delta\boldsymbol{z}$，输出为径向变形向量 $(\Delta\boldsymbol{x},\Delta\boldsymbol{y})$。源域 $\mathcal{D}_{\text{s}} = \left\{\left(\Delta\boldsymbol{z}_i^{\text{s}},\left(\Delta\boldsymbol{x}_i^{\text{s}},\Delta\boldsymbol{y}_i^{\text{s}}\right)\right)\right\}_{i=1}^{n_{\text{s}}}$，其中 n_{s} 为样本数。目标域 $\mathcal{D}_{\text{t}} = \left\{\left(\Delta\boldsymbol{z}_j^{\text{t}},\left(\Delta\boldsymbol{x}_i^{\text{t}},\Delta\boldsymbol{y}_j^{\text{t}}\right)\right)\right\}_{j=1}^{n_{\text{t}}}$，其中 n_{t} 为样本数。源域和目标域的样本空间分别为 $\boldsymbol{P}\left(\boldsymbol{Z}^{\text{s}},\left(\boldsymbol{X}^{\text{s}},\boldsymbol{Y}^{\text{s}}\right)\right)$ 和 $\boldsymbol{Q}\left(\boldsymbol{Z}^{\text{t}},\left(\boldsymbol{X}^{\text{t}},\boldsymbol{Y}^{\text{t}}\right)\right)$。对于不同的两个网状天线节点变形预测，源域与目标域的差异是不同的索网反射面节点数量。在源域上建立神经网络模型，其目标函数为

$$\min_f \frac{1}{n_{\text{s}}}\sum_{i=1}^{n_{\text{s}}} J\left(f\left(\Delta\boldsymbol{z}_i^{\text{s}}\right),\left(\Delta\boldsymbol{x}_i^{\text{s}},\Delta\boldsymbol{y}_i^{\text{s}}\right)\right) \tag{8.16}$$

式中，$J(\cdot,\cdot)$ 为索网反射面节点的均方根(RMS)误差。输入与输出数据均为一维向量，隐含层为若干层全连接层，激活函数为线性函数，利用 Adam 优化算法进行优化，建立了回归模型 $\Delta\boldsymbol{y}_{\text{s}} = f\left(\Delta\boldsymbol{z}_{\text{s}}\right)$。

建立预测节点径向变形的源域神经网络模型，其结构如图 8.4 所示。输入映射层通过全连接将轴向变形信息映射到隐含层。输出映射层则将隐含层信息转换为径向变形信息。在建立源域神经网络后，基于源样本数据集对模型进行训练，

即可得到源模型。

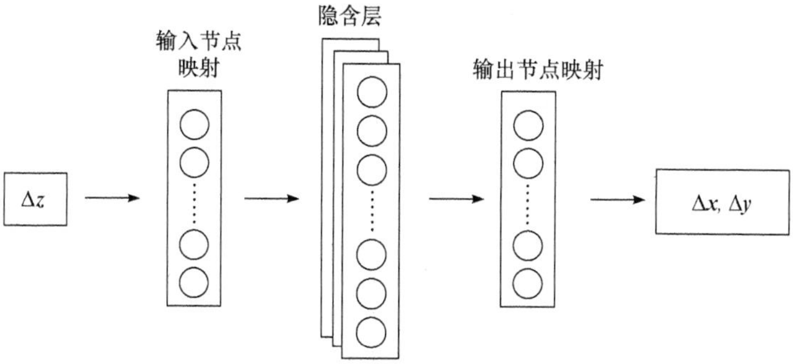

图 8.4　源域神经网络模型

接下来建立目标域的神经网络模型，如图 8.5 所示。目标模型的神经网络结构与源模型相似，共享模型的隐含层。映射层根据索网反射面节点数进行调整，目的是使目标域和源域的样本空间 $Q\left(\boldsymbol{Z}^{\mathrm{t}},(\boldsymbol{X},\boldsymbol{Y})^{\mathrm{t}}\right)$、$P\left(\boldsymbol{Z}^{\mathrm{s}},(\boldsymbol{X},\boldsymbol{Y})^{\mathrm{s}}\right)$ 的两个模型隐含层具有相同的维数。源模型的隐含层参数可以与目标模型共享，即权值 w 和偏置 b 。

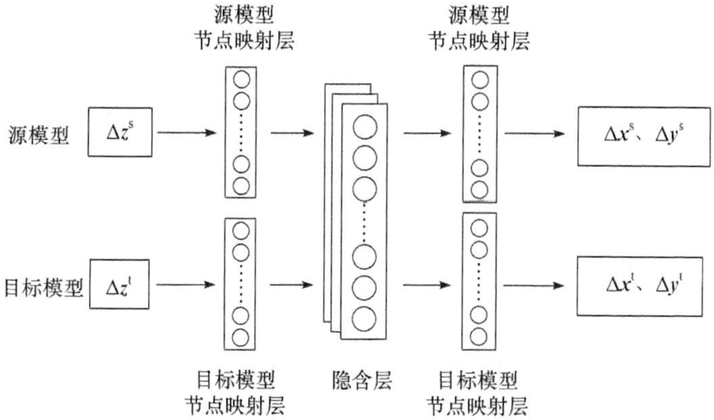

图 8.5　源模型和目标模型的神经网络结构

目标模型建立后，其目标函数为

$$\min_{f^{\mathrm{t}}}\frac{1}{n_{\mathrm{t}}}\sum_{j=1}^{n_{\mathrm{t}}}J\left(f^{\mathrm{t}}\left(\Delta\boldsymbol{z}_j^{\mathrm{t}}\right),\left(\Delta\boldsymbol{x}_j^{\mathrm{t}},\Delta\boldsymbol{y}_j^{\mathrm{t}}\right)\right) \tag{8.17}$$

在训练过程中，隐含层的参数保持不变，以较少的目标样本进行训练便可得到满足精度要求的目标模型。在得到目标模型后，输入一组索网反射面节点轴向变形 $\Delta\boldsymbol{z}^{\mathrm{t}}$，即可预测节点的径向变形 $\Delta\boldsymbol{x}^{\mathrm{t}}$ 、$\Delta\boldsymbol{y}^{\mathrm{t}}$ 。

8.4　环形桁架网状天线的形面形状重构

以图 8.6(a)所示的 AstroMesh 网状天线几何结构为例，对所提方法进行数值验证。预测的目标是天线前索网自由节点的变形量，如图 8.6(b)所示。AstroMesh 网状天线几何参数如表 8.1 所示。通过建立索网结构的动力学模型，预先提取前索网离散节点的轴向模态。每个网格面片上的预选点 D 是随机选取的，其位置分布如图 8.7 所示。随机选取节点 7、16、19、27、31、34、39、52、65 和 83 施加任意方向的外力，其在$(-20\text{N},+20\text{N})$随机取值，得到网状天线前索网的节点变形量。

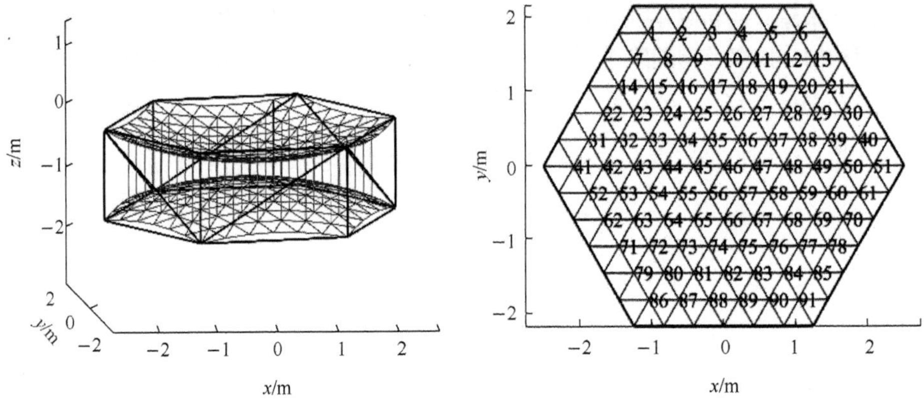

(a) 几何结构　　(b) 前索网自由节点坐标

图 8.6　AstroMesh 网状天线

表 8.1　AstroMesh 网状天线几何参数

参数	参数设置	参数	参数设置
口径	2.5m	竖向索数量	91
焦距	3m	固定节点数量	72(36×2)
段数	6	自由节点数量	182(91×2)
索段总数量	684(342×2)	面片形状	三角形
理想状态下索段平均预张力	前索网: 2.4443N；背索网: 2.4443N；竖向索: 0.4999N	—	

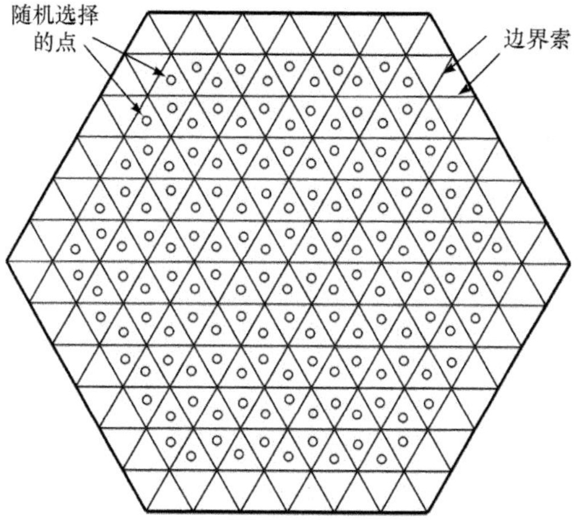

图 8.7　所有网格面片上预选点 D 的位置分布

对于理想的前索网和变形的前索网，频率为 1GHz 时，通过物理光学法计算的远场方向图如图 8.8 所示。对远场方向图幅值曲线进行离散和数值积分，并进行选点取值(ρ, ϕ)，图 8.9 中所有网格面片预选点 D 的轴向误差由式(8.10)得到。

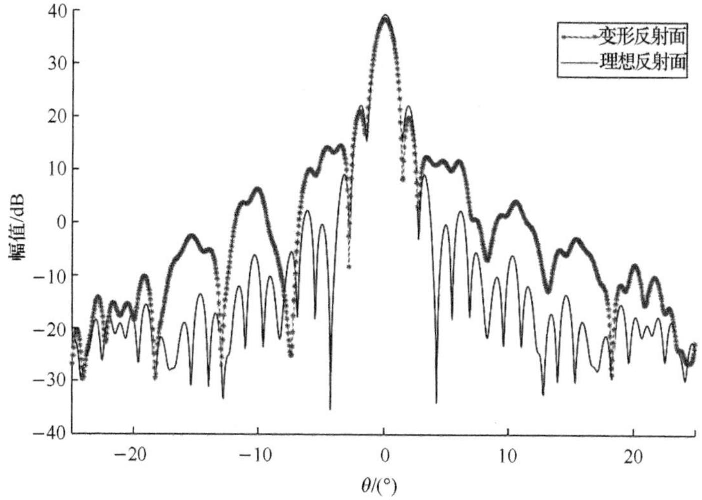

图 8.8　理想反射面和变形反射面的远场方向图

对于变形的前索网，采用模态插值法预测自由节点轴向变形，每个面片预选点 D 的轴向模态插值由式(8.12)计算。前索网自由节点的轴向变形由式(8.13)得到。节点轴向变形预测结果如图 8.9 所示。预测节点变形与实际节点变形的均方根误差为 3.4354×10^{-11}mm，节点变形的最大误差为-8.674×10^{-11}mm。研究结果表明该方法具有较好的轴向变形预测精度。

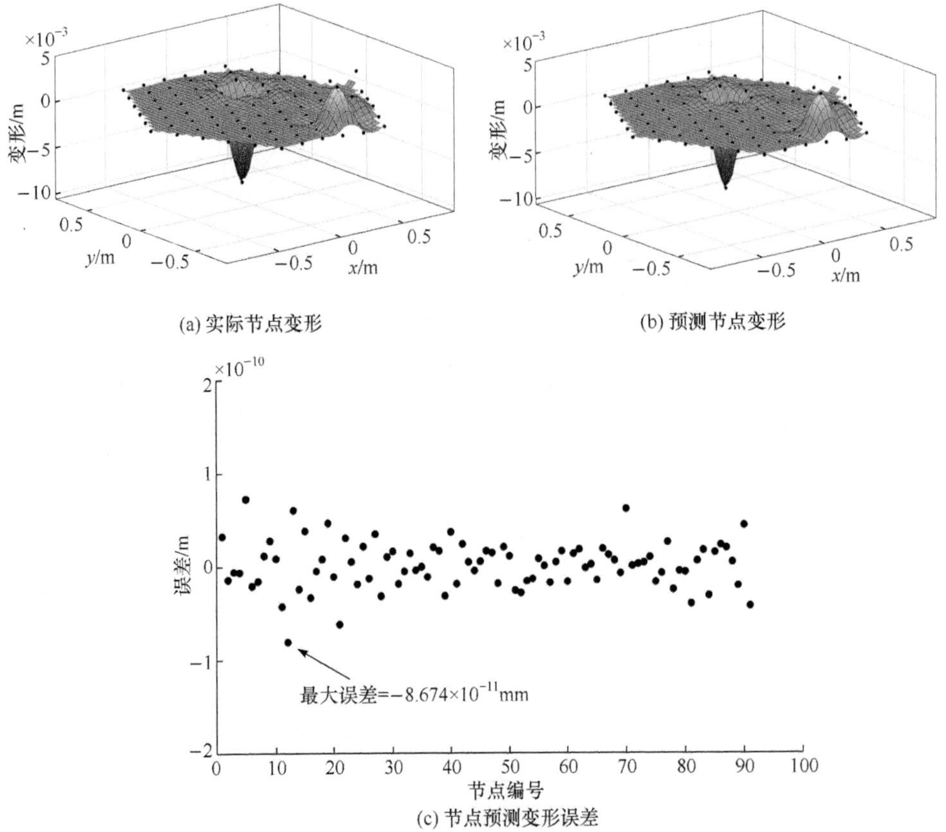

(a) 实际节点变形　　(b) 预测节点变形

(c) 节点预测变形误差

图 8.9　前索网 z 方向变形量

为了预测前索网自由节点的径向变形，建立了基于神经网络的深度学习模型，采用迁移学习理论构建源模型和目标模型。迁移学习方法的源模型是另一个不同几何参数的 AstroMesh 天线：口径为 2m，焦距为 1m，分段数为 5，自由节点数为 61。在节点处施加小于 20N 的随机力生成变形反射面。源模型的训练需要大量的变形数据样本。通过有限元仿真创建了 10000 组变形形面的三维节点位移数据样本。数据集的输入为自由节点的轴向变形 Δz ，输出为径向变形($\Delta x,\Delta y$)。

以 Δy 为例，利用数据集建立了训练源模型。不同样本量下的预测误差如表 8.2 所示，随着样本量增加，均方根误差逐渐减小。验证样本集的随机性导致了波动的下降趋势。

表 8.2　训练源模型预测误差

参数	样本量						
	300	600	1000	2000	5000	7000	10000
均方根误差/mm	0.1299	0.1065	0.1071	0.0994	0.0903	0.0938	0.0857

实际工程应用中无法获取到大量变形数据样本。将上述结果中的最优模型作为迁移学习方法的源模型。迁移学习目标模型的神经网络是以图 8.6 所示的网状天线为预测目标建立的。图 8.10 展示了源模型和目标模型的结构，隐含层保持不变，输入层和输出层的大小根据前索网的自由节点数而变化。通过有限元仿真，建立了包含 200 组三维节点位移的数据集，该数据集中的样本数量远小于源模型的数据集。训练时，随机取数据样本的 10%作为验证集，其余数据作为训练集。

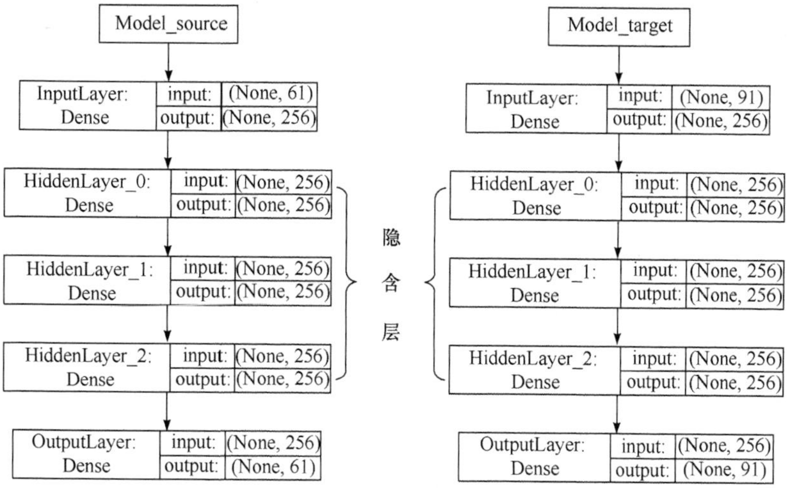

图 8.10　源模型和目标模型的结构

目标模型验证集与训练集的均方根(RMS)误差曲线如图 8.11 所示。模型收敛速度较快，训练集曲线与验证集曲线基本一致。通过 k 倍交叉验证法[1]验证目标模型的准确性和泛化性，即将数据集随机平均分为 k 份，依次取其中一部分作为验证集进行训练。令 $k=10$，分别训练后得到表 8.3 所示的结果。由表 8.3 可以计算出 x 方向和 y 方向的平均均方根误差分别为 0.0486mm 和 0.0485mm，其方差分别为 9.055×10^{-5}mm 和 5.995×10^{-5}mm。方差小说明该模型具有较好的泛化性。

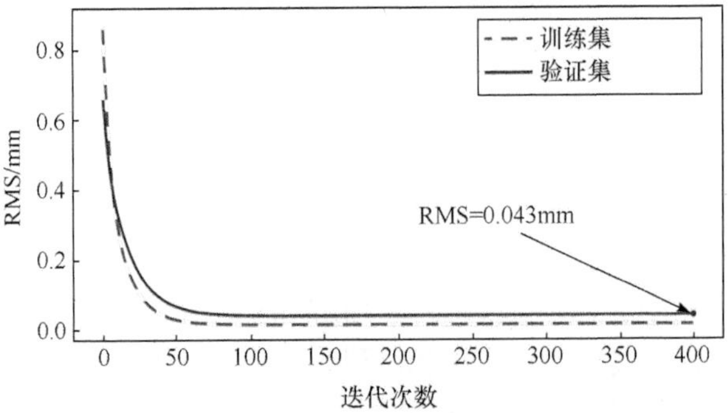

(a) x方向均方根误差

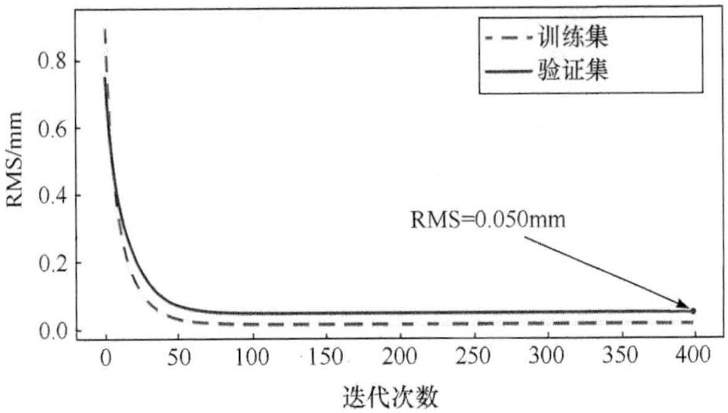

(b) y方向均方根误差

图 8.11　目标模型验证集与训练集的 RMS 误差曲线

表 8.3　*k* 倍交叉验证的均方根误差

均方根误差	组号									
	1	2	3	4	5	6	7	8	9	10
x 方向均方根误差/mm	0.051	0.050	0.055	0.037	0.043	0.059	0.040	0.069	0.042	0.040
y 方向均方根误差/mm	0.051	0.051	0.054	0.036	0.045	0.059	0.041	0.061	0.041	0.046

图 8.12 展示了网面实际变形与预测变形的对比情况。*x* 方向实际变形与预测

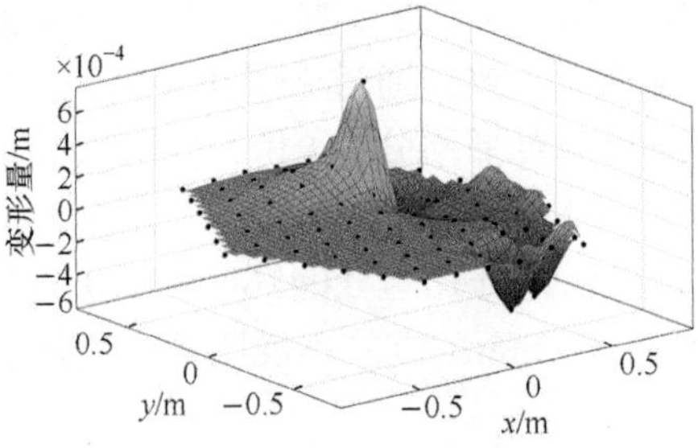

(a) x方向实际变形量

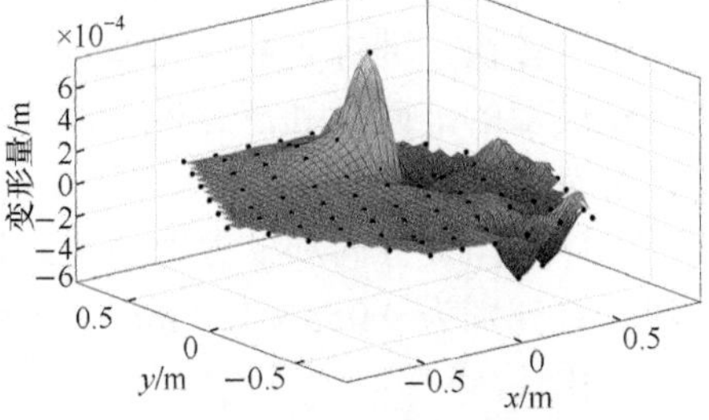

(b) x方向预测变形量

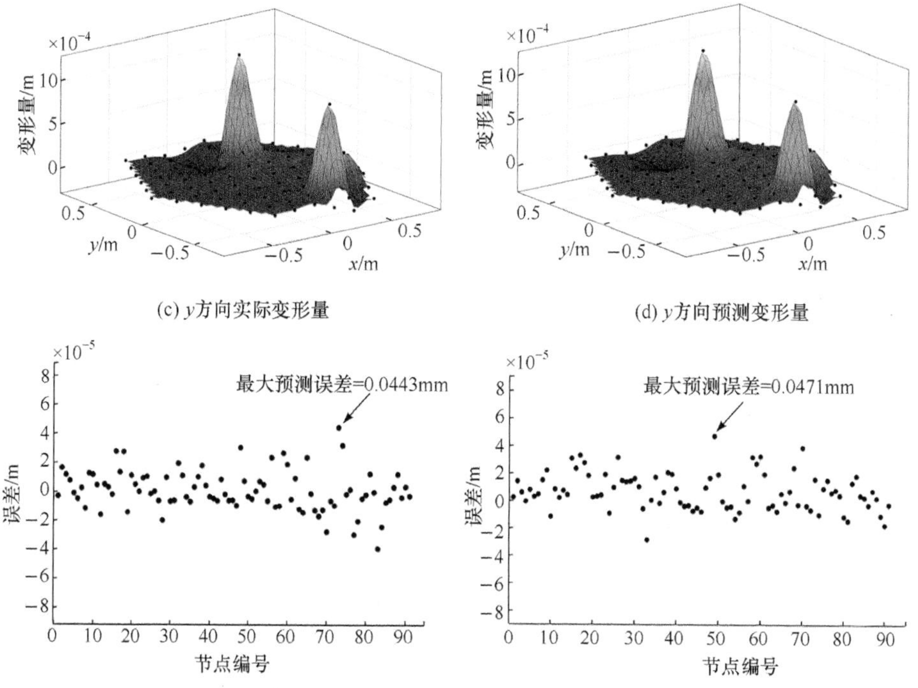

(c) y方向实际变形量　(d) y方向预测变形量

(e) x方向预测误差　(f) y方向预测误差

图 8.12　网面实际变形与预测变形的对比情况

变形的均方根误差为 0.0140mm，最大预测误差为 0.0443mm。y 方向实际变形与预测变形的均方根误差为 0.0151mm，最大预测误差为 0.0471mm。结果表明，本书提出的方法具有较好的径向变形预测精度。

为了与本书提出的方法进行比较，以说明引入天线模态信息的必要性，建立了一种无模态信息的神经网络-电性能模型(neural network model together with electricity performances, NNM-EP)。该模型直接将神经网络模型与电性能相结合，以预测索网反射面节点的三维变形。该模型与本书所提方法的主要区别：输入集为天线口径面场分布的数据，输出为前索网自由节点的三维变形，如图 8.13 所示。将输入映射层替换为卷积层，隐含层和输出映射层仍为全连接层。矢量 $\Delta\boldsymbol{E}$ 包含理想前索网和变形前索网离散口径面的场分布信息。

模型训练 RMS 误差曲线如图 8.14 所示。与图 8.12 相比，该训练过程更加不稳定。不同方法预测的前索网变形预测值与实际值的对比结果如表 8.4 所示。结果表明，本书提出方法的预测均方根误差和最大误差均明显优于 NNM-EP 方法，证明了本书所提方法的有效性，并体现了预测模型在引入力学模态信息后的性能优化。

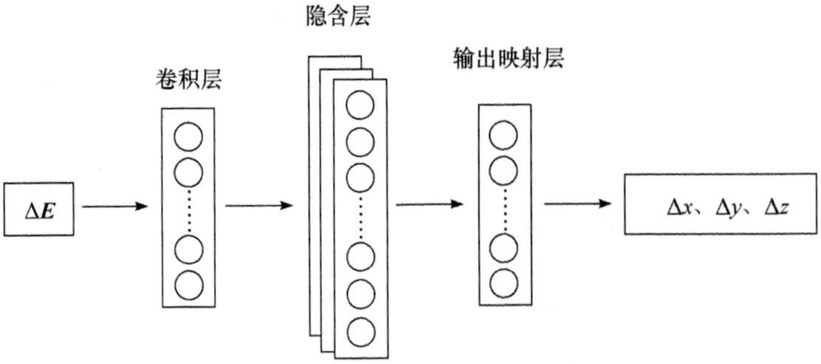

图 8.13　利用电性能建立神经网络模型

表 8.4　不同方法预测的前索网变形误差对比结果

误差	本书提出方法			NNM-EP 方法		
	x 方向	y 方向	z 方向	x 方向	y 方向	z 方向
RMS 误差/mm	0.0140	0.0151	3.4354×10^{-11}	0.2332	0.2961	1.2884
最大预测误差/mm	0.0443	0.0471	8.6736×10^{-11}	0.5896	0.6352	1.3755

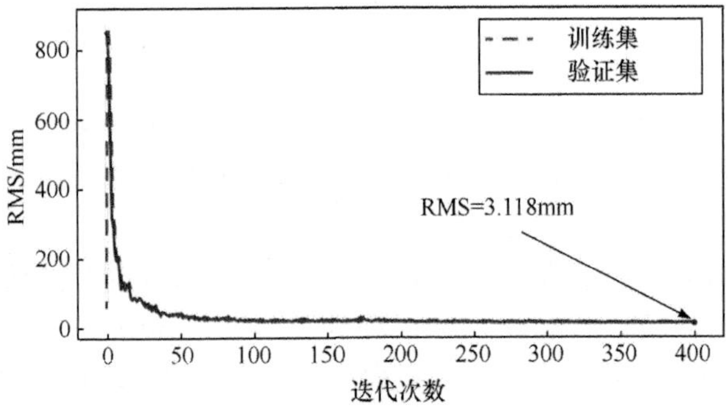

(a) x方向

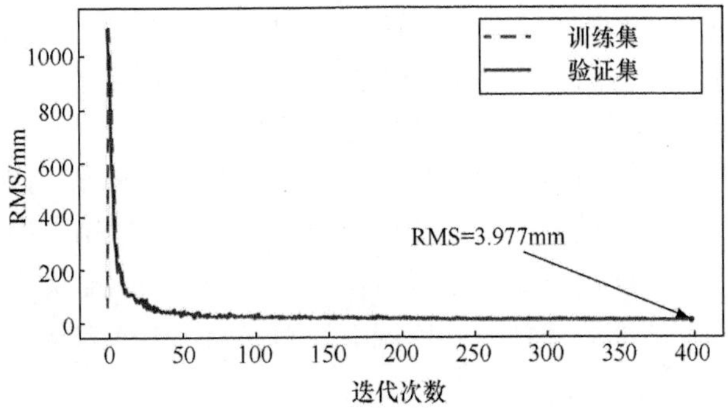

(b) y方向

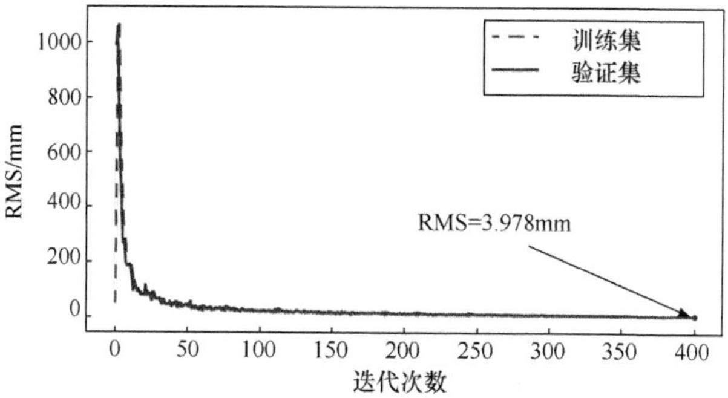

(c) z方向

图 8.14　模型训练 RMS 误差曲线

参 考 文 献

[1] XU X, LI T J, WANG Z W. Surface reconfiguration method of mesh antennas by electrical performance[J]. AIAA Journal, 2022, 60(4): 2644-2653.

[2] LI T J, SHI J C, TANG Y Q. Influence of surface error on electromagnetic performance of reflectors based on Zernike polynomials[J]. Acta Astronautica, 2018, 145: 396-407.

[3] MA X F, LI T J. Surface reconstruction of deformable reflectors by combining Zernike polynomials with radio holography[J]. AIAA Journal, 2019, 57(6): 2544-2552.

[4] RODRIGUEZ J D, PEREZ A, LOZANO J A. Sensitivity analysis of *k*-fold cross validation in prediction error estimation[J]. IEEE Transactions on Pattern Analysis and Machine Intelligence, 2009, 32(3): 569-575.

第 9 章　索网反射面形面精度调整

9.1　概　　述

索网反射面在加工制造过程中，不可避免地受到零件制造和装配误差、地面重力、热应变和其他人为或环境因素的影响，导致实际索网反射面的形面精度无法满足设计要求。因此，索网反射面研制过程中必须对索网形面进行调整。形面调整需要根据当前结构的测量信息，建立数学或仿真模型以计算最佳调整量，从而指导工程实践，这就要求建立的模型必须尽可能地逼近实际的工程物理模型。本章介绍索网反射面形面调整基本原理，以及一种基于区间法的不确定性索网反射面形面调整方法[1,2]和一种基于机器学习的索网反射面形面智能调整方法[3-6]。

9.2　索网反射面形面调整基本原理

索网反射面由支撑框架、前索网、背索网、张紧索和金属网组成，其中前索网支撑金属网反射电磁波。因此，前索网形面精度是衡量反射面电磁性能的重要指标。在调整的过程中，前索网的节点坐标可以通过摄影测量系统、经纬仪、全站仪或者激光测量仪获得。通常情况下，前索网节点会随机分布于理想抛物面两侧，这时可以将网面实际坐标与理想节点坐标进行对比，调整张紧索长度以改变索网节点位置，使之尽可能接近理想抛物面，降低形面误差。

图 9.1 为索网调整原理图，实线为调整前节点位置，虚线为调整后节点位置，节点 1 为前索网节点。在图 9.1 (a)中，前索网节点 1 位于理想抛物面上方，这时

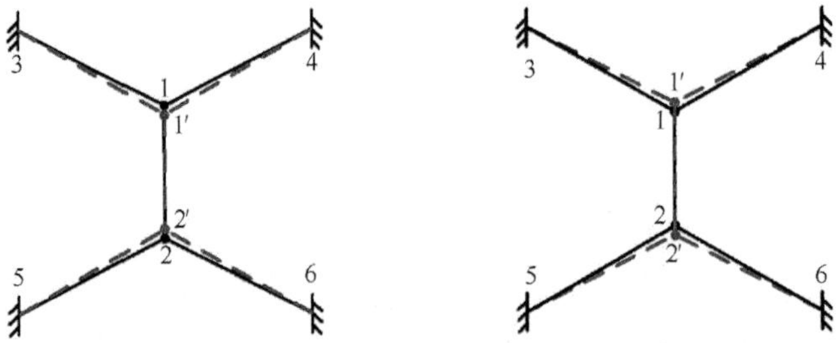

(a) 拉紧调整索　　(b) 放松调整索

图 9.1　索网调整原理图

缩短张紧索长度可以使节点 1 向下移动，到达节点 1′。同理，在图 9.1 (b)中伸长张紧索长度可以使节点 1 向上移动，到达节点 1′。

索网调整索的调整量包含索段调整的方向和大小，通过上述原理可以确定调整索的调整方向，而调整索的最佳调整量需要进一步建立结构的不确定性调整模型或智能调整模型才能获得。

9.3　索网反射面区间力密度形面调整

9.3.1　区间力密度矩阵

区间变量被定义为有上下界的实数集合，在数学上可以表示为

$$\tilde{u} \in \mathrm{IR} = \left\{ \left[\underline{u}, \overline{u} \right] : u \in \mathrm{R} \middle| \underline{u} \leqslant u \leqslant \overline{u} \right\} \tag{9.1}$$

式中，$\tilde{u}$ 是区间变量；$\underline{u}$ 和 $\overline{u}$ 分别是区间的下限和上限。对于测量得到的不确定量(包括节点位置和索力)，可以转化为区间变量进行处理。

如图 9.2 所示，分别定义区间变量 $(\tilde{x}_i, \tilde{y}_i, \tilde{z}_i)$ 和 $\tilde{F}_{ij}$ 来表示节点位置和索力。

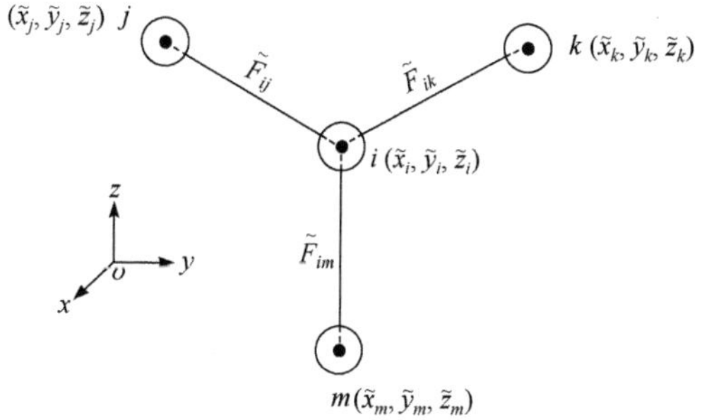

图 9.2　不确定性索网结构

由于索网结构中自由节点始终张力平衡，因此可以建立每个自由节点处的平衡方程(假定自由节点所受外力为 0)，即

$$\begin{cases} \sum_{d=1}^{M} \tilde{F}_{id} \dfrac{\tilde{x}_d - \tilde{x}_i}{\tilde{l}_{id}} = 0 \\ \sum_{d=1}^{M} \tilde{F}_{id} \dfrac{\tilde{y}_d - \tilde{y}_i}{\tilde{l}_{id}} = 0 \\ \sum_{d=1}^{M} \tilde{F}_{id} \dfrac{\tilde{z}_d - \tilde{z}_i}{\tilde{l}_{id}} = 0 \end{cases} \tag{9.2}$$

式中，M 表示与节点 i 相连接的索段总数；$\tilde{F}_{id}$ 和 $\tilde{l}_{id}$ 分别表示与节点 i 、d 相连索

段的预张力和索段长度，且

$$\tilde{F}_{id} \in [\underline{F}, \overline{F}], \quad \tilde{l}_{id} \in [\underline{l}, \overline{l}] \tag{9.3}$$

式中，索段长度 $\tilde{l}_{id}$ 的上下限 $\overline{l}$ 和 $\underline{l}$ 以及索张力 $\tilde{F}_{id}$ 的上下限 $\overline{F}$ 和 $\underline{F}$ ，可通过区间运算求出：

$$\begin{cases} [\underline{l}, \overline{l}] = \sqrt{(\tilde{x}_d - \tilde{x}_i)^2 + (\tilde{y}_d - \tilde{y}_i)^2 + (\tilde{z}_d - \tilde{z}_i)^2} \\ [\underline{F}, \overline{F}] = (\tilde{l}_{id} - l_{0id}) E A_c / l_{0id} \end{cases} \tag{9.4}$$

式中，E 是索的弹性模量；l_{0id} 是索无应力时的长度；A_c 是索的横截面积。

定义区间力密度 $\tilde{q}_{id} = \tilde{F}_{id} / \tilde{l}_{id}$ ，且：

$$\tilde{q}_{id} \in [\underline{q}, \overline{q}] = [\underline{F}, \overline{F}] / [\underline{l}, \overline{l}] \tag{9.5}$$

把式(9.5)代入式(9.2)，非线性方程组转化为一个线性方程组，以 x 方向的力平衡方程为例，有

$$\sum_{d=1}^{M} \tilde{q}_{id} (\tilde{x}_d - \tilde{x}_i) = 0 \tag{9.6}$$

写成矩阵形式：

$$\boldsymbol{C}_s^T \tilde{\boldsymbol{Q}} \boldsymbol{C}_s \tilde{\boldsymbol{X}} = \boldsymbol{0} \tag{9.7}$$

式中，$\tilde{\boldsymbol{X}}$ 为节点坐标区间；$\boldsymbol{C}_s$ 为描述索网中索拓扑的关联矩阵；$\tilde{\boldsymbol{Q}} = \mathrm{diag}(\tilde{q}_{ij})$ ，为区间力密度矩阵，且有

$$\tilde{\boldsymbol{Q}} \in [\underline{\boldsymbol{Q}}, \overline{\boldsymbol{Q}}] = [\mathrm{diag}(\underline{q}), \mathrm{diag}(\overline{q})] \tag{9.8}$$

根据节点是固定的还是自由的，矩阵 $\boldsymbol{C}_s$ 可以分割为

$$\boldsymbol{C}_s = [\boldsymbol{C}_u \quad \boldsymbol{C}_f] \tag{9.9}$$

式中，$\boldsymbol{C}_u$ 为自由节点部分的关联矩阵；$\boldsymbol{C}_f$ 为边界固定节点部分的关联矩阵。

因此，式(9.7)变为

$$\boldsymbol{C}_u^T \tilde{\boldsymbol{Q}} \boldsymbol{C}_u \tilde{\boldsymbol{X}}_u + \boldsymbol{C}_u^T \tilde{\boldsymbol{Q}} \boldsymbol{C}_f \boldsymbol{X}_f = \boldsymbol{0} \tag{9.10}$$

9.3.2　索网结构形面调整优化模型

调整索的力密度可以修改为

$$\tilde{q}_i = \frac{\tilde{F}_i}{\tilde{l}_i - a_i} \quad (i=1,2,\cdots,e) \tag{9.11}$$

式中，a_i 为第 i 根调整索的调整量；e 为调整索的个数。

把式(9.11)代入式(9.10)，并对区间矩阵求逆[7,8]，节点坐标区间变量经调整后变为

$$\begin{cases}\tilde{\boldsymbol{X}}_{\mathrm{u}}=-\left(\boldsymbol{C}_{\mathrm{u}}^{\mathrm{T}}\tilde{\boldsymbol{Q}}\boldsymbol{C}_{\mathrm{u}}\right)^{-1}\boldsymbol{C}_{\mathrm{u}}^{\mathrm{T}}\tilde{\boldsymbol{Q}}\boldsymbol{C}_{\mathrm{f}}\boldsymbol{X}_{\mathrm{f}}\\ \tilde{\boldsymbol{Y}}_{\mathrm{u}}=-\left(\boldsymbol{C}_{\mathrm{u}}^{\mathrm{T}}\tilde{\boldsymbol{Q}}\boldsymbol{C}_{\mathrm{u}}\right)^{-1}\boldsymbol{C}_{\mathrm{u}}^{\mathrm{T}}\tilde{\boldsymbol{Q}}\boldsymbol{C}_{\mathrm{f}}\boldsymbol{Y}_{\mathrm{f}}\\ \tilde{\boldsymbol{Z}}_{\mathrm{u}}=-\left(\boldsymbol{C}_{\mathrm{u}}^{\mathrm{T}}\tilde{\boldsymbol{Q}}\boldsymbol{C}_{\mathrm{u}}\right)^{-1}\boldsymbol{C}_{\mathrm{u}}^{\mathrm{T}}\tilde{\boldsymbol{Q}}\boldsymbol{C}_{\mathrm{f}}\boldsymbol{Z}_{\mathrm{f}}\end{cases}\tag{9.12}$$

索网的形面 RMS 误差区间变量为

$$\mathrm{RMS}\in[\underline{\mathrm{RMS}},\overline{\mathrm{RMS}}]=\sqrt{\left[\sum_{i=1}^{N_{\mathrm{u}}}\left(\tilde{z}_{\mathrm{u}i}-f(x_{\mathrm{u}i},y_{\mathrm{u}i})\right)^{2}\right]\Big/N_{\mathrm{u}}}\tag{9.13}$$

式中，$z=f(x,y)$，是理想曲面方程，一般要求是抛物线方程，如 $z=(x^2+y^2)/4f$，f 是反射器的焦距；N_{u} 是位于反射面上的自由节点的数量。

为了评估 RMS 误差区间变量，引入形面 RMS 误差区间的均值和离差的概念：

$$\begin{cases}P^{\mathrm{c}}(\mathrm{RMS})=\left(\overline{\mathrm{RMS}}+\underline{\mathrm{RMS}}\right)/2\\ P^{\mathrm{r}}(\mathrm{RMS})=\left(\overline{\mathrm{RMS}}-\underline{\mathrm{RMS}}\right)/2\end{cases}\tag{9.14}$$

式中，$P^{\mathrm{c}}(\mathrm{RMS})$ 表示 RMS 误差区间的中点或均值，反映的是实际形面对理想形面的整体偏离；$P^{\mathrm{r}}(\mathrm{RMS})$ 表示 RMS 误差区间的半径或离差，反映的是形面精度的跨度大小。

要使反射面形面精度最好，必须使反射面对理想形面的整体偏离和形面精度的跨度均较小，这里将优化目标函数定义为 RMS 误差区间的均值与离差之和，即

$$\mathrm{fun}=P^{\mathrm{c}}(\mathrm{RMS})+P^{\mathrm{r}}(\mathrm{RMS})=\overline{\mathrm{RMS}}\tag{9.15}$$

建立不确定索网结构形面精度调整优化模型：

$$\begin{aligned}&\text{find}\quad \boldsymbol{A}=\left(a_1,a_2,\cdots,a_e\right)^{\mathrm{T}}\\&\min\quad \mathrm{fun}=\overline{\mathrm{RMS}}\\&\text{s.t.}\quad g_1^i=a_l-|a_i|\leqslant 0\quad (i=1,2,\cdots,e)\\&\qquad\ \ g_2^i=-\frac{\tilde{F}}{\tilde{l}-a_i}<0\quad (i=1,2,\cdots,e)\end{aligned}\tag{9.16}$$

式中，a_l 表示工程上调整索的最小调整长度；g_1^i 表示不等式约束，表明调整量不能小于工程上的最小调整量；g_2^i 表示不等式约束，表明索的力密度必须是正的，这是因为索没有抗压刚度。

9.3.3 多维进退算法

$\boldsymbol{A}=\left(a_1,a_2,\cdots,a_e\right)^{\mathrm{T}}$ 是一个 e 维向量，其元素 a_i 表示第 i 根调整索的长度调整量。$\boldsymbol{D}_r=(d_1,d_2,\cdots,d_e)^{\mathrm{T}}$ 是搜索方向向量，其元素定义为

$$d_i=\begin{cases}1 & (\text{拉紧调整索}i)\\ 0 & (\text{调整索}i\text{状态不变})\\ -1 & (\text{放松调整索}i)\end{cases}$$

接下来定义两个矩阵，分别是最小调整量矩阵 $\boldsymbol{H}^*$ 和系数矩阵 $\boldsymbol{H}$，最小调整量矩阵 $\boldsymbol{H}^*=\operatorname{diag}\left\{h_{11}^*,h_{22}^*,\cdots,h_{ii}^*,\cdots,h_{ee}^*\right\}$ 是一个 $e\times e$ 对角阵，h_{ii}^* 是第 i 根调整索的最小调整量，系数矩阵 $\boldsymbol{H}=\operatorname{diag}\left\{h_{11},h_{22},\cdots,h_{ii},\cdots,h_{ee}\right\}$ 也是一个 $e\times e$ 对角阵，h_{ii} 是第 i 根调整索调整量与最小调整量的比值。

多维进退算法的求解步骤如下所述。

(1) 根据测量信息，初始化节点坐标区间 $\tilde{X}^{(k)}$ 和索力区间 $\tilde{F}^{(k)}$。根据测量的节点坐标对 $\boldsymbol{D}_r{}^{(k)}$ 进行初始化。$\boldsymbol{H}^{(k)}$ 初始化为单位矩阵 $\boldsymbol{H}^{(k)}=\boldsymbol{I}$，指定设计变量 $\boldsymbol{A}^{(k)}$ 的初始值，$\boldsymbol{H}^*$ 初始化为

$$h_{ii}^*=\xi\boldsymbol{A}_{i1}^{(k)} \tag{9.17}$$

式中，ξ 为调整系数，$0<\xi<1$。

(2) 设计变量的迭代公式：

$$\boldsymbol{A}^{(k+1)}=\boldsymbol{A}^{(k)}+\boldsymbol{H}^{(k)}\boldsymbol{H}^*\boldsymbol{D}_r{}^{(k)} \tag{9.18}$$

(3) 更新力密度矩阵 $\tilde{\boldsymbol{Q}}^{(k)}$，得到新的节点坐标区间 $\tilde{X}^{(k+1)}$、索力区间 $\tilde{F}^{(k+1)}$ 和目标函数值。

(4) 判断是否满足收敛准则：如果 fun $\leqslant\phi$（ϕ 为给定的误差），转步骤(7)；否则转步骤(5)。

(5) 如果目标函数值得到改进，$\boldsymbol{A}^{(\mathrm{Best})}=\boldsymbol{A}^{(k)}$，转步骤(6)；否则，令 k=0，$\boldsymbol{A}^{(k)}=\boldsymbol{A}^{(\mathrm{Best})}$，转步骤(2)，算法重新开始。

(6) 更新系数矩阵 $\boldsymbol{H}^{(k+1)}$：

$$h_{ii}^{(k+1)}=\begin{cases}2h_{ii}^{(k)} & (d_i^{(k+1)}=d_i^{(k)})\\ 1 & (d_i^{(k+1)}\neq d_i^{(k)})\end{cases} \tag{9.19}$$

搜索方向 $\boldsymbol{D}_{\mathrm{r}}^{(k+1)}$ 根据 $\tilde{X}^{(k+1)}$ 进行更新，令 $k=k+1$，转步骤(2)。

(7) 输出最优的目标函数值 $\overline{\mathrm{RMS}}$ 和设计变量 $\boldsymbol{A}^{(k)}$，算法结束。

多维进退算法可以处理多个变量的优化问题，并具有明确的搜索方向和快速求解速度。

9.3.4 双层索网结构形面调整

如图 9.3 所示的抛物反射面双层索网结构，由前索网、背索网和张力索(调整索)组成，前索网用于支撑金属网来反射电磁波，背索网用于为前索网提供张力。索网结构各参数如表 9.1 所示。

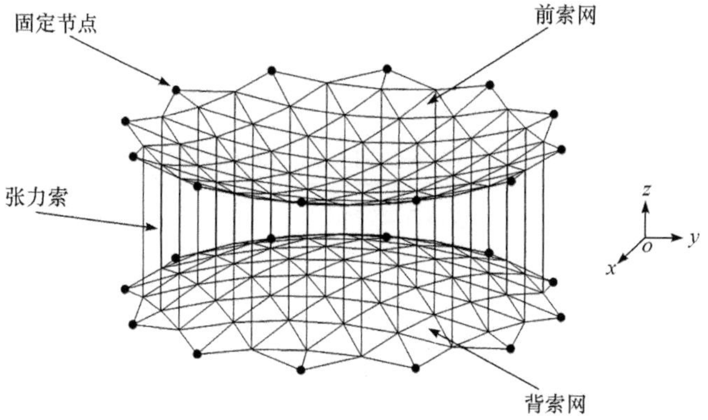

图 9.3 抛物反射面双层索网结构

表 9.1 索网结构各参数

参数	取值	参数	取值
天线口径	5m	边界索数目	36
前、后网面焦距	3m	张力索数目	55
自由节点数目	110	索弹性模量	2×10^{10} Pa
固定节点数目	24	索横截面积	3.14 mm^2
索段总数	403	—	—

前索网中的自由节点是具有形面精度要求的点。前索网节点编号如图 9.4(a)所示，张力索编号如图 9.4(b)所示，且张力索被分成四圈。表 9.2 给出了索网结构中的不确定性参数，$[a, b]$中 a 和 b 分别代表区间的下限值和上限值。

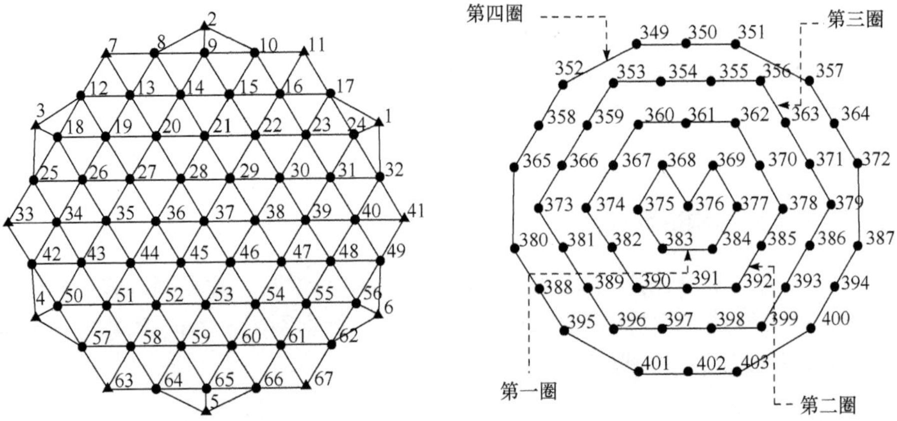

(a) 前索网节点编号　　(b) 张力索编号

图 9.4　前索网节点编号与张力索编号

表 9.2　索网结构中的不确定性参数

参数类型	节点坐标误差/mm		索力误差/%
	自由节点	固定节点	
不确定性参数	[−1,1]	[−0.1,0.1]	0.1

边界固定节点的误差区间代表框架的变形。调整前的初始 $\overline{\mathrm{RMS}}$ 为 5.6mm。调整前前索网节点相对设计形面的位置偏差如图 9.5 所示。

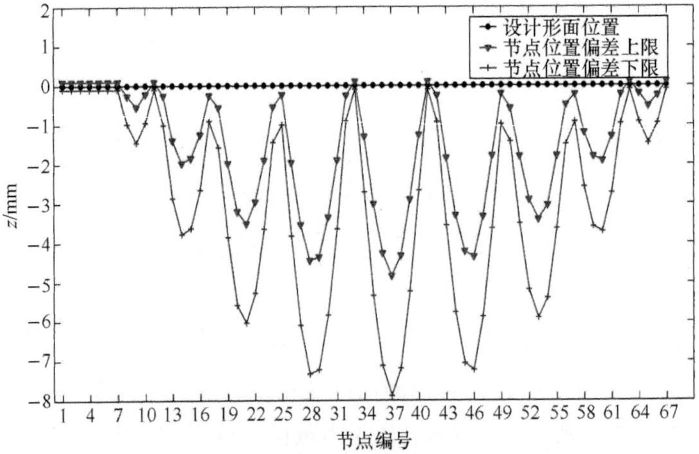

图 9.5　调整前前索网节点相对设计形面的位置偏差

考虑 $a_l = 0.1\,\text{mm}$，分别调整图 9.4(b)中的全部张力索和部分张力索，调整后的索网结构 RMS 区间如表 9.3 所示。

表 9.3　RMS 区间

调整方式	RMS 区间/mm	
	调整前	调整后
调整全部张力索	[1.9, 5.6]	[0, 2.3]
只调整第一圈张力索	[1.9, 5.6]	[0.9, 4.6]
只调整第二圈张力索	[1.9, 5.6]	[0.5, 3.5]
只调整第三圈张力索	[1.9, 5.6]	[0, 2.8]
只调整第四圈张力索	[1.9, 5.6]	[0.4, 3.3]

由表 9.3 可以看出，调整全部张力索可以获得最小 RMS 区间，但存在大量优化变量。只调整第三圈张力索，优化变量的个数减小 78 个百分点，RMS 区间上限值降到 2.8mm。这是因为第三圈中的张力索大部分都是误差较大的张力索，调整这些张力索可以快速降低 RMS 区间误差。

使用多维进退算法调整全部张力索获得的 $\overline{\mathrm{RMS}}$ 迭代曲线如图 9.6 所示。$\overline{\mathrm{RMS}}$ 在迭代 10 次以后趋向于稳定值(2.4mm)。调整后前索网节点相对设计形面的位置偏差如图 9.7 所示。

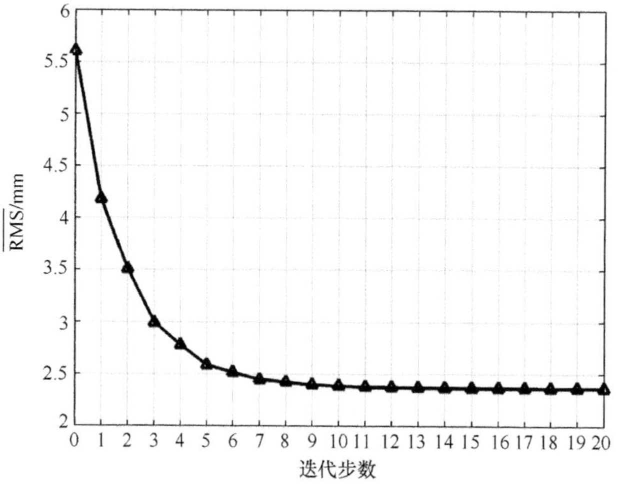

图 9.6　$\overline{\mathrm{RMS}}$ 迭代曲线

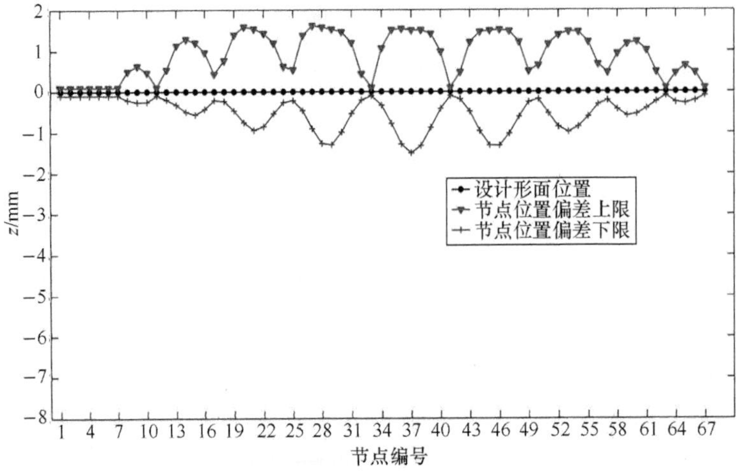

图 9.7　调整后前索网节点相对设计形面的位置偏差

以上结果表明，通过数值算法，索网结构的 RMS 区间误差得到了很大改善，多维进退算法可以求解多变量优化问题，且具有很快的求解速度。

9.4　索网反射面形面智能调整

索网反射面形面智能调整通过引入机器学习的思想，充分利用调整过程中获得的先验知识，实现仿真模型的在线学习，使得仿真模型调整量与形面精度之间的关系充分接近实物模型，实现最佳调整量的快速预测。

9.4.1　LSSVM 调整预测模型

LSSVM 调整预测模型是通过最小二乘支持向量机(LSSVM)机器学习系统建立调整量与形面精度的关系模型。如图 9.8 所示，将索网反射面这样的复杂系统看作一个黑箱模型，其中输入为调整量 Δl_j^0，输出为节点位移 $(x_i^\Delta, y_i^\Delta, z_i^\Delta)$，$M_v$ 为调整索数目，然后通过预调整获取调整量与形面精度的样本，用于识别黑箱模型参数。

定义第 k 个样本的输入变量 $\hat{\boldsymbol{l}}_k^\Delta$ 和输出变量 $\hat{\boldsymbol{\chi}}_k$ 分别为

$$\hat{\boldsymbol{l}}_k^\Delta = \left[\Delta\hat{l}_1^0,\ \Delta\hat{l}_2^0,\ \cdots,\ \Delta\hat{l}_{M_v}^0\right]^{\mathrm{T}} \tag{9.20}$$

$$\hat{\boldsymbol{\chi}}_k = \left[\hat{x}_1^\Delta, \hat{x}_2^\Delta,\ \cdots,\ \hat{x}_{N_f}^\Delta, \hat{y}_1^\Delta, \hat{y}_2^\Delta,\ \cdots,\ \hat{y}_{N_f}^\Delta, \hat{z}_1^\Delta, \hat{z}_2^\Delta,\ \cdots,\ \hat{z}_{N_f}^\Delta\right]^{\mathrm{T}} \tag{9.21}$$

式中，$\Delta\hat{l}_j^0$ 表示第 j 根调整索的调整量；$(\hat{x}_i^\Delta, \hat{y}_i^\Delta, \hat{z}_i^\Delta)$ 表示前索网第 i 个节点位移。

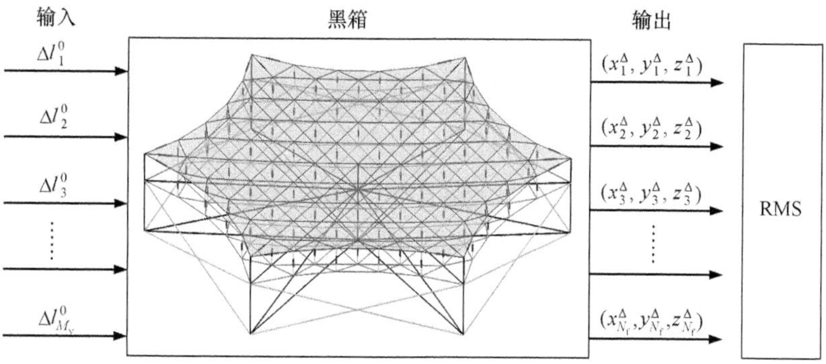

图 9.8　黑箱模型概念图

对于每一个输出($\hat{\chi}_k^i$)可以建立一个特征库$(\hat{\boldsymbol{l}}_k^\Delta, \hat{\chi}_k^i)$，$\hat{\boldsymbol{l}}_k^\Delta \in \mathbf{R}^{M_v}$，$\hat{\chi}_k^i \in \mathbf{R}$。采用式(9.22)所示高维线性函数来拟合样本数据：

$$\hat{\chi}_k^i\left(\hat{\boldsymbol{l}}_k^\Delta\right) = \boldsymbol{w}^{\mathrm{T}}\varphi(\hat{\boldsymbol{l}}_k^\Delta) + b \tag{9.22}$$

式中，$\boldsymbol{w}$ 表示高维空间的权重系数；$\varphi(\cdot)$ 表示非线性映射函数，用于将输入变量映射到高维空间，这样非线性拟合问题就可以转换成高维空间的线性逼近问题。

根据风险最小化原理，线性支持向量机(SVM)回归模型可以等效成如下约束优化模型：

$$\begin{aligned} &\min \quad J(\boldsymbol{w}, e) = \frac{1}{2}\boldsymbol{w}^{\mathrm{T}}\boldsymbol{w} + \frac{1}{2}\gamma\sum_{k=1}^{S} e_k^2 \\ &\text{s.t.} \quad \hat{\chi}_k^i = \boldsymbol{w}^{\mathrm{T}}\boldsymbol{\varphi}(\hat{\boldsymbol{l}}_k^\Delta) + b + e_k,\ k = 1,2,\cdots,S,\ \ i = 1,2,\cdots,3N_{\mathrm{f}} \end{aligned} \tag{9.23}$$

式中，γ 表示惩罚因子；e_k 表示误差项；S 表示训练样本数；b 表示偏置项。

引入拉格朗日乘子($\alpha_k \geqslant 0$)、拉格朗日多项式和 Kuhn-Tucker 条件，可得到式(9.23)的对偶模型，其中拉格朗日多项式和 Kuhn-Tucker 条件分别为

$$L(\boldsymbol{w}, b, e, \alpha) = J(\boldsymbol{w}, e) - \sum_{k=1}^{N}\alpha_k\left[\boldsymbol{w}^{\mathrm{T}}\boldsymbol{\varphi}(\hat{\boldsymbol{l}}_k^\Delta) + b + e_k - \hat{\chi}_k^i\right] \tag{9.24}$$

$$\begin{cases} \dfrac{\partial L}{\partial \boldsymbol{w}} = 0 \rightarrow \boldsymbol{w} = \displaystyle\sum_{k=1}^{N}\alpha_k\boldsymbol{\varphi}(\hat{\boldsymbol{l}}_k^\Delta) \\ \dfrac{\partial L}{\partial b} = 0 \rightarrow \displaystyle\sum_{k=1}^{N}\alpha_k = 0 \\ \dfrac{\partial L}{\partial e_k} = 0 \rightarrow \alpha_k = \gamma e_k \quad \left(k = 1,2,\cdots,S,\ \ i = 1,2,\cdots,3N_{\mathrm{f}}\right) \\ \dfrac{\partial L}{\partial \alpha_k} = 0 \rightarrow \boldsymbol{w}^{\mathrm{T}}\boldsymbol{\varphi}(\hat{\boldsymbol{l}}_k^\Delta) + b + e_k - \hat{\chi}_k^i = 0 \quad \left(k = 1,2,\cdots,S,\ \ i = 1,2,\cdots,3N_{\mathrm{f}}\right) \end{cases} \tag{9.25}$$

根据 Kuhn-Tucker 条件，可以消除 $\boldsymbol{w}$ 和 e。对偶方程可以写为

$$\begin{bmatrix} 0 & \boldsymbol{Q}^{\mathrm{T}} \\ \boldsymbol{Q} & \boldsymbol{\Omega}+\boldsymbol{I}/\gamma \end{bmatrix}\begin{bmatrix} b \\ \boldsymbol{\alpha} \end{bmatrix}=\begin{bmatrix} 0 \\ \hat{\boldsymbol{\chi}}^{i} \end{bmatrix} \quad (i=1,2,\cdots,3N_{\mathrm{f}}) \tag{9.26}$$

式中，$\hat{\boldsymbol{\chi}}^{i}=\left[\hat{\chi}_1^i,\hat{\chi}_2^i,\cdots,\hat{\chi}_S^i\right]^{\mathrm{T}}$，表示训练样本的输出变量；$\boldsymbol{Q}=[1,\ 1,\cdots,\ 1]^{\mathrm{T}}$；$\boldsymbol{I}$ 表示单位矩阵；$\boldsymbol{\alpha}=[\alpha_1,\alpha_2,\cdots,\alpha_S]^{\mathrm{T}}$，表示拉格朗日乘子向量；$\boldsymbol{\Omega}$ 表示核函数矩阵，其中第 k 行第 m 列的元素为

$$\boldsymbol{\Omega}_{kl}=\boldsymbol{\varphi}^{\mathrm{T}}\left(\hat{\boldsymbol{l}}_k^{\Delta}\right)\boldsymbol{\varphi}\left(\hat{\boldsymbol{l}}_m^{\Delta}\right)=K\left(\hat{\boldsymbol{l}}_k^{\Delta},\hat{\boldsymbol{l}}_m^{\Delta}\right) \quad (k,\ m=1,2,\cdots,S) \tag{9.27}$$

高斯径向基函数善于提取样本中的局部性能，因此采用高斯径向基函数作为核函数，即

$$K\left(\hat{\boldsymbol{l}}_k^{\Delta},\hat{\boldsymbol{l}}_m^{\Delta}\right)=\exp\left(-\frac{\left|\hat{\boldsymbol{l}}_k^{\Delta}-\hat{\boldsymbol{l}}_m^{\Delta}\right|^2}{2\sigma^2}\right) \quad (\sigma\neq 0) \tag{9.28}$$

式中，σ 为核宽，是高斯径向基函数的唯一参数，因此 σ 和 γ 统称为超参数，它们决定了 SVM 的拟合精度。

当超参数给定时，α_k $(k=1,\ 2,\cdots,\ S)$ 和 b 可以通过式(9.24)和式(9.27)获得，然后输出变量可以表示为

$$\hat{\boldsymbol{\chi}}^{i}\left(\hat{\boldsymbol{l}}^{\Delta}\right)=\sum_{k=1}^{S}\alpha_k K\left(\hat{\boldsymbol{l}}^{\Delta},\hat{\boldsymbol{l}}_k^{\Delta}\right)+b \tag{9.29}$$

k 倍交叉验证法可以同时降低过学习和欠学习的风险，因此采用 k 倍交叉验证法来计算泛化误差。采用模拟退火算法和网格搜索法来求解超参数的最优值，优化流程如图 9.9 所示，具体如下：

(1) 将样本分为训练集和验证集两部分；

(2) 在区间[0, 1]随机生成 q 组超参数初值：$[\sigma_s,\ \gamma_s]$, $s=1,2,\cdots,q$；

(3) 采用 k 倍交叉验证法计算训练样本的泛化误差；

(4) 以生成的 q 组超参数作为初始变量，泛化误差最小作为优化目标，采用模拟退火算法计算出一组较优超参数 $[\sigma_m,\ \gamma_m]$；

(5) 以较优超参数 $[\sigma_m,\ \gamma_m]$ 为中心重新生成求解域，然后在求解域内采用网格搜索法重新迭代优化过程获得全局最优解 $[\sigma_{\mathrm{op}},\ \gamma_{\mathrm{op}}]$；

(6) 计算验证样本的泛化误差。如果泛化误差足够小，那么采用 $[\sigma_{\mathrm{op}},\ \gamma_{\mathrm{op}}]$ 构造 SVM 预测模型，否则，生成更多的样本重新开始优化。

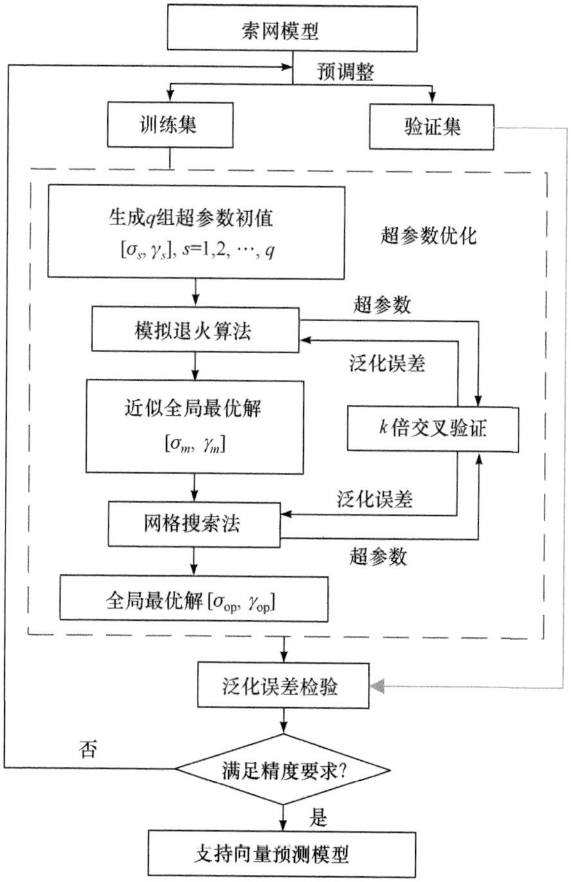

图 9.9　LSSVM 参数优化流程图

9.4.2　最速下降调整量优化方法

在调整的过程中，应以最少的调整次数获得最优的调整结果。因此，建立如下的优化模型来求解最优的调整量：

$$
\begin{aligned}
&\text{find} \quad l^{\Delta}=[l_1^{\Delta}, l_2^{\Delta}, \cdots, l_{M_v}^{\Delta}]^{\mathrm{T}} \\
&\min \quad w_{\mathrm{rms}} \\
&\text{s.t.} \quad g_1^j = l_{\min}^{\Delta} - |l_j^{\Delta}| \leqslant 0 \quad (j=1, 2, \cdots, M_v)
\end{aligned}
\tag{9.30}
$$

式中，$l_{\min}^{\Delta}$ 表示可实施的最小调整量；g_1^j 表示非等式约束。

形面调整算法流程如图 9.10 所示，具体操作如下：

(1) 测量前索网节点坐标，令第 m 次测量节点 i 的坐标为 $(x_i, y_i, z_i)^{(m)}$；

(2) 计算 z 方向 RMS 误差 $w_{\mathrm{rms}}^{(m)}$，如果 $w_{\mathrm{rms}}^{(m)} \leqslant \varepsilon_1$，转到步骤(7)，$\varepsilon_1$ 表示全局收

敛因子；

(3) 给定调整索 j 的调整量为

$$l_j^{\Delta(m+1)} = l_j^{\Delta(m)} + \beta\left(-z_i^{(m)} + f\left(x_i^{(m)}, y_i^{(m)}\right)\right) \tag{9.31}$$

式中，$0<\beta<1$，表示调整系数；i 表示与调整索 j 相连的前索网节点编号。

(4) 将 $l_j^{\Delta(m+1)}$ 代入 SVM 预测模型，获得新节点 s 的位移，记为 $(x_i^{\Delta}, y_i^{\Delta}, z_i^{\Delta})^{(m+1)}$；

(5) 计算 z 方向 RMS 误差，如果 $w_{\text{rms}}^{(m)} \leqslant \varepsilon_1$ 或者 $\left|w_{\text{rms}}^{(m+1)} - w_{\text{rms}}^{(m)}\right| \leqslant \varepsilon_2$，转到步骤 (6)，$\varepsilon_2$ 表示目标差值因子；否则令 $m = m+1$，然后转到步骤(3)。

(6) 如果 $w_{\text{rms}}^{(m+1)} < w_{\text{rms}}^{(m)}$，令 $l_j^{\Delta(\text{best})} = l_j^{\Delta(m+1)}$，否则令 $l_j^{\Delta(\text{best})} = l_j^{\Delta(m)}$；

(7) 输出最优调整量 $l_j^{\Delta(\text{best})}$ ($j=1, 2, \cdots, M_{\text{v}}$)用于网面调整。

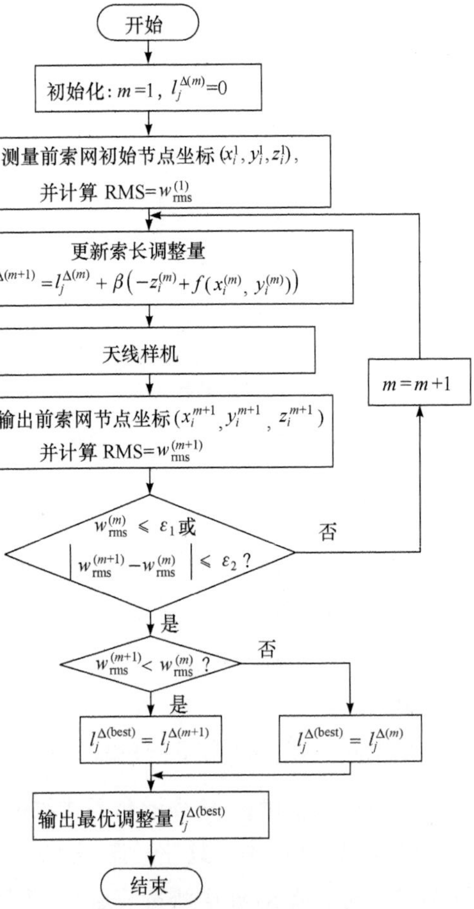

图 9.10　形面调整算法流程框图

9.4.3　形面精度智能调整仿真验证

对图 9.11 所示的索网反射面进行形面精度智能调整。该索网反射面由支撑桁架、前索网、背索网、金属网、张紧索和调整索组成，反射面参数如表 9.4 所示。

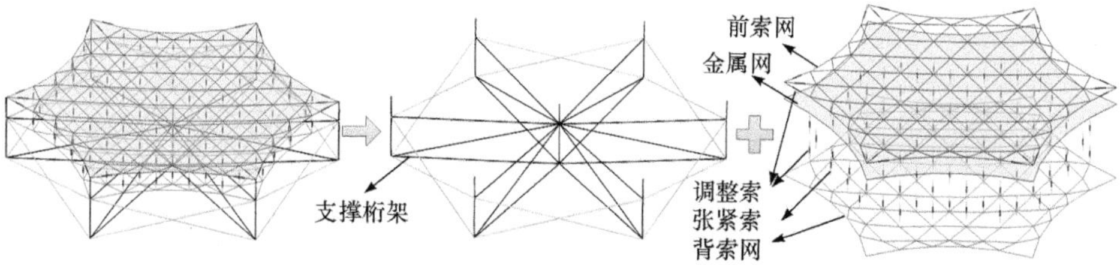

图 9.11　索网反射面的构成

表 9.4　反射面参数

参数	取值	参数	取值
口径	5m	焦距	12m
前索网节点数目	91	调整索数目	102
索弹性模量	20GPa	索横截面积	3.14mm^2
桁架弹性模量	115.88GPa	桁架截面直径	22～17.8mm
最小调整量	0.1mm	—	—

首先，基于有限元仿真软件对索网反射面进行建模，在预应力作用下，桁架发生变形，根据静力学的计算结果，索网反射面初始节点误差和张力分布分别如图 9.12 和图 9.13 所示。可以看出，桁架变形使得索网反射面形面偏离理想形面，最大节点位置误差达到 6.437mm，部分索段趋于松弛，索段最小预应力值为 0.093693N。

与理想反射面进行对比，前索网初始节点偏差如图 9.14 所示，其中正值代表节点在理想反射面上方，负值代表节点在理想反射面下方，此时节点 z 方向 RMS 误差为 2.2881 mm。选定图 9.15 所示的边界索和张紧索作为调整索，通过对虚拟仿真模型进行随机预调整，生成 500 组调整量和节点误差作为样本数据，其中 400 个样本用于训练 SVM 预测模型，剩余 100 个检测样本用于计算泛化误差，即 SVM 模型预测值与有限元模型计算值之差。

图 9.16 展示了每个节点 100 个检测样本 z 轴泛化误差的均方根值。可以看出，绝大多数节点的泛化误差小于 0.1mm，相比于 z 方向 RMS 为 2.2881mm 的形面误差来说，泛化误差足够小。更一般地，图 9.17～图 9.19 给出了节点 9(与张紧索 26

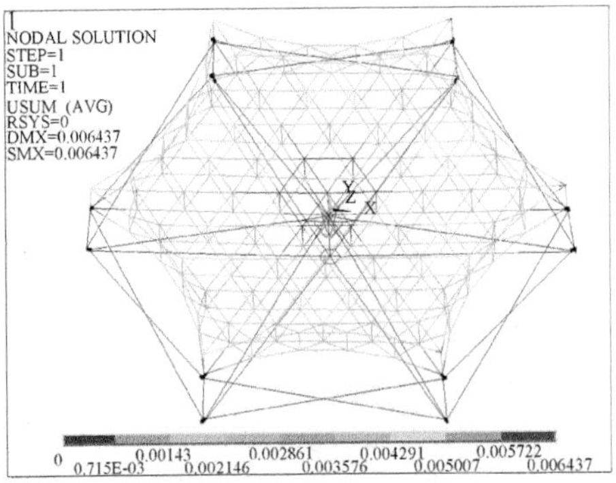

图 9.12　索网反射面初始节点误差(单位：m)(后附彩图)

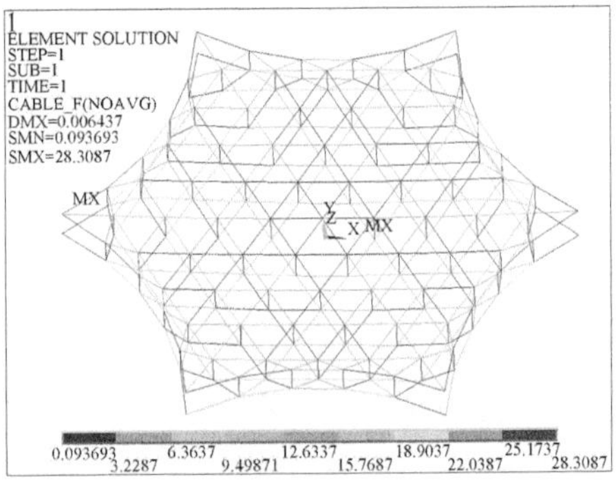

图 9.13　索网反射面初始张力分布(单位：N)(后附彩图)

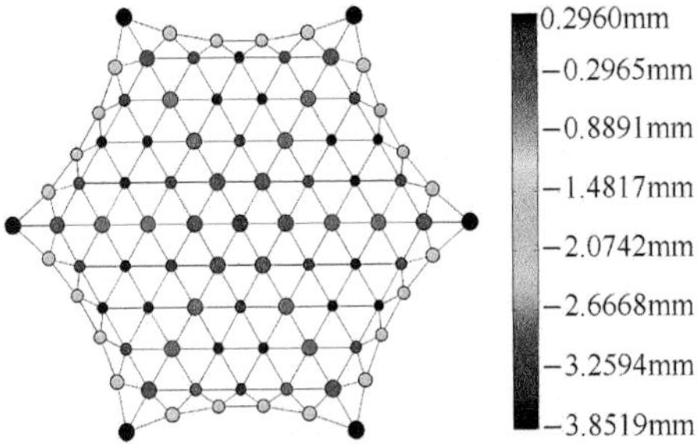

图 9.14　前索网初始节点偏差(后附彩图)

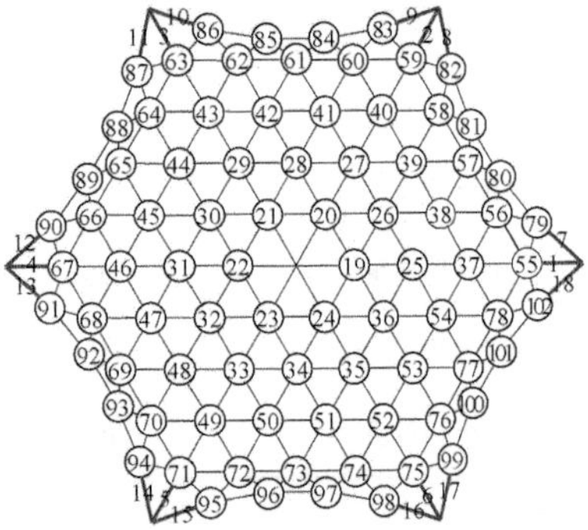

图 9.15　调整索及其编号

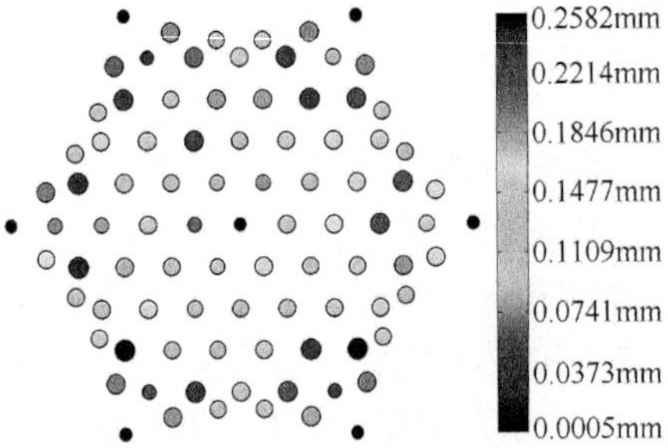

图 9.16　检测样本 z 轴泛化误差的均方根值(后附彩图)

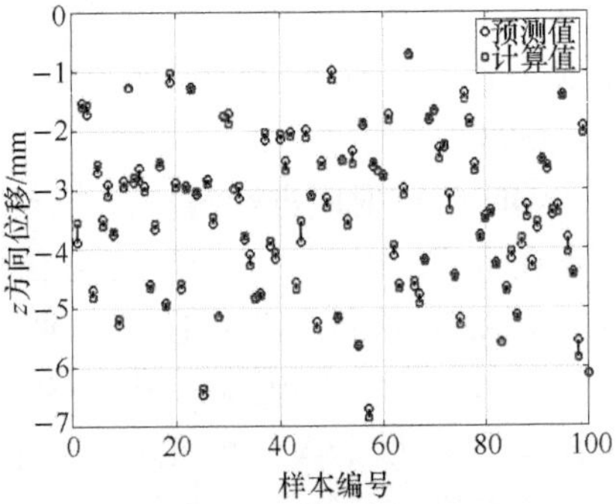

图 9.17　节点 9 检测样本 z 轴泛化误差

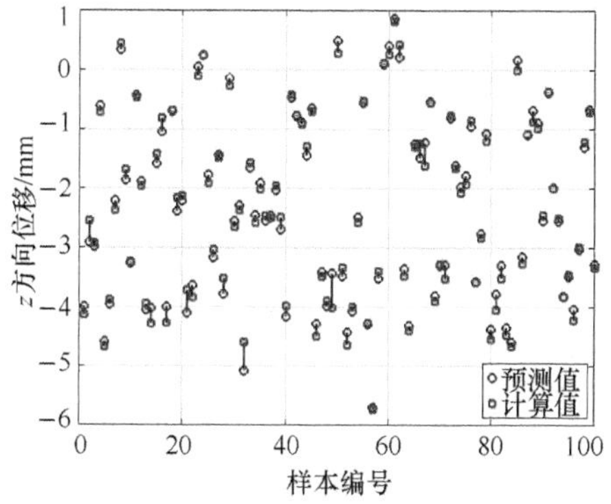

图 9.18　节点 21 检测样本 z 轴泛化误差

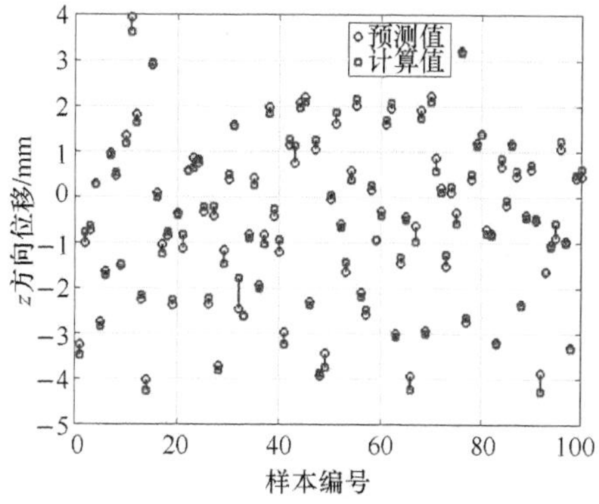

图 9.19　节点 40 检测样本 z 轴泛化误差

相连)、节点 21(与张紧索 38 相连)和节点 40(与张紧索 57 相连)的 SVM 模型预测结果与样本数据差异性。从图中可以看出，SVM 模型预测结果与有限元计算结果非常接近，即 SVM 预测模型准确表征了调整量与形面精度之间的关系。

然后计算最优调整量，优化过程中 z 轴 RMS 迭代曲线如图 9.20 所示，优化后的调整量如图 9.21 所示。可以看出，调整量为–5.1351～1.1241mm，z 轴 RMS 从 2.2881mm 下降到 0.1291mm。同样，将调整量施加到有限元模型上，可得调整后模型的节点误差和索张力分布分别如图 9.22 和图 9.23 所示。对比图 9.13 和图 9.23 可以发现，最小张力从 0.093693N 提高到 0.248674N，通过计算，可知 z 方向 RMS 误差下降到 0.1381mm，索松弛问题和形面精度均得到改善。在仿真过程中，SVM 预测模型计算的 z 方向 RMS 误差和有限元模型计算的 RMS 误差的相对误差为 6.517%。如果希望得到更好的预测结果，可以采用更多的训练样本。

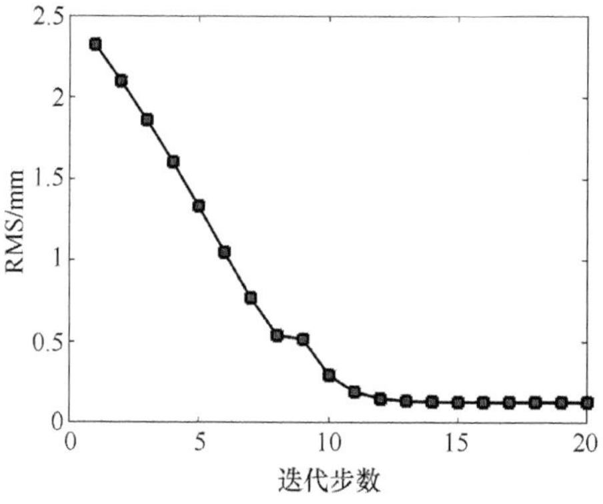

图 9.20　z 轴 RMS 迭代曲线

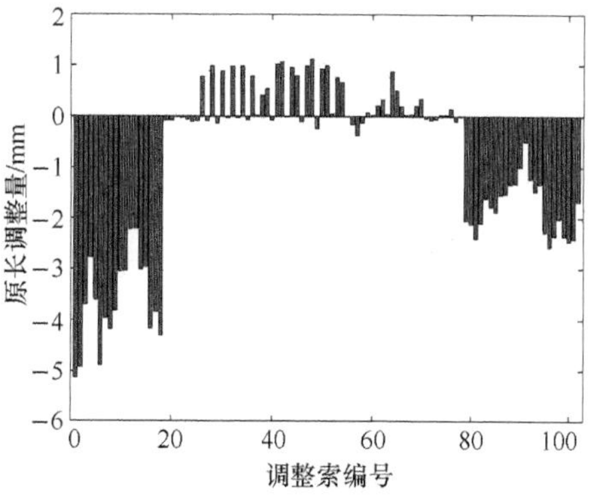

图 9.21　优化后的调整量

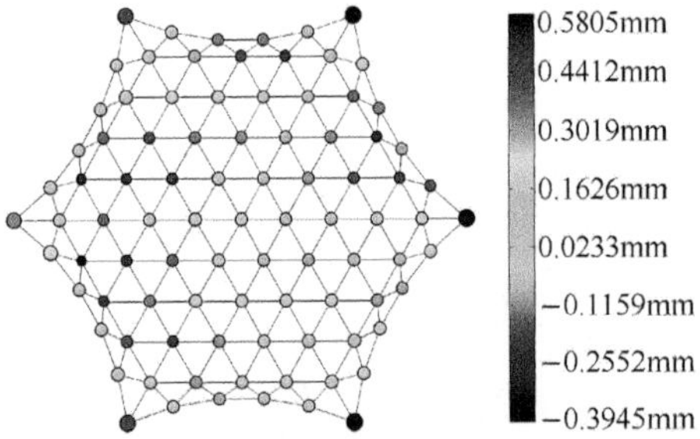

图 9.22　调整后模型的节点误差(后附彩图)

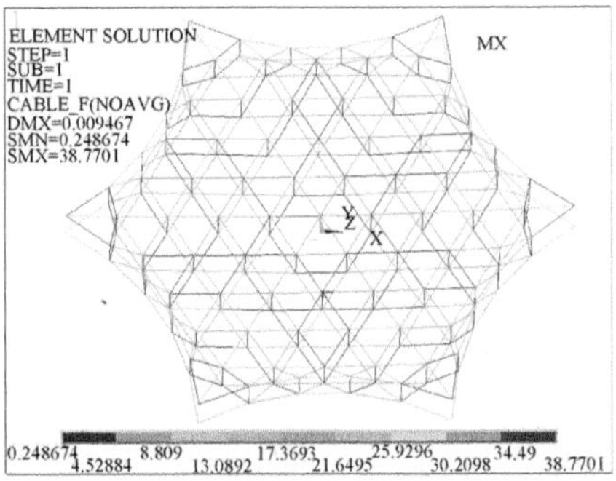

图 9.23　调整后模型的索张力(单位：N)(后附彩图)

参 考 文 献

[1] LI T J, TANG Y Q, ZHANG T. Surface adjustment method for cable net structures considering measurement uncertainties[J]. Aerospace Science and Technology, 2016, 59:52-56.

[2] 张涛. 绳索-金属丝网组合结构形面调整及力热匹配设计[D]. 西安:西安电子科技大学,2017.

[3] TANG Y Q, LI T J, LIU Y, et al. Minimization of cable-net reflector shape error by machine learning[J]. Journal of Spacecraft and Rockets, 2019, 56(6): 1757-1764.

[4] SHI Z Y, LI T J, TANG Y Q, et al. Minimization of cable-net reflector shape error by target-approaching and procedural-learning method[J]. Journal of Aerospace Engineering, 2022, 35(3): 04022012.

[5] 何超. 环形肋天线结构设计与形面调整研究[D]. 西安:西安电子科技大学,2019.

[6] 刘阳. 环柱天线索网结构设计与形面精度调整[D]. 西安:西安电子科技大学,2020.

[7] ROHN J. Inverse interval matrix[J]. SIAM Journal on Numerical Analysis, 1993, 30(3): 864-870.

[8] LEBEDINSKA J. On another view of an inverse of an interval matrix[J]. Soft Computing: A Fusion of Foundations, Methodologies and Applications, 2010, 14(10): 1043-1046.

第 10 章　网状天线结构模态参数识别

10.1　概　　述

模态参数识别可为网状天线在轨健康监测和振动控制提供比较可靠的技术支撑。传统网状天线的模态参数一般是在设计阶段通过数学建模或地面试验方法获取。但在地面阶段得到的模态参数并不能代表网状天线真实的在轨动力学性能，主要因为：①数学建模难以精确描述网状天线在轨状态的结构动力学特性，且计算结果准确性难以保证；②地面试验难以模拟太空微重力真空环境，导致地面试验得到的模态参数和在轨状态差别很大；③由制造和安装误差、卫星本体和空间环境的微干扰力/力矩影响以及间隙铰等不确定性因素造成的结构微变形，会使网状天线模态参数变化。为此，本章介绍未知激振规律下的网状天线结构模态参数识别方法[1,2]。

10.2　整体与局部模态

10.2.1　整体与局部模态的定义

整体模态是指主结构(起主要支撑作用)上有较大变形的模态，对结构的整体振动影响较大。局部模态是指主结构变形较小或不变形，其模态振型在结构的大部分自由度上接近零，仅在少部分自由度上存在明显的幅值。许多局部模态频率与整体模态相近，且在一个固有频率下经常同时存在整体和局部模态。

整体模态和局部模态的划分并不是绝对的，划分的目的是从密集的模态群中分离出离散的整体模态，便于试验与计算对比。通常情况下，试验的方法只能准确地测得结构的整体模态。各种局部模态由于其形式复杂、分布密集，且受环境影响大，很难准确测得。整体和局部模态的划分，可以从密集的模态群中挑出试验可测且对结构减振设计较为重要的整体模态进行相关性分析。这样做虽然只对部分模态进行相关性分析，但对于验证和修改计算有限元模型进行响应分析和减振设计，通常是足够的。

10.2.2 整体与局部模态识别

1. 模态质量法

模态质量表示参与运动的质量，因此模态质量可反映该模态的动能。对于整体模态，最大值度量的模态质量通常在总质量的 1/8～1/4，而局部模态要小得多。对于特别大的模态质量，可以检测由测量仪表的不足或无法接近部件等造成的局部模态测量中漏测的局部运动。

2. 模态应变能法

用主结构模态应变能与结构总的模态应变能之比作为区分整体模态和局部模态的标准，当这个比值大于某一数值，如 70%，认为它是整体模态，反之则认为它是局部模态。

3. 模态质量空间分布矩阵法

模态质量空间分布矩阵通过结构质量和模态矩阵的积与模态矩阵的重叠积求得。空间矩阵的每一列可被认为是相应模态分布在各个自由度上的动能。通过局部有高度集中的动能分布就可识别局部模态。相反地，整体模态的动能均匀地分布于整个系统。

4. 改变局部结构参数法

改变局部结构的弹性模量，会导致自身的固有频率发生较大的偏移。由于局部结构不是整体模型的主要承载件，因此局部结构弹性模量的改变对整体模型的刚度特性影响不大。因此，整体结构的固有频率基本不变。基于结构的有限元模型，适当提高局部结构材料的弹性模量，其余结构参数均保持不变，对那些容易产生振动、对整体结构影响很小的局部结构进行分析，剔除计算结果中的局部模态，最后得到模型的整体模态。

5. 振幅比法

用结构的最大整体振幅与在同一模态下独立构件振幅的比值识别整体模态，大的振幅比能把整体模态与局部模态区分开。此方法针对自由度较少的结构可以识别出整体模态，但是对于自由度较多的复杂模型，由于其存在大量的独立构件，因此具有数目较多的局部模态，该方法难于操作。

10.3　激振规律未知的模态参数识别

10.3.1　随机子空间法

随机子空间识别(stochastic subspace identification，SSI)是基于环境振动模态参数识别的时域方法[2]。随机子空间法以线性的离散状态空间方程为基本模型，将输入项和噪声项合并假定为白噪声，利用白噪声的统计特性进行计算，得到卡尔曼(Kalman)滤波状态序列，然后应用最小二乘法计算系统矩阵，完成识别过程。随机子空间法分为协方差驱动随机子空间法和数据驱动随机子空间法。

协方差驱动随机子空间识别法：首先计算输出协方差序列组成的 Toeplitz 矩阵；其次对 Toeplitz 矩阵进行奇异值分解(SVD)，以得到可观测性矩阵和可控矩阵；最后利用可观测性矩阵和可控矩阵得到系统矩阵，从而识别系统的模态参数。数据驱动随机子空间识别法的核心是把“将来”输出的行空间投影到“过去”输出的行空间上，投影的结果保留了“过去”的全部信息，并用此预测“未来”。它直接作用于时域数据，不必将时域数据转换为相关函数或谱，避免了计算协方差矩阵。本小节采用数据驱动随机子空间法进行索网-框架组合结构的模态参数识别。

随机子空间法包括四个主要步骤，第一步：由实验输出数据构造系统的分块 Hankel 矩阵；第二步：计算特定分块 Hankel 矩阵的行空间投影，典型的做法是进行 QR 分解；第三步：计算该投影的奇异值分解，从而直接得到广义能观矩阵 $\boldsymbol{\Gamma}_i$ 和状态序列 $\boldsymbol{X}_i$ 的非平稳 Kalman 滤波估计 $\hat{\boldsymbol{X}}_i$；第四步：由广义能观矩阵 $\boldsymbol{\Gamma}_i$ 和/或估计的状态序列 $\hat{\boldsymbol{X}}_i$ 来确定系统矩阵 $\boldsymbol{A}$、$\boldsymbol{B}$、$\boldsymbol{C}$、$\boldsymbol{D}$ 和噪声协方差矩阵 $\boldsymbol{R}$、$\boldsymbol{Q}$、$\boldsymbol{S}$。

1. Hankel 矩阵的构建

1) 构建 Hankel 矩阵

Hankel 矩阵是反对角线上元素相同的矩阵。将测点响应数据组成 $2il \times j$ 的 Hankel 矩阵，把 Hankel 矩阵的行空间分成“过去”行空间和“将来”行空间：

$$
\boldsymbol{H}_{0|2i-1} = \frac{1}{\sqrt{j}} \left(\begin{array}{ccccc}
\boldsymbol{y}_0 & \boldsymbol{y}_1 & \boldsymbol{y}_2 & \cdots & \boldsymbol{y}_{j-1} \\
\boldsymbol{y}_1 & \boldsymbol{y}_2 & \boldsymbol{y}_3 & \cdots & \boldsymbol{y}_j \\
\vdots & \vdots & \vdots & & \vdots \\
\boldsymbol{y}_{i-1} & \boldsymbol{y}_i & \boldsymbol{y}_{i+1} & \cdots & \boldsymbol{y}_{i+j-2} \\
\hline
\boldsymbol{y}_i & \boldsymbol{y}_{i+1} & \boldsymbol{y}_{i+2} & \cdots & \boldsymbol{y}_{i+j-1} \\
\boldsymbol{y}_{i+1} & \boldsymbol{y}_{i+2} & \boldsymbol{y}_{i+3} & \cdots & \boldsymbol{y}_{i+j} \\
\vdots & \vdots & \vdots & & \vdots \\
\boldsymbol{y}_{2i-1} & \boldsymbol{y}_{2i} & \boldsymbol{y}_{2i+1} & \cdots & \boldsymbol{y}_{2i+j-2}
\end{array} \right) = \left(\frac{\boldsymbol{Y}_{0|i-1}}{\boldsymbol{Y}_{i|2i-1}} \right) = \left(\frac{\boldsymbol{Y}_{\mathrm{p}}}{\boldsymbol{Y}_{\mathrm{f}}} \right) \begin{array}{l} \text{“过去”} \\ \text{“将来”} \end{array} \tag{10.1}
$$

式中，$\boldsymbol{y}\in\mathbf{R}^{l\times 1}(k=0,1,\cdots,2i+j-2)$，为第 k 时刻 l 通道的响应数据；j 为采样离散点的个数；$\boldsymbol{H}\in\mathbf{R}^{2il\times j}$，当 j/i 足够大时，可以看作 $j\to\infty$；$\boldsymbol{Y}_{\mathrm{p}}(\boldsymbol{Y}_{0|i-1})$表示 Hankel 矩阵第一列中的下标起始为 0，终点为 i–1 的元素对应的所有的行和列组成的 Hankel 矩阵的块)为 Hankel 矩阵中的前 il 行，$\boldsymbol{Y}_{\mathrm{f}}(\boldsymbol{Y}_{i|2i-1})$为 Hankel 矩阵的后 il 行，从式(10.1)可以看出，$\boldsymbol{Y}_{\mathrm{f}}$ 为 $\boldsymbol{Y}_{\mathrm{p}}$ 向后延迟了 i 个步长，因此可以将 $\boldsymbol{Y}_{\mathrm{f}}$ 看成“将来”的部分，将 $\boldsymbol{Y}_{\mathrm{p}}$ 看成“过去”的部分。

2) Hankel 矩阵维数确定

Hankel 矩阵行块数 il 和列数 j 的确定是非常重要的，直接影响到识别的精度和计算工作量。理论上 i 需满足式 $i>\mathrm{ceil}(n/l)+1$，ceil(*) 表示对 * 向上取整。若 i 取得较小，则 Hankel 矩阵每列包含的特征信息较少，可能识别不出结构部分模态参数，若 i 取得较大，则计算时间和计算内存将大大增加。i 的经验取值为 $i\geqslant f_{\mathrm{s}}/2f_0$，$f_{\mathrm{s}}=1/\Delta t$，为输出数据采样频率，$f_0$ 为结构基频。参数 j 一般是越大越好，这是因为它确保给出系统矩阵 $\boldsymbol{A}$ 和 $\boldsymbol{C}$ 的一致估计，实际操作中应使矩阵列数满足 $j>20i$ 且 $j\gg 2il$。另外，Hankel 矩阵中的采样离散点数不能超过总的采样离散点数，即需满足 $2i+j-1\leqslant N$，其中 N 表示采样离散点总数。

3) 确定维数流程图

利用响应的所有采样离散点数据，确定 Hankel 矩阵行列 i 和 j 取值的流程如图 10.1 所示。图中 floor$(\cdot)$表示$(\cdot)$向下取整，N_max 表示可能取到的系统阶次的最大值。

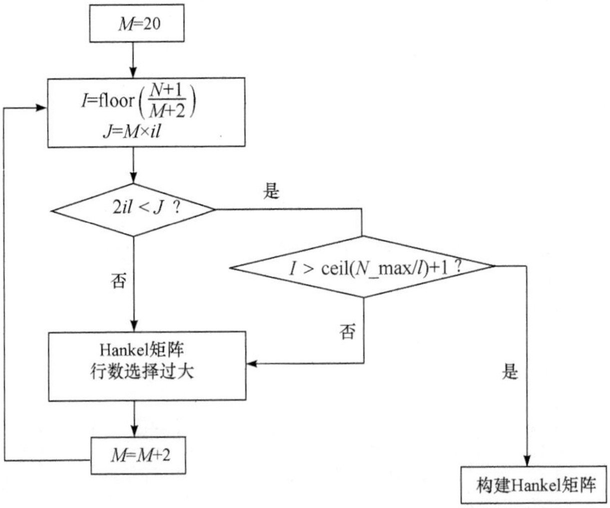

图 10.1　Hankel 矩阵维数确定流程图

2. 行空间投影的 QR 分解

实际振动试验中，由于采集到的数据很庞大，即 Hankel 矩阵列数很大，因此要进行数据缩减。随机子空间法用矩阵的 QR 分解来进行数据的缩减，即

$$\boldsymbol{H}_{0|2i-1}=\left(\frac{\boldsymbol{Y}_\mathrm{p}}{\boldsymbol{Y}_\mathrm{f}}\right)=\boldsymbol{R}\boldsymbol{Q}^\mathrm{T} \tag{10.2}$$

式中，$\boldsymbol{Q}\in\mathbf{R}^{j\times j}$，是正交矩阵；$\boldsymbol{R}\in\mathbf{R}^{2il\times j}$，是下三角矩阵。由于 $2il\ll j$，式(10.2)可写成：

$$\left(\frac{\boldsymbol{Y}_\mathrm{p}}{\boldsymbol{Y}_\mathrm{f}}\right)=\begin{matrix} il\{ \\ il\{ \end{matrix}\begin{pmatrix} \overbrace{\boldsymbol{R}_{11}}^{il} & \overbrace{0}^{il} & \overbrace{0}^{j-2il} \\ \boldsymbol{R}_{21} & \boldsymbol{R}_{22} & 0 \end{pmatrix}\begin{pmatrix} \overbrace{\boldsymbol{Q}_1^\mathrm{T}}^{j\to\infty} \\ \boldsymbol{Q}_2^\mathrm{T} \\ \boldsymbol{Q}_3^\mathrm{T} \end{pmatrix}\begin{matrix} \}il \\ \}il \\ \}j-2il \end{matrix}=\begin{pmatrix} \boldsymbol{R}_{11} & 0 \\ \boldsymbol{R}_{21} & \boldsymbol{R}_{22} \end{pmatrix}\begin{pmatrix} \boldsymbol{Q}_1^\mathrm{T} \\ \boldsymbol{Q}_2^\mathrm{T} \end{pmatrix} \tag{10.3}$$

随机子空间法把“将来”输出的行空间投影到“过去”输出的行空间上，即

$$\boldsymbol{O}_i=\boldsymbol{Y}_{0/i-1}/\boldsymbol{Y}_{i/2i-1}=\boldsymbol{Y}_\mathrm{p}/\boldsymbol{Y}_\mathrm{f}\equiv\boldsymbol{Y}_\mathrm{f}\boldsymbol{Y}_\mathrm{p}^\mathrm{T}\left(\boldsymbol{Y}_\mathrm{p}\boldsymbol{Y}_\mathrm{p}^\mathrm{T}\right)^{-1}\boldsymbol{Y}_\mathrm{p} \tag{10.4}$$

式中，$\boldsymbol{Y}_\mathrm{p}/\boldsymbol{Y}_\mathrm{f}$ 为 $\boldsymbol{Y}_\mathrm{f}$ 的行空间在 $\boldsymbol{Y}_\mathrm{p}$ 的行空间上的正交投影；$\left(\boldsymbol{Y}_\mathrm{p}\boldsymbol{Y}_\mathrm{p}^\mathrm{T}\right)^{-1}$ 为 $\boldsymbol{Y}_\mathrm{p}$ 的伪逆矩阵。根据过去数据信息可以预测将来的数据信息。由空间投影的性质，可得

$$\boldsymbol{O}_i=\boldsymbol{R}_{21}\boldsymbol{Q}_1^\mathrm{T} \tag{10.5}$$

式中，$\boldsymbol{Q}$ 是正交矩阵。这样可以将数据从 $2il\times j$ 缩减到 $il\times j$，大大减小了数据量，加快了程序的运行。

3. SVD 分解计算广义能观阵

投影矩阵 $\boldsymbol{O}_i$ 可以分解为可观矩阵 $\boldsymbol{\varGamma}_i$ 和卡尔曼滤波序列 $\hat{\boldsymbol{X}}_i$ 的乘积：

$$\boldsymbol{O}_i=\begin{bmatrix} C \\ CA \\ CA^2 \\ \vdots \\ CA^{i-1} \end{bmatrix}\begin{pmatrix} \hat{x}_i & \hat{x}_{i+1} & \cdots & \hat{x}_{i+j-1} \end{pmatrix}\equiv\boldsymbol{\varGamma}_i\hat{\boldsymbol{X}}_i \tag{10.6}$$

卡尔曼滤波的主要目的是利用 k 时刻的输出序列、系统矩阵和噪声协方差，得到 k+1 时刻状态向量最优估计值 $\hat{\boldsymbol{X}}_{i+1}$。为了得到广义观测矩阵 $\boldsymbol{\varGamma}_i$ 和卡尔曼滤波序列 $\hat{\boldsymbol{X}}_i$，对投影矩阵进行奇异值分解：

$$O_i = USV^{\mathrm{T}} = \begin{bmatrix} U_1 & U_2 \end{bmatrix} \begin{bmatrix} S_1 & 0 \\ 0 & S_2 \end{bmatrix} \begin{bmatrix} V_1^{\mathrm{T}} \\ V_2^{\mathrm{T}} \end{bmatrix} \approx U_1 S_1 V_1^{\mathrm{T}} = \left(U_1 S_1^{1/2}\right)\left(S_1^{1/2} V_1^{\mathrm{T}}\right) \tag{10.7}$$

式中，U、V 均为正交矩阵；S 为对角阵；$U_1 \in \mathbf{R}^{il\times n}, S_1 \in \mathbf{R}^{n\times n}, V_1 \in \mathbf{R}^{j\times n}$ 。对于某结构系统的一组信号，$U_1S_1V_1^{\mathrm{T}}$ 包含信号的主要信息，$U_2S_2V_2^{\mathrm{T}}$ 包含信号的次要信息，一般认为是信号的噪声。如果该系统不受噪声污染，则式(10.7)中的 S_2 为零。但在实际情况下噪声的干扰是不可避免的，S_2 一般不为零，但在数值上和 S_1 相比具有较小的数量级，所以 $U_2S_2V_2^{\mathrm{T}}$ 一项可以忽略不计，从而达到剔除噪声的目的。比较式(10.6)和式(10.7)，可选择：

$$\Gamma_i = U_1 S_1^{1/2}, \quad \hat{X}_i = S_1^{1/2} V_1^{\mathrm{T}} \tag{10.8}$$

式中，$\Gamma_i \in \mathbf{R}^{il\times n}; \hat{X}_i \in \mathbf{R}^{n\times j}$ 。

4. 系统定阶

1) 系统定阶问题

一般有噪声干扰情况下 S 矩阵行满秩，但对角元素的量级沿对角线有明显的跳跃，从跳跃前的对角元素个数可直接读出系统的阶数 n，如图 10.2 所示。但在实际应用中奇异值矩阵的对角元素变化并不明显，这时选择系统阶次就比较困难，如图 10.3 所示。

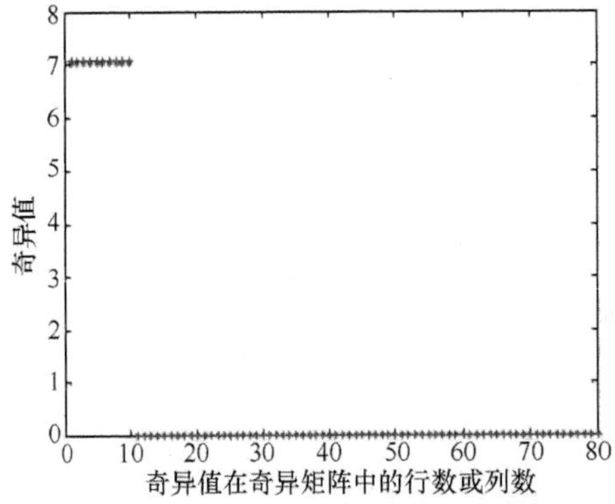

图 10.2 矩阵 S_1 对角元素(有明显跳跃)

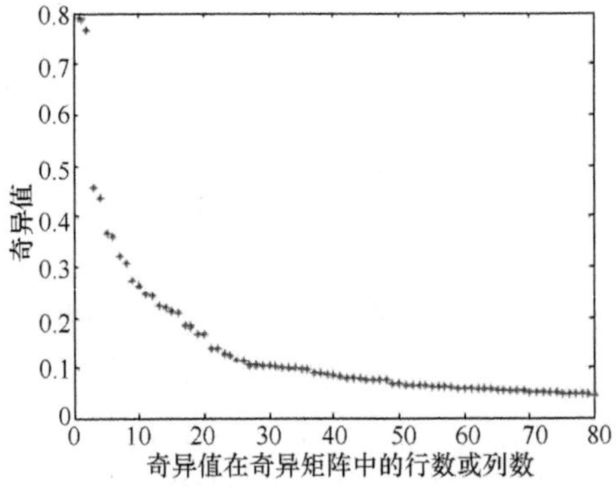

图 10.3 矩阵 S_1 对角元素(无明显跳跃)

如果选择的系统阶次与实际不符，会产生虚假模态或模态遗漏现象。为了避免系统的模态遗漏，系统的阶次就尽量取大一些。在矩阵 S_1 的对角元素无明显跳跃时，可以直接给定系统最小阶数和系统最大阶数，通过画稳定图来剔除虚假模态。

2) 虚假模态

随机子空间识别法唯一需要的“参数”就是系统的阶次 n。这个阶次需要预先人为确定。这个阶次的确定会导致虚假模态的产生和模态遗漏现象，严重影响识别效果。虚假模态产生的原因主要有两方面：一方面是随机子空间法的基本计算过程导致的；另一方面是实际应用中输入信号不满足白噪声的假定和/或输出信号受到环境的干扰而导致的。对于第一种情况，选择的阶次大于系统的阶次会产生虚假模态，反之，会导致模态遗漏现象。对于第二种情况，如果输入不满足白噪声的假定会使得某些频率成分较大，从而对系统产生强迫振动，使之表现出一阶模态，同时也会发生系统某些固有频率成分相对较弱，从而出现模态遗漏现象。输出信号受环境干扰，也会产生虚假模态。这些情况会使系统本身的模态参数发生变化，特别是阻尼比的变化更大。

无论上述哪种情况，都可用振型来判定某阶模态是否是虚假模态。因为系统本身模态的振型有一定的规律，而虚假模态没有规律，所以可以判断虚假模态。对于第二种情况的虚假模态判定，可以通过对稳定图的改进实现。

3) 稳定图

稳定图的做法：依次假定系统的阶次为 $n_{\min} \sim n_{\max}$。由于系统的特征值具有两两共轭的特点，因此阶次必须是偶数，从而得到 $\left(n_{\max} - n_{\min}\right)/2 + 1$ 个结果。然后把计算结果画到二维坐标图中，坐标图的横坐标为频率值，纵坐标为阶次，得到稳定图。

稳定点的判断准则：两相邻点的频率和阻尼在容差范围内，则认为是相同的；频率和阻尼过大的点为非稳定点；阶次一定，识别出的频率和阻尼不是成对出现的点剔除，即非稳定点。但稳定图也会出现虚假模态，结果与所选择的稳定模态的稳定点个数有关。当选择的稳定点多，结果中虚假模态减少或者没有，但同时也会把真实模态漏掉；选择稳定点少，识别出的真实模态遗漏少或者没有遗漏，但可能会选中虚假模态。将稳定图与响应信号的频谱图相结合，有助于选取稳定点个数。

5. 广义能观阵得出 ***A*** 阵和 ***C*** 阵

由广义能观阵 $\boldsymbol{\Gamma}_i$，可以得到 $\boldsymbol{C} = \boldsymbol{\Gamma}_i(1:l,:)$，$\boldsymbol{A} = [\boldsymbol{\Gamma}_i(1:il-l,:)]^{+}\boldsymbol{\Gamma}_i(l+1:il,:)$，其中 $\boldsymbol{\Gamma}_i(1:l,:)$ 为 $\boldsymbol{\Gamma}_i$ 的第一行块，$[\boldsymbol{\Gamma}_i(1:il-l,:)]^{+}$ 为 $\boldsymbol{\Gamma}_i$ 的前 i–1 行块的 Moore-Penrose 伪逆，$\boldsymbol{\Gamma}_i(l+1:il,:)$ 为 $\boldsymbol{\Gamma}_i$ 的后 i–1 行块，$\boldsymbol{C} \in \mathbf{R}^{l\times n}, \boldsymbol{A} \in \mathbf{R}^{n\times n}$。系统的动态特性完全由系统矩阵 ***A*** 的特征值和特征向量决定。系统的三个模态参数(固有频率、阻尼比和振型)，只与系统矩阵 ***A*** 和观测矩阵 ***C*** 有关，所以计算出 ***A*** 阵和 ***C*** 阵即可。

10.3.2　特征系统实现算法

特征系统实现算法(ERA)以多输入多输出(multi-input multi-output，MIMO)算

法得到的系统脉冲响应函数(IRF)为基本模型，通过构造 Hankel 矩阵，利用奇异值分解技术，得到系统的最小实现，并进一步识别出系统的模态参数。N 自由度系统的离散状态方程为

$$\begin{cases} x(k+1) = \boldsymbol{A}_1 x(k) + \boldsymbol{B}_1 f(k) \\ y(k) = \boldsymbol{G} x(k) \end{cases} \tag{10.9}$$

式中，$[\boldsymbol{A}_1, \boldsymbol{B}_1, \boldsymbol{G}]$为时间离散系统的一种实现，一个系统可以有无穷多种实现，其中阶次最小的为系统最小实现。具有最小实现的系统是完全能控和能观的。定义能控矩阵 $\boldsymbol{Q}$ 和能观矩阵 $\boldsymbol{P}$ 如下：

$$\boldsymbol{Q} = \begin{bmatrix} \boldsymbol{B}_1 & \boldsymbol{A}_1\boldsymbol{B}_1 & \boldsymbol{A}_1^2\boldsymbol{B}_1 & \cdots & \boldsymbol{A}_1^{2n-1}\boldsymbol{B}_1 \end{bmatrix} \tag{10.10}$$

$$\boldsymbol{P} = \begin{bmatrix} \boldsymbol{G} & \boldsymbol{G}\boldsymbol{A}_1 & \boldsymbol{G}\boldsymbol{A}_1^2 & \cdots & \boldsymbol{G}\boldsymbol{A}_1^{2n-1} \end{bmatrix}^{\mathrm{T}} \tag{10.11}$$

脉冲响应函数可以用系统矩阵表示为

$$\boldsymbol{h}(k) = \boldsymbol{G}\boldsymbol{A}_1^{k-1}\boldsymbol{B}_1 \tag{10.12}$$

由脉冲响应函数构造 Hankel 矩阵：

$$\boldsymbol{H}(k-1) = \begin{bmatrix} \boldsymbol{h}(k) & \boldsymbol{h}(k+1) & \boldsymbol{h}(k+2) & \cdots & \boldsymbol{h}(k+\beta-1) \\ \boldsymbol{h}(k+1) & \boldsymbol{h}(k+2) & \boldsymbol{h}(k+3) & \cdots & \boldsymbol{h}(k+\beta) \\ \boldsymbol{h}(k+2) & \boldsymbol{h}(k+3) & \boldsymbol{h}(k+4) & \cdots & \boldsymbol{h}(k+\beta+1) \\ \vdots & \vdots & \vdots & & \vdots \\ \boldsymbol{h}(k+\alpha-1) & \boldsymbol{h}(k+\alpha) & \boldsymbol{h}(k+\alpha+1) & \cdots & \boldsymbol{h}(k+\alpha+\beta-2) \end{bmatrix} \tag{10.13}$$

将式(10.12)代入式(10.13)有

$$\boldsymbol{H}(k-1) = \boldsymbol{P}\boldsymbol{A}_1^{k-1}\boldsymbol{Q} \tag{10.14}$$

假设存在一个矩阵 $\boldsymbol{H}^{\#}$ 满足：

$$\boldsymbol{Q}\boldsymbol{H}^{\#}\boldsymbol{P} = \boldsymbol{I}_n \tag{10.15}$$

式中，$\boldsymbol{I}_n$ 为 n 阶单位阵，可以看出 $\boldsymbol{H}^{\#}$ 满足：

$$\boldsymbol{H}(0)\boldsymbol{H}^{\#}\boldsymbol{H}(0) = \boldsymbol{P}\boldsymbol{Q}\boldsymbol{H}^{\#}\boldsymbol{P}\boldsymbol{Q} = \boldsymbol{P}\boldsymbol{Q} = \boldsymbol{H}(0) \tag{10.16}$$

式中，$\boldsymbol{H}^{\#}$ 为 $\boldsymbol{H}(0)$ 的伪逆，对 $\boldsymbol{H}(0)$ 进行奇异值分解，有

$$\boldsymbol{H}(0) = \boldsymbol{R}\boldsymbol{\Sigma}\boldsymbol{S}^{\mathrm{T}} \tag{10.17}$$

式中，$\boldsymbol{R}$、$\boldsymbol{S}$ 为正交矩阵；方阵 $\boldsymbol{\Sigma}$ 可表示为

$$\boldsymbol{\Sigma} = \begin{bmatrix} \boldsymbol{\Sigma}_n & 0 \\ 0 & 0 \end{bmatrix} \tag{10.18}$$

$$\boldsymbol{\Sigma}_n = \mathrm{diag}(\sigma_1, \sigma_2, \cdots, \sigma_i, \sigma_{i+1}, \cdots, \sigma_n) \tag{10.19}$$

式中，σ_i 为单调的非增量(i=1, 2,⋯, n)。接着，取 $\boldsymbol{R}$ 和 $\boldsymbol{S}$ 前 n 列形成的矩阵 $\boldsymbol{R}_n$ 和 $\boldsymbol{S}_n$，则矩阵 $\boldsymbol{H}(0)$ 及其伪逆变换为

$$\boldsymbol{H}(0) = \boldsymbol{R}_n \boldsymbol{\Sigma}_n \boldsymbol{S}_n^{\mathrm{T}}, \quad \boldsymbol{R}_n^{\mathrm{T}} \boldsymbol{R}_n = \boldsymbol{I}_n = \boldsymbol{S}_n \boldsymbol{S}_n^{\mathrm{T}}, \quad \boldsymbol{H}^{\#} = \boldsymbol{S}_n \boldsymbol{\Sigma}_n^{-1} \boldsymbol{R}_n^{\mathrm{T}} \tag{10.20}$$

由式(10.16)和式(10.17)可以看出，$\boldsymbol{P}$ 和 $\boldsymbol{Q}$ 的一个可能的取法是

$$\boldsymbol{P} = \boldsymbol{R}_n \boldsymbol{\Sigma}_n^{1/2}, \quad \boldsymbol{Q} = \boldsymbol{\Sigma}_n^{1/2} \boldsymbol{S}_n^{\mathrm{T}} \tag{10.21}$$

这样的选择可以使 $\boldsymbol{P}$ 和 $\boldsymbol{Q}$ 比较平衡。取 k=2 代入式(10.14)有

$$\boldsymbol{H}(1) = \boldsymbol{P}\boldsymbol{A}_1\boldsymbol{Q} = \boldsymbol{R}_n \boldsymbol{\Sigma}_n^{1/2} \boldsymbol{A}_1 \boldsymbol{\Sigma}_n^{1/2} \boldsymbol{S}_n^{\mathrm{T}} \tag{10.22}$$

从中可以解得

$$\boldsymbol{A}_1 = \boldsymbol{\Sigma}_n^{-1/2} \boldsymbol{R}_n^{\mathrm{T}} \boldsymbol{H}(1) \boldsymbol{S}_n \boldsymbol{\Sigma}_n^{-1/2} \tag{10.23}$$

假设 $\boldsymbol{O}_i$ 为阶数为 i 的零矩阵，$\boldsymbol{I}_i$ 为阶数为 i 的单位矩阵，$\boldsymbol{E}_m^{\mathrm{T}} = [\boldsymbol{I}_m \quad \boldsymbol{O}_m \quad \cdots \quad \boldsymbol{O}_m]$，$m$ 为输出个数，$\boldsymbol{E}_p^{\mathrm{T}} = [\boldsymbol{I}_p \quad \boldsymbol{O}_p \quad \cdots \quad \boldsymbol{O}_p]$，$p$ 为输入个数，则

$$\begin{aligned}
h(k) &= \boldsymbol{E}_m^{\mathrm{T}} \boldsymbol{H}(k-1) \boldsymbol{E}_p \\
&= \boldsymbol{E}_m^{\mathrm{T}} \boldsymbol{P} \boldsymbol{A}_1^{k-1} \boldsymbol{Q} \boldsymbol{E}_p \\
&= \boldsymbol{E}_m^{\mathrm{T}} \boldsymbol{P} \left[\boldsymbol{Q}\boldsymbol{H}^{\#}\boldsymbol{P}\right] \boldsymbol{A}_1^{k-1} \left[\boldsymbol{Q}\boldsymbol{H}^{\#}\boldsymbol{P}\right] \boldsymbol{Q} \boldsymbol{E}_p \\
&= \boldsymbol{E}_m^{\mathrm{T}} \boldsymbol{H}(0) \boldsymbol{H}^{\#} \boldsymbol{P} \boldsymbol{A}_1^{k-1} \boldsymbol{Q} \boldsymbol{H}^{\#} \boldsymbol{H}(0) \boldsymbol{E}_p \\
&= \boldsymbol{E}_m^{\mathrm{T}} \boldsymbol{H}(0) \boldsymbol{S}_n \boldsymbol{\Sigma}_n^{-1} \boldsymbol{R}_n^{\mathrm{T}} \boldsymbol{R}_n \boldsymbol{\Sigma}_n^{1/2} \boldsymbol{A}_1^{k-1} \boldsymbol{\Sigma}_n^{1/2} \boldsymbol{S}_n^{\mathrm{T}} \boldsymbol{S}_n \boldsymbol{\Sigma}_n^{-1} \boldsymbol{R}_n^{\mathrm{T}} \boldsymbol{H}(0) \boldsymbol{E}_p \\
&= \boldsymbol{E}_m^{\mathrm{T}} \boldsymbol{H}(0) \boldsymbol{S}_n \boldsymbol{\Sigma}_n^{-1/2} \left[\boldsymbol{\Sigma}_n^{-1/2} \boldsymbol{R}_n^{\mathrm{T}} \boldsymbol{H}(1) \boldsymbol{S}_n \boldsymbol{\Sigma}_n^{-1/2}\right]^{k-1} \boldsymbol{\Sigma}_n^{-1/2} \boldsymbol{R}_n^{\mathrm{T}} \boldsymbol{H}(0) \boldsymbol{E}_p \\
&= \boldsymbol{E}_m^{\mathrm{T}} \boldsymbol{R}_n \boldsymbol{\Sigma}_n^{1/2} \left[\boldsymbol{\Sigma}_n^{-1/2} \boldsymbol{R}_n^{\mathrm{T}} \boldsymbol{H}(1) \boldsymbol{S}_n \boldsymbol{\Sigma}_n^{-1/2}\right]^{k-1} \boldsymbol{\Sigma}_n^{1/2} \boldsymbol{S}_n^{\mathrm{T}} \boldsymbol{E}_p
\end{aligned} \tag{10.24}$$

从式(10.24)中可以看出，$\left[\boldsymbol{\Sigma}_n^{-1/2} \boldsymbol{R}_n^{\mathrm{T}} \boldsymbol{H}(1) \boldsymbol{S}_n \boldsymbol{\Sigma}_n^{-1/2} \quad \boldsymbol{\Sigma}_n^{1/2} \boldsymbol{S}_n^{\mathrm{T}} \boldsymbol{E}_p \quad \boldsymbol{E}_m^{\mathrm{T}} \boldsymbol{R}_n \boldsymbol{\Sigma}_n^{1/2}\right]$ 为系统的一个最小实现，其中 $\boldsymbol{A}_1 = \boldsymbol{\Sigma}_n^{-1/2} \boldsymbol{R}_n^{\mathrm{T}} \boldsymbol{H}(1) \boldsymbol{S}_n \boldsymbol{\Sigma}_n^{-1/2}$，$\boldsymbol{B}_1 = \boldsymbol{\Sigma}_n^{1/2} \boldsymbol{S}_n^{\mathrm{T}} \boldsymbol{E}_p$，$\boldsymbol{G} = \boldsymbol{E}_m^{\mathrm{T}} \boldsymbol{R}_n \boldsymbol{\Sigma}_n^{1/2}$。$\boldsymbol{A}_1$ 包含系统的频率和阻尼比信息，$\boldsymbol{G}$ 包含系统的振型信息。对 $\boldsymbol{A}_1$ 进行特征值分解：

$$\boldsymbol{\varphi}^{-1} \boldsymbol{A}_1 \boldsymbol{\varphi} = \boldsymbol{\Lambda} \tag{10.25}$$

式中，$\boldsymbol{\Lambda} = \mathrm{diag}(\lambda_1, \lambda_2, \cdots, \lambda_n)$，则在连续状态空间 $\boldsymbol{A}_1$ 的特征值矩阵为

$$\boldsymbol{Z} = \ln(\boldsymbol{\Lambda}) / \Delta t = \mathrm{diag}(z_1, z_2, \cdots, z_n) \tag{10.26}$$

由此，可以解得系统的模态参数如下：无阻尼固有频率 $\omega_i = \sqrt{\mathrm{Re}(z_i)^2 + \mathrm{Im}(z_i)^2}$，

阻尼比$\xi_i = \mathrm{Re}(z_i)/\omega_i$，振型$\boldsymbol{\psi} = \boldsymbol{G\varphi}$。

上述构造的 Hankel 矩阵是由脉冲响应函数组成的，但实际情况下激励并不知道，也就无法直接得到系统的脉冲响应函数。自然激励技术(NExT)的基本思路：用互相关函数代替 IRF 并结合传统的模态参数识别方法进行参数识别，该方法抗干扰能力比较强。N 自由度线性系统在 k 点受到脉冲激励，i 点的脉冲响应 $x_{ik}(t)$ 可以写成：

$$x_{ik}(t) = \sum_{r=1}^{n} a_{ikr} \exp(-\xi_r \omega_r t) \sin(\omega_{\mathrm{d}r} t) \tag{10.27}$$

式中，ω_r、ξ_r、$\omega_{\mathrm{d}r}$ 分别为系统的第 r 阶圆频率、阻尼比和阻尼圆频率。当 i、k、r 一定时，a_{ikr} 为常数。

当在 k 点受白噪声激励时，i 点的响应 $x_{ik}(t)$ 和 j 点的响应 $x_{jk}(t)$ 的互相关函数为

$$R_{ijk}(\tau) = E\left[x_{ik}(t+\tau) x_{jk}(t)\right] = \sum_{r=1}^{n} b_{ikr} \exp(-\xi_r \omega_r \tau) \sin(\omega_{\mathrm{d}r} \tau + \theta_r) \tag{10.28}$$

式中，E、θ_r 分别表示数学期望和 r 阶相位角；当 i、k、r 一定时，b_{ikr} 为常数。

比较式(10.27)和式(10.28)可以看出，白噪声激励下线性系统两个响应点间的互相关函数和 IRF 有相同的数学表达式。这就意味着在适用于 IRF 的模态分析中，可以用响应间的互相关函数来代替 IRF 进行参数识别。

NExT/ERA 的应用可以归纳为以下几步：①选择合适的参考点；②计算各测点与参考点的互相关函数；③选择合适的互相关函数数据构造 Hankel 矩阵 $\boldsymbol{H}(0)$；④对 Hankel 矩阵 $\boldsymbol{H}(0)$进行奇异值分解；⑤得到系统最小实现的矩阵；⑥计算矩阵 $\boldsymbol{A}$ 的特征值和特征向量；⑦剔除虚假模态，最后得到结构的模态参数。

10.4 环形桁架网状天线模态参数识别

对某网状天线结构施加外部随机激励(图 10.4)和外部脉冲激励(图 10.5)。天线结构有限元模型及其上加载点和测点的分布如图 10.6 所示。提取有限元激励数据、时间序列和天线结构的随机激励响应数据，将随机激励响应数据分别提供给 SSI 算法和 ERA，对天线结构进行模态参数识别，得到的稳定图如图 10.7 和图 10.8 所示。为了与多输入多输出(MIMO)算法比较，将随机激励响应数据导入，拟合频响函数与实测频响函数如图 10.9 所示。将有限元软件识别的结果与自编算法 SSI、ERA 的识别结果进行对比分析，如表 10.1 所示。

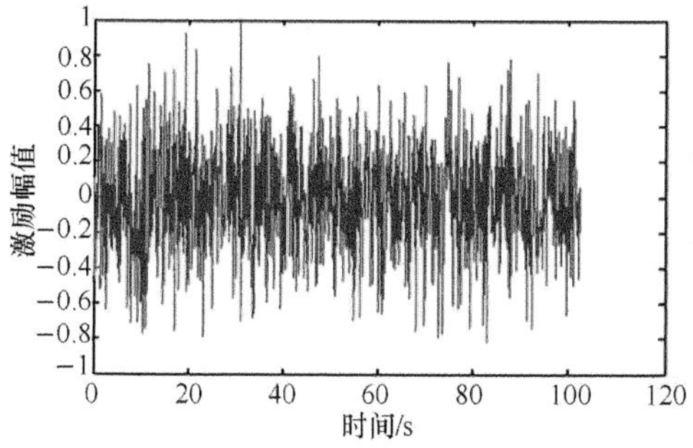

图 10.4　外部随机激励曲线

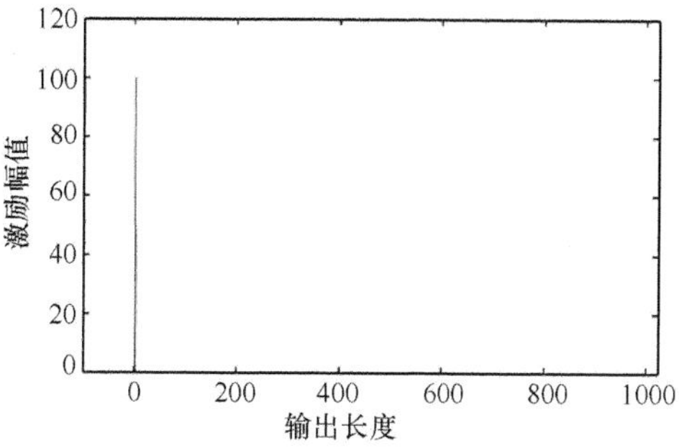

图 10.5　外部脉冲激励曲线

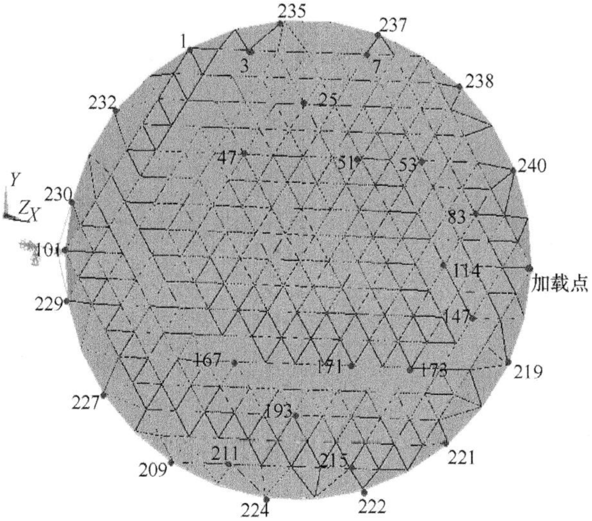

图 10.6　天线结构有限元模型及其上加载点与测点的分布

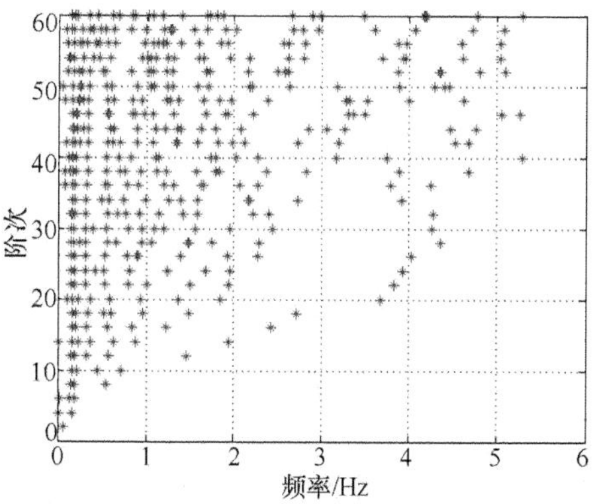

图 10.7　随机激励 SSI 算法稳定图

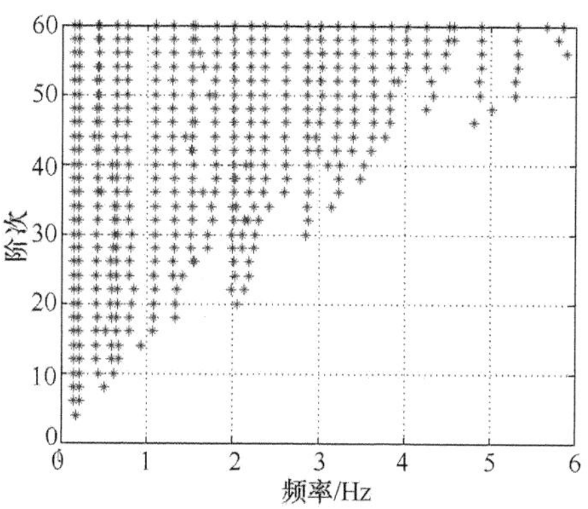

图 10.8　随机激励 ERA 稳定图

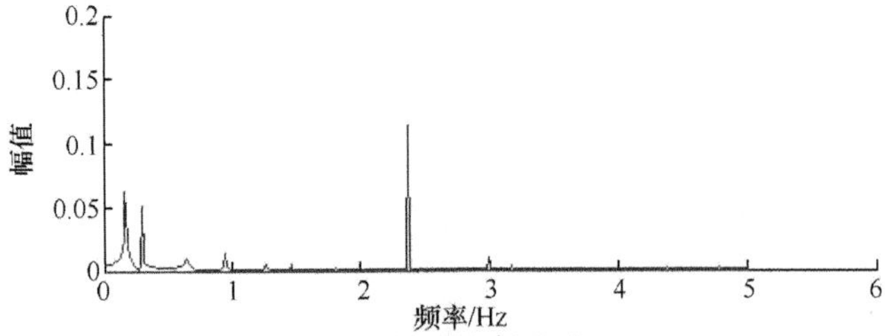

(a) 拟合频响函数图像

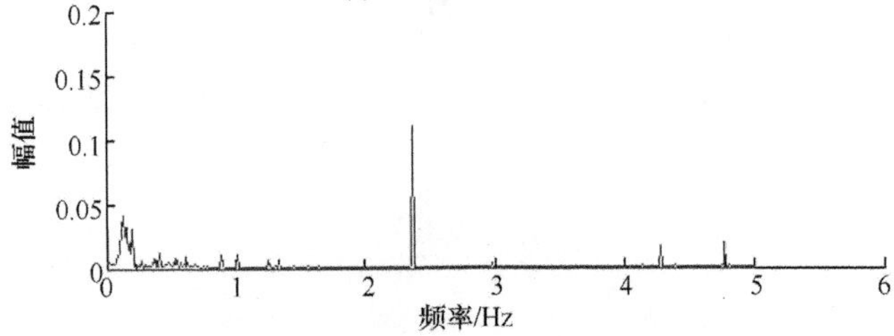

(b) 实测频响函数图像

图 10.9　拟合频响函数与实测频响函数

表 10.1　随机激励下各种识别方法识别结果对比

系统阶次	有限元结果	MIMO 算法识别结果			SSI 算法识别结果			ERA 识别结果		
		频率/Hz	准确度/%	备注	频率/Hz	准确度/%	备注	频率/Hz	准确度/%	备注
1	0.158	0.169	93.22	整体	0.139	87.81	整体	0.142	89.71	整体
虚假	—	—	—	—	0.182	—	—	—	—	—
2	0.195	—	—	—	0.193	99.22	整体	0.206	94.31	整体
3	0.347	—	—	—	0.353	98.47	整体	—	—	—
虚假	—	—	—	—	—	—	—	0.430	—	—
4	0.697	0.650	93.18	整体	0.679	97.41	整体	0.766	90.05	整体
5	1.216	1.261	96.33	整体	1.180	96.97	整体	1.301	93.04	整体
虚假	—	—	—	—	—	—	—	2.012	—	—
虚假	—	—	—	—	—		—	3.027	—	—
6	3.628	3.429	94.51	局部	3.496	96.35	局部	3.836	94.29	局部
7	4.538	4.568	99.32	局部	—	—	—	4.562	99.46	局部
8	4.855	4.814	99.17	局部	4.7771	98.41	局部	4.883	99.41	局部
9	4.987	4.964	99.54	局部	—	—	—	—	—	—
10	5.138	—	—	—	5.285	97.13	局部	5.310	96.65	局部

从表 10.1 中可以看出，MIMO 算法识别出了前 10 阶中的 7 阶模态，SSI 算

法识别出了 8 阶模态，ERA 也识别出了 8 阶模态，并且均与有限元分析的结果较为接近。SSI 算法和 ERA 识别模态的结果较为接近，识别效果较好，但虚假模态较多。因而相比较而言，SSI 算法识别的准确度高，且较为稳定。

参 考 文 献

[1] 刘良玉. 多输入多输出频域模型参数识别[D]. 西安：西安电子科技大学，2013.
[2] 刘伟萌. 空间可展开结构力热特性分析及模态辨识[D]. 西安：西安电子科技大学, 2018.

第 11 章　索网-框架组合结构振动控制

11.1　概　　述

随着尺寸的剧增，网状天线具有超低频、低阻尼等动力学特性，易在微重力、热交变、姿态调整及变轨机动等空间环境下产生复杂的非线性振动，难以衰减，严重影响结构的位形精度和稳定性。从波动动力学角度看，索网-框架组合结构的弹性振动可以看成是不同形式、不同频率弹性波叠加，在结构不连续处发生反射和传输。由于采用构件精确模型，波动动力学建模方法能够准确描述整个频域的动力学特性。本章介绍索网-框架组合结构的波动动力学建模及控制方法。

11.2　索网-框架组合结构的波动动力学建模及分析

11.2.1　线性梁单元

索网-框架组合结构是由一系列索梁单元互联耦合而成的结构。梁单元的变形模式包括拉伸、扭转和弯曲变形。在小变形假设下，可以对不同运动模式进行线性叠加。因此，梁单元每个节点包含 6 个自由度，分别对应 *xoy* 平面内的弯曲运动、*xoz* 平面内的弯曲运动、*x* 方向的轴向运动以及绕 *x* 轴的扭转运动，如图 11.1 所示。

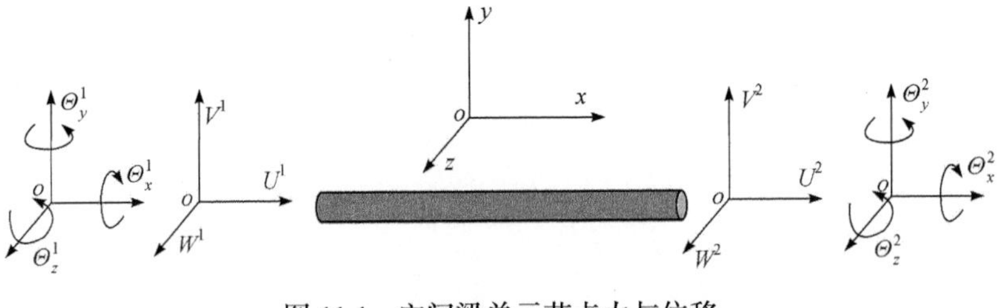

图 11.1　空间梁单元节点力与位移

在局部坐标系下，线性梁的谱单元动力学模型为[1]

$$\left[\boldsymbol{S}_{\mathrm{B}}(\omega)\right]^e \boldsymbol{u}^e = \boldsymbol{F}^e \tag{11.1}$$

式中，$\boldsymbol{u}^e = \begin{bmatrix} U^1 & V^1 & W^1 & \Theta_x^1 & \Theta_y^1 & \Theta_z^1 & U^2 & V^2 & W^2 & \Theta_x^2 & \Theta_y^2 & \Theta_z^2 \end{bmatrix}^{\mathrm{T}}$，是节点位移

和转角矢量；$\boldsymbol{F}^e=\left[N_x^1 \quad Q_y^1 \quad Q_z^1 \quad T_x^1 \quad M_y^1 \quad M_z^1 \quad N_x^2 \quad Q_y^2 \quad Q_z^2 \quad T_x^2 \quad M_y^2 \quad M_z^2\right]^{\mathrm{T}}$，是节点力和力矩矢量；$\boldsymbol{S}_{\mathrm{B}}(\omega)$ 是梁单元的谱刚度矩阵。

11.2.2　非线性索单元

空间索单元模型如图 11.2 所示，包含张紧索单元的节点力和位移分布。根据动量守恒，索单元动力学方程可表示为[2]

$$\begin{aligned}&\frac{\partial}{\partial x}\left\{\left[\left(N_0-E_{\mathrm{c}}A_{\mathrm{c}}\right)\frac{\mathrm{d}x}{\mathrm{d}s}+E_{\mathrm{c}}A_{\mathrm{c}}\right]\left[\left(1+u_x\right)\boldsymbol{i}+v_x\boldsymbol{j}+w_x\boldsymbol{k}\right]\right\}\\&=\rho_{\mathrm{c}}A_{\mathrm{c}}\left(u_{tt}\boldsymbol{i}+v_{tt}\boldsymbol{j}+w_{tt}\boldsymbol{k}\right)\end{aligned}\tag{11.2}$$

式中，E_{c}、A_{c} 和 ρ_{c} 分别为索单元的弹性模量、横截面积和密度；N_0 为索的预张力。索单元变形前后的几何关系为

$$\varDelta_{A'B'}=\mathrm{d}s=\left[\left(1+u_x\right)^2+{v_x}^2+{w_x}^2\right]^{\frac{1}{2}}\mathrm{d}x\tag{11.3}$$

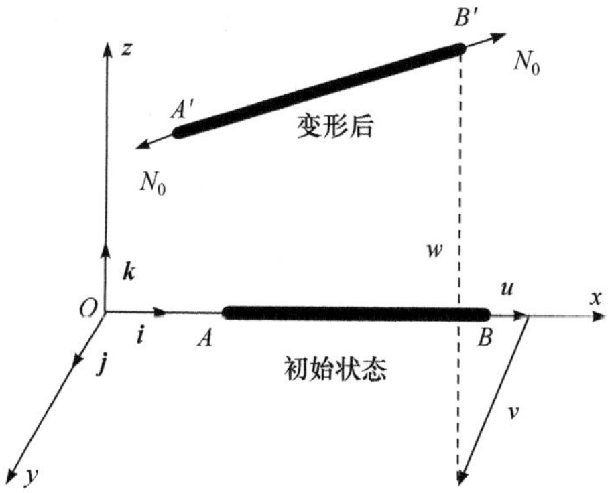

图 11.2　空间索单元模型

将式(11.3)进行泰勒级数展开，代入式(11.2)可得索单元面内、面外耦合运动控制方程：

$$E_{\mathrm{c}}A_{\mathrm{c}}u_{xx}-\rho_{\mathrm{c}}A_{\mathrm{c}}u_{tt}+Q_1(x,t)=0\tag{11.4}$$

$$N_0v_{xx}-\rho_{\mathrm{c}}A_{\mathrm{c}}v_{tt}+Q_2(x,t)=0\tag{11.5}$$

$$N_0w_{xx}-\rho_{\mathrm{c}}A_{\mathrm{c}}w_{tt}+Q_3(x,t)=0\tag{11.6}$$

通过快速傅里叶变换(FFT)将式(11.4)～式(11.6)变换到频域，可得

$$E_{\mathrm{c}}A_{\mathrm{c}}\hat{u}_{xx}+\rho_{\mathrm{c}}A_{\mathrm{c}}\omega^2\hat{u}+\hat{Q}_1(x)=0\tag{11.7}$$

$$N_0\hat{v}_{xx}+\rho_{\mathrm{c}}A_{\mathrm{c}}\omega^2\hat{v}+\hat{Q}_2(x)=0\tag{11.8}$$

$$N_0\hat{w}_{xx}+\rho_c A_c\omega^2\hat{w}+\hat{Q}_3(x)=0 \tag{11.9}$$

式中，$\hat{Q}_i(x)(i=1,2,3)$ 为非线性项 $Q_i(x,t)(i=1,2,3)$ 的频域形式。对式(11.7)～式(11.9)应用伽辽金(Galerkin)法，可得

$$\int_0^{L_c}\left[E_c A_c\frac{\partial^2\hat{u}}{\partial x^2}+\rho_c A_c\omega^2\hat{u}+\hat{Q}_1(x)\right]\hat{g}_j(x)\mathrm{d}x=0 \tag{11.10}$$

$$\int_0^{L_c}\left[N_0\frac{\partial^2\hat{v}}{\partial x^2}+\rho_c A_c\omega^2\hat{v}+\hat{Q}_2(x)\right]\hat{g}_j(x)\mathrm{d}x=0 \tag{11.11}$$

$$\int_0^{L_c}\left[N_0\frac{\partial^2\hat{w}}{\partial x^2}+\rho_c A_c\omega^2\hat{w}+\hat{Q}_3(x)\right]\hat{g}_j(x)\mathrm{d}x=0 \tag{11.12}$$

式中，L_c 为索单元长度；形函数 $\hat{g}_j(x)(j=1,2)$ 具体表达式见文献[3]。考虑外界激励的影响，利用式(11.10)～式(11.12)，可得非线性索单元动力学方程为

$$\begin{Bmatrix} f_u(0) \\ f_u(L_c) \end{Bmatrix}-E_c A_c\begin{bmatrix} -\hat{g}_1'(0) & -\hat{g}_2'(0) \\ \hat{g}_1'(L_c) & \hat{g}_2'(L) \end{bmatrix}\begin{Bmatrix} \hat{u}(0) \\ \hat{u}(L_c) \end{Bmatrix}+\int_0^{L_c}\begin{Bmatrix} \hat{g}_1(x) \\ \hat{g}_2(x) \end{Bmatrix}\hat{Q}_1(x)\mathrm{d}x=0 \tag{11.13}$$

$$\begin{Bmatrix} f_v(0) \\ f_v(L_c) \end{Bmatrix}-N_0\begin{bmatrix} -\hat{g}_1'(0) & -\hat{g}_2'(0) \\ \hat{g}_1'(L_c) & \hat{g}_2'(L_c) \end{bmatrix}\begin{Bmatrix} \hat{v}(0) \\ \hat{v}(L_c) \end{Bmatrix}+\int_0^{L_c}\begin{Bmatrix} \hat{g}_1(x) \\ \hat{g}_2(x) \end{Bmatrix}\hat{Q}_2(x)\mathrm{d}x=0 \tag{11.14}$$

$$\begin{Bmatrix} f_w(0) \\ f_w(L_c) \end{Bmatrix}-N_0\begin{bmatrix} -\hat{g}_1'(0) & -\hat{g}_2'(0) \\ \hat{g}_1'(L_c) & \hat{g}_2'(L_c) \end{bmatrix}\begin{Bmatrix} \hat{w}(0) \\ \hat{w}(L_c) \end{Bmatrix}+\int_0^{L_c}\begin{Bmatrix} \hat{g}_1(x) \\ \hat{g}_2(x) \end{Bmatrix}\hat{Q}_3(x)\mathrm{d}x=0 \tag{11.15}$$

由式(11.13)～式(11.15)，可以推导出非线性索的谱单元模型为

$$\left[\boldsymbol{S}_c(\omega)\right]^e\boldsymbol{u}^e=\boldsymbol{F}^e+\boldsymbol{Q}^e+\boldsymbol{F}_c^e \tag{11. 16}$$

式中，$\boldsymbol{u}^e=\left[\hat{u}(0)\quad \hat{v}(0)\quad \hat{w}(0)\quad \hat{u}(L)\quad \hat{v}(L)\quad \hat{w}(L)\right]^{\mathrm{T}}$；$\boldsymbol{F}^e$、$\boldsymbol{Q}^e$ 和 $\boldsymbol{F}_c^e$ 分别为索单元的节点外力、非线性力和控制力。

11.2.3　整体动力学模型及求解

根据线性梁单元和非线性索单元的谱单元动力学模型，使用与有限元法(FEM)类似的组集策略可得到非线性索网-框架组合结构的动力学模型。将局部坐标系下的梁单元和索单元通过坐标变换得到全局坐标系中的谱刚度矩阵。局部与全局刚度矩阵变换关系为

$$\boldsymbol{S}_g^{(j)}(\omega)=\left[\boldsymbol{T}^{(j)}\right]^{\mathrm{T}}\boldsymbol{S}^{(j)}(\omega)\boldsymbol{T}^{(j)} \tag{11.17}$$

式中，$\boldsymbol{S}_g^{(j)}(\omega)$ 为构件 j 在全局坐标系下的谱刚度矩阵；$\boldsymbol{T}^{(j)}$ 为构件 j 的坐标变换

矩阵；$\boldsymbol{S}^{(j)}(\omega)$ 为构件 j 的局部刚度矩阵。

由于索单元与梁单元动力学模型矩阵维数不一致，在组集前需要对索单元增加虚拟转动自由度。基于谱有限元法(SFEM)，可得到非线性索网-框架组合结构的动力学方程为

$$\boldsymbol{S}_{\mathrm{g}}(\omega)\boldsymbol{U}=\boldsymbol{F}+\boldsymbol{Q}_{\mathrm{d}} \tag{11.18}$$

式中，$\boldsymbol{S}_{\mathrm{g}}(\omega)$ 为整体刚度矩阵；$\boldsymbol{U}$ 为全局节点位移矢量；$\boldsymbol{F}$ 为节点力矢量；$\boldsymbol{Q}_{\mathrm{d}}$ 为非线性节点力矢量。式(11.18)采用时-频交替求解算法进行求解，详细求解流程如图 11.3 所示。迭代期望误差值β_i的表达式为

$$\beta_i=\frac{1}{K}\frac{1}{M}\sum_{k=1}^{K}\sum_{m=1}^{M}\left|\frac{Q_i\left(x_n,t_m\right)-Q_{i-1}\left(x_n,t_m\right)}{Q_i\left(x_n,t_m\right)}\right| \tag{11.19}$$

式中，下标 i 为迭代步数；K 为索段数量；M 为时间长度；β_i 阈值为 1×10^{-6}。

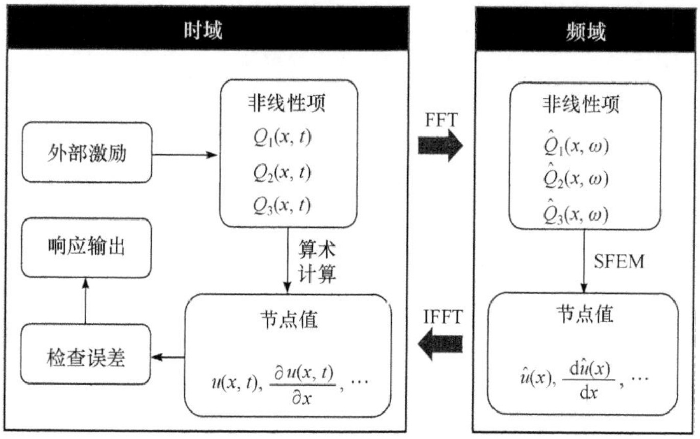

图 11.3 时-频交替求解算法流程

IFFT 为快速傅里叶逆变换

11.3 索网-框架组合结构的模态/波动主动控制

11.3.1 波动控制器

索网结构第 j 个节点采用如图 11.4 所示的同位反馈波动控制，波动控制器增益形式如下：

$$H_j(\omega)=\lambda_{1j}+\mathrm{j}\omega\lambda_{2j} \tag{11.20}$$

式中，λ_{1j} 和 λ_{2j} 为波动控制器的一对增益系数。控制器增益与角频率和结构的节

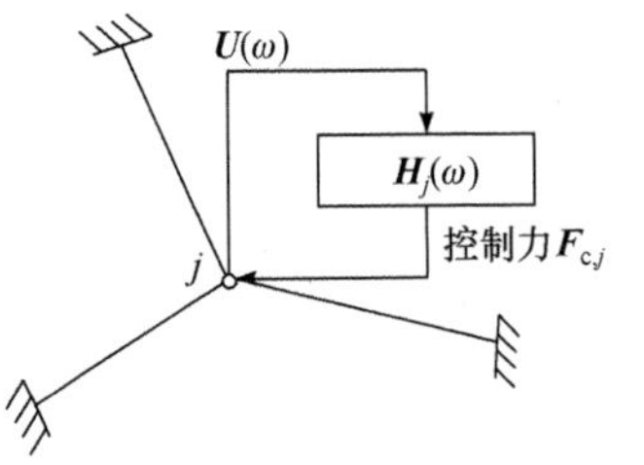

图 11.4　非线性波动控制系统

点位移有关，因此，第 j 个控制器产生的控制力可表示为

$$\boldsymbol{F}_{c,j}(\omega)=\boldsymbol{H}_j(\omega)\boldsymbol{d}\boldsymbol{d}^{\mathrm{T}}\boldsymbol{U}(\omega) \tag{11.21}$$

式中，$\boldsymbol{U}(\omega)$ 为节点位移；$\boldsymbol{d}$ 为与 $\boldsymbol{U}(\omega)$ 有关的方位矩阵。

含波动控制力的索网-框架组合结构非线性动力学方程可表示为

$$\left[\boldsymbol{S}_{\mathrm{g}}(\omega)-\boldsymbol{K}_{\mathrm{d}}(\omega)\right]\boldsymbol{U}(\omega)=\boldsymbol{F}+\boldsymbol{Q}_{\mathrm{d}} \tag{11.22}$$

式中，$\boldsymbol{K}_{\mathrm{d}}(\omega)=\boldsymbol{H}_j(\omega)\boldsymbol{d}\boldsymbol{d}^{\mathrm{T}}$。

以节点最小功率流加权和为目标函数，以每个控制器增益系数 λ_{1j} 和 λ_{2j} 为待优化参数，建立的波动控制器优化模型为

$$\begin{aligned}
&\text{find} \quad \lambda_{1j},\lambda_{2j}\\
&\textbf{min} \quad \sum_{j=1}^{n}P_{\mathrm{net},j}\\
&\textbf{s.t.} \quad [\boldsymbol{S}_{\mathrm{g}}(\omega)-\boldsymbol{K}_{\mathrm{d}}(\omega)]\boldsymbol{U}(\omega)=\boldsymbol{F}+\boldsymbol{Q}_{\mathrm{d}}\\
&\qquad \lambda_{1j}\in[\lambda_1^{\mathrm{L}} \quad \lambda_1^{\mathrm{U}}]\\
&\qquad \lambda_{2j}\in[\lambda_2^{\mathrm{L}} \quad \lambda_2^{\mathrm{U}}]
\end{aligned} \tag{11.23}$$

式中，n 是索网结构的节点数目；$P_{\mathrm{net},j}$ 是节点功率流；λ_1^{L} 和 λ_2^{L} 是增益系数的下界；λ_1^{U} 和 λ_2^{U} 是增益系数的上界。根据式(11.23)，可以通过智能算法求解非线性波动控制器的最优增益系数。

11.3.2　模态/波动复合控制

模态控制的核心思想是将被控对象的动力学方程以状态空间的形式描述，使用模态截断进行降阶，选择一个或多个模态，通过状态空间方程设计对应的控制策略。针对非线性系统，模态控制通常将非线性状态空间模型先进行线性化处理再进行控制器设计。本小节将基于索网-框架组合结构的线性化模型开发线性二次型调节器(linear quadratic regulator, LQR)模态控制器。索网-框架组合结构的线性动力学方程为

$$\boldsymbol{M}\ddot{\boldsymbol{u}}+\boldsymbol{C}\dot{\boldsymbol{u}}+\boldsymbol{K}\boldsymbol{u}=\boldsymbol{F}_{\mathrm{d}}+\boldsymbol{\Gamma}\boldsymbol{F}_{\mathrm{m}} \tag{11.24}$$

式中，$\boldsymbol{M}$、$\boldsymbol{C}$ 和 $\boldsymbol{K}$ 分别是索网-框架组合结构的质量矩阵、阻尼矩阵和刚度矩阵；$\boldsymbol{u}\in\mathbf{R}^n$，是节点位移向量；$\boldsymbol{F}_{\mathrm{d}}$ 是外力矢量；$\boldsymbol{F}_{\mathrm{m}}\in\mathbf{R}^r$，是模态控制力；$\boldsymbol{\Gamma}\in\mathbf{R}^{n\times r}$，是模态控制力的配置矩阵。

结构时域位移可表示为时间和空间两部分。引入模态坐标：

$$\boldsymbol{u} = \boldsymbol{\Phi\eta} \tag{11.25}$$

式中，$\boldsymbol{\Phi} \in \mathbf{R}^{n\times q}$ 和 $\boldsymbol{\eta} \in \mathbf{R}^{q}$，分别是结构的无阻尼振型矩阵和广义模态坐标向量。将式(11.25)代入式(11.24)并左乘 $\boldsymbol{\Phi}^{\mathrm{T}}$，模态空间中的动力学方程可以写成：

$$\bar{\boldsymbol{M}}\ddot{\boldsymbol{\eta}} + \bar{\boldsymbol{C}}\dot{\boldsymbol{\eta}} + \bar{\boldsymbol{K}}\boldsymbol{\eta} = \bar{\boldsymbol{F}}_{\mathrm{d}} + \bar{\boldsymbol{F}}_{\mathrm{m}} \tag{11.26}$$

式中，

$$\begin{cases} \bar{\boldsymbol{M}} = \mathrm{diag}\left(\bar{\boldsymbol{M}}_i\right) = \boldsymbol{\Phi}^{\mathrm{T}}\boldsymbol{M\Phi} \\ \bar{\boldsymbol{C}} = \mathrm{diag}\left(\bar{\boldsymbol{C}}_i\right) = \boldsymbol{\Phi}^{\mathrm{T}}\boldsymbol{C\Phi} \\ \bar{\boldsymbol{K}} = \mathrm{diag}\left(\bar{\boldsymbol{K}}_i\right) = \boldsymbol{\Phi}^{\mathrm{T}}\boldsymbol{K\Phi} \\ \bar{\boldsymbol{F}}_{\mathrm{d}} = \boldsymbol{\Phi}^{\mathrm{T}}\boldsymbol{F}_{\mathrm{d}} \\ \bar{\boldsymbol{F}}_{\mathrm{m}} = \boldsymbol{\Phi}^{\mathrm{T}}\boldsymbol{\Gamma}\boldsymbol{F}_{\mathrm{m}} = \boldsymbol{L}\boldsymbol{F}_{\mathrm{m}} \end{cases} \tag{11.27}$$

假设只考虑系统 n_{c} 个被控模态坐标向量(对应的矩阵和向量用 c 标识)，则被控模态坐标的运动方程为

$$\bar{\boldsymbol{M}}_{\mathrm{c}}\ddot{\boldsymbol{\eta}}_{\mathrm{c}} + \bar{\boldsymbol{C}}_{\mathrm{c}}\dot{\boldsymbol{\eta}}_{\mathrm{c}} + \bar{\boldsymbol{K}}_{\mathrm{c}}\boldsymbol{\eta}_{\mathrm{c}} = \bar{\boldsymbol{F}}_{\mathrm{d}}^{c} + \bar{\boldsymbol{F}}_{\mathrm{m}}^{c} \tag{11.28}$$

对于模态坐标 η_i，引入状态向量 $\boldsymbol{X} = \{\eta_i \quad \dot{\eta}_i\}^{\mathrm{T}}$，并将其代入式(11.28)，则被控系统的状态空间方程为

$$\dot{\boldsymbol{X}} = \boldsymbol{AX} + \boldsymbol{BF}_{\mathrm{m}} \tag{11.29}$$

式中，

$$\boldsymbol{A} = \begin{bmatrix} \boldsymbol{0}_{nc\times nc} & \boldsymbol{I}_{nc\times nc} \\ -\bar{\boldsymbol{M}}_{\mathrm{c}}^{-1}\bar{\boldsymbol{K}}_{\mathrm{c}} & -\bar{\boldsymbol{M}}_{\mathrm{c}}^{-1}\bar{\boldsymbol{C}}_{\mathrm{c}} \end{bmatrix}, \quad \boldsymbol{B} = \begin{bmatrix} 0 \\ \bar{\boldsymbol{M}}_{\mathrm{c}}^{-1}\boldsymbol{\Phi}^{\mathrm{T}}\boldsymbol{\Gamma} \end{bmatrix} \tag{11.30}$$

根据状态空间方程(11.29)，可以依据控制算法求最优控制力 $\boldsymbol{F}_{\mathrm{m}}$。LQR 是一种有效的全状态反馈控制系统方法。其优点是可以快速响应变化的控制需求，并且对于大多数线性系统可以产生稳定的控制结果。LQR 控制器需要寻找合适的最优控制律 $\boldsymbol{F}_{\mathrm{m}}$，最小化线性二次型代价函数 J。经典 LQR 控制器的代价函数可以写为

$$\min J = \int_0^{t_{\mathrm{f}}} \left(\boldsymbol{X}^{\mathrm{T}}\boldsymbol{QX} + \boldsymbol{F}_{\mathrm{m}}^{\mathrm{T}}\boldsymbol{RF}_{\mathrm{m}}\right)\mathrm{d}t \tag{11.31}$$

式中，$\boldsymbol{Q}$ 是正定或半正定的矩阵状态变量加权矩阵；$\boldsymbol{R}$ 是对角正定的输入变量加权矩阵。在式(11.31)所表示的目标函数中，第一个积分项代表状态误差的平方和，第二个积分项的作用是调节控制输入。一般来说，$\boldsymbol{R}$ 是一个加权系数 r_{c} 乘以一个单位阵。如果 $\boldsymbol{R}$ 值较大，说明较重视控制输入。因此，为了获得更好的控制效果，

应该在作动器控制力的设计范围内尽可能减小加权系数 r_c。根据二次最优控制理论，最优控制力可以写为

$$\boldsymbol{F}_{\mathrm{m}}=-\boldsymbol{R}^{-1}\boldsymbol{B}^{\mathrm{T}}\boldsymbol{P}\boldsymbol{X}=-\boldsymbol{G}\boldsymbol{X} \tag{11.32}$$

式中，$\boldsymbol{G}$ 是最优增益矩阵；$\boldsymbol{P}$ 是对称矩阵，并满足 Riccati 方程：

$$\boldsymbol{A}^{\mathrm{T}}\boldsymbol{P}+\boldsymbol{P}\boldsymbol{A}-\boldsymbol{P}\boldsymbol{B}\boldsymbol{R}^{-1}\boldsymbol{B}^{\mathrm{T}}\boldsymbol{P}+\boldsymbol{Q}=0 \tag{11.33}$$

通过控制力与模态坐标之间的映射关系，模态控制力可以写为

$$\begin{aligned}\boldsymbol{F}_{\mathrm{m}}&=-[\boldsymbol{G}_1\quad \boldsymbol{G}_2]\begin{bmatrix}\eta\\ \dot{\eta}\end{bmatrix}\\&=-(\boldsymbol{G}_1\eta+\boldsymbol{G}_2\dot{\eta})\\&=-(\boldsymbol{G}_1\boldsymbol{\Phi}^{-1}\boldsymbol{U}+\mathrm{j}\omega\boldsymbol{G}_2\boldsymbol{\Phi}^{-1}\boldsymbol{U})\end{aligned} \tag{11.34}$$

将式(11.34)代入式(11.18)，则考虑波动/模态复合控制的索网-框架组合结构非线性动力学方程为

$$\left[\boldsymbol{S}_{\mathrm{g}}(\omega)-\boldsymbol{K}_{\mathrm{d}}(\omega)-\boldsymbol{K}_{\mathrm{m}}(\omega)\right]\boldsymbol{U}(\omega)=\boldsymbol{F}+\boldsymbol{Q}_{\mathrm{d}} \tag{11.35}$$

式中，$\boldsymbol{K}_{\mathrm{m}}(\omega)=\boldsymbol{\Gamma}\boldsymbol{H}$，$\boldsymbol{\Gamma}$ 为模态控制力配置矩阵，$\boldsymbol{H}=-(\boldsymbol{G}_1+\mathrm{j}\omega\boldsymbol{G}_2)\boldsymbol{\Phi}^{-1}$。波动/模态复合控制器的优化模型为

$$\begin{aligned}&\text{find}\quad \lambda_{1j},\lambda_{2j}\\&\min\quad \sum_{j=1}^{n}P_{\mathrm{net},j}\\&\text{s.t.}\quad \left[\boldsymbol{S}_{\mathrm{g}}(\omega)-\boldsymbol{K}_{\mathrm{d}}(\omega)-\boldsymbol{K}_{\mathrm{m}}(\omega)\right]\boldsymbol{U}(\omega)=\boldsymbol{F}+\boldsymbol{Q}_{\mathrm{d}}\\&\qquad \lambda_{1j}\in[\lambda_1^{\mathrm{L}}\quad \lambda_1^{\mathrm{U}}]\\&\qquad \lambda_{2j}\in[\lambda_2^{\mathrm{L}}\quad \lambda_2^{\mathrm{U}}]\end{aligned} \tag{11.36}$$

11.4 索网-框架组合结构的振动控制

11.4.1 环形桁架网状天线的动响应分析

所使用的环形桁架网状天线口径为 3m，共有 86 个节点。环形桁架网状天线结构如图 11.5 所示，天线结构参数如表 11.1 所示，通过复弹性模量 $E(1+\mathrm{i}\eta)$ 引入结构阻尼，η 为材料损耗因子。采用力密度法设计索网反射面的平衡预张力，得到如表 11.2 所示的环形桁架网状天线结构预张力分布。

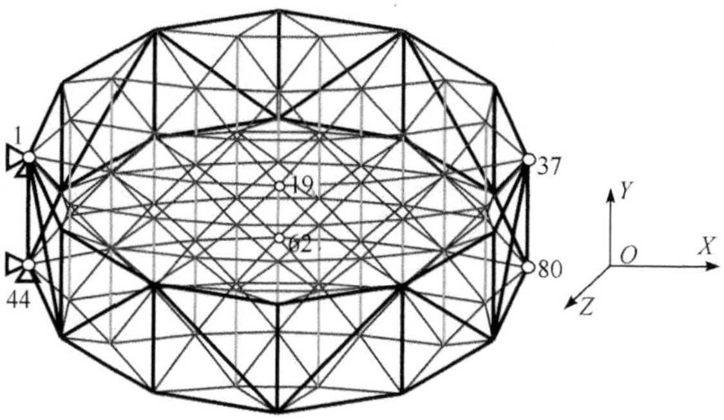

图 11.5　环形桁架网状天线结构

表 11.1　环形桁架网状天线结构参数

索网类型	截面类型	半径/m	密度/(kg/m³)	弹性模量/GPa	泊松比	材料损耗因子	单元数目/根
前索网	圆形截面	0.001	1450	30	0.3	0.003	72
背索网			1450	30	0.3	0.003	72
张紧索			1200	20	0.3	0.002	31
环支撑索			1450	30	0.3	0.003	60
环形桁架	圆形截面	0.018	1800	207	0.3	0.001	48

表 11.2　环形桁架网状天线结构预张力分布

预张力	前索网	背索网	张紧索	环支撑索
预张力最大值/N	65.4726	65.4726	18.4992	119.5164
预张力最小值/N	25.3257	25.3257	14.9942	84.3812
预张力平均值/N	47.9968	47.9968	16.2176	111.4287

通过式(11.18)求解环形桁架网状天线的频域动力学响应。将 1 号节点和 44 号节点完全固定，激励力 $F = F_0 e^{j\omega t}$ 施加在 37 号节点 Z 方向，激励幅值为 $F_0 = 30\text{N}$。为了对比，使用 Abaqus 有限元软件计算天线结构的频率响应。在 Abaqus 软件中，每根索、梁构件分别划分为 200 个单元，即环形桁架天线包含 56600 个单元。提出的谱有限元法(SFEM)仅含 283 个单元，SFEM 的单元数明显小于 FEM 的单元数。图 11.6 展示了环形桁架网状天线 80 号节点的频响曲线。在 0～200Hz，基于有限元法与基于谱有限元法的频响曲线几乎完全重合。在高频区间(400～500Hz)有限元频响曲线出现了明显偏移。这是因为有限元法在计算高频响应时会出现误

差，甚至会出现虚假响应。在 80 号节点处，非线性与线性动力学响应无显著差别，原因是索-梁耦合节点的刚度大，非线性效应不显著。图 11.7 是索网 19 号节点的线性和非线性动力学响应对比图。在 0～70Hz 频段，非线性效应不明显。在 70～500Hz 频段，线性和非线性频响曲线出现了密集的共振峰值，这些峰值主要来自于索网反射面的共振。

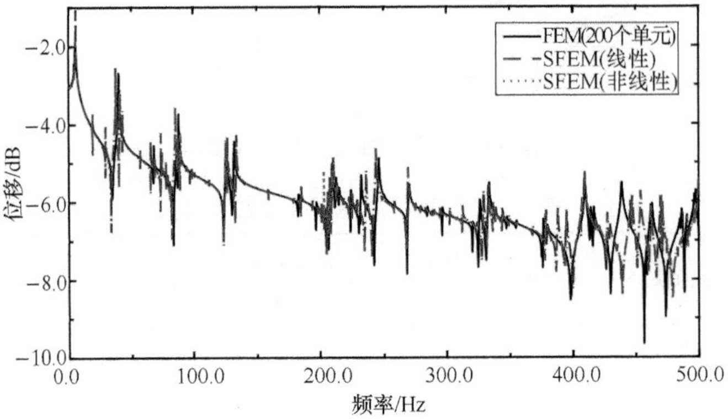

图 11.6　80 号节点的频响曲线

纵坐标物理量实际上为位移(单位：m)的常用对数(单位：dB)，考虑到行业内阅读习惯，表示为“位移/dB”，后同

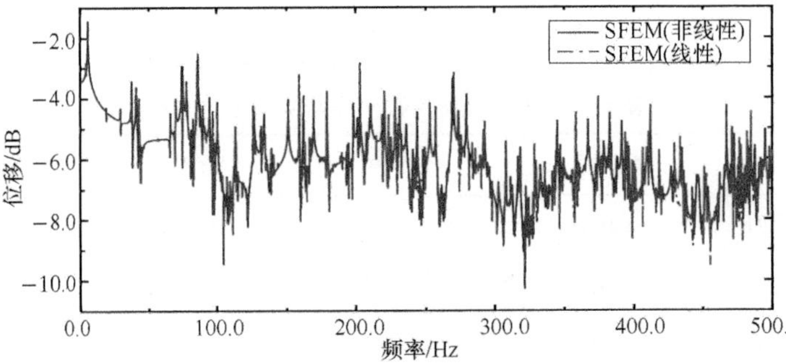

图 11.7　19 号节点的频响曲线

图 11.8 对比了 80 号节点和 19 号节点在 Z 方向的非线性时域位移响应。当激励作用在环形桁架上时，索网结构和桁架结构均为微振动。尽管索网节点本身没有受到外界激励，但外部激励能量仍可以通过桁架结构传递到索网结构。19 号节点的位移幅值是 80 号节点位移幅值的 50%。图 11.9 为采用时-频交替求解算法求解动力学响应的迭代误差收敛图。仅通过 6 次迭代，迭代误差由初始的 58.88 减小为 7×10^{-6}。

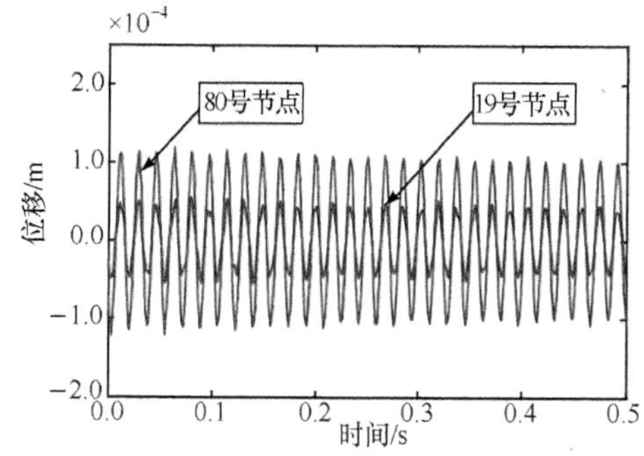

图 11.8　非线性时域位移响应曲线

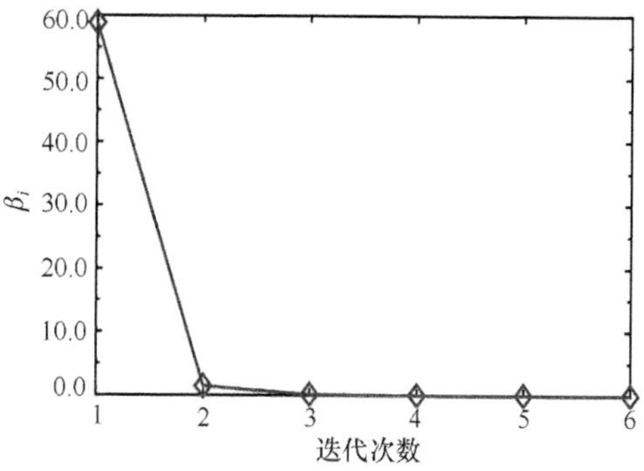

图 11.9　迭代误差收敛图

将激励力设置为矩形脉冲载荷，脉冲载荷振幅为 $F_0 = 10\text{N}$，作用时间 $\tau = 0.01\text{s}$，作用在天线结构 19 号节点的 Z 方向。图 11.10 表示瞬态激励下索网 80 号节点和 19 号节点的非线性与线性时域响应。与线性动力学响应相比，索网结构非线性动力学响应幅值更大、衰减更慢。

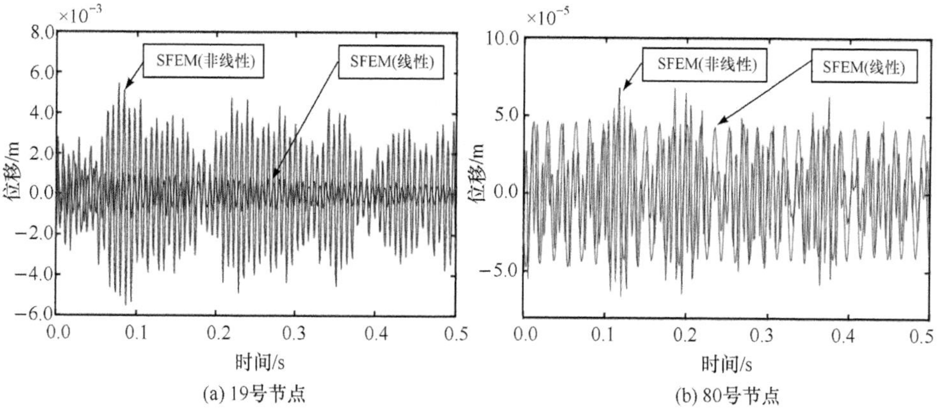

图 11.10　瞬态激励下各节点的时域响应

11.4.2　平面索网-框架组合结构的振动控制

以图 11.11 所示的索网-框架组合结构为例，进行复合控制方法的性能分析。该结构由 24 根索单元和 20 根梁单元组成，共有 25 个节点，其中 1～5 号节点完全固定。索、梁单元物性参数如表 11.3 所示，结构单元无阻尼。梁单元和索单元长度 $L = 0.4\text{m}$，索单元初始预张力 $N_0 = 25\text{N}$，矩形单脉冲载荷施加于 25 号节点的 Z 方向上，载荷振幅 0.8N，作用时间 $\tau = 0.01\text{s}$，传感器假定配置在结构 21 号节点处。

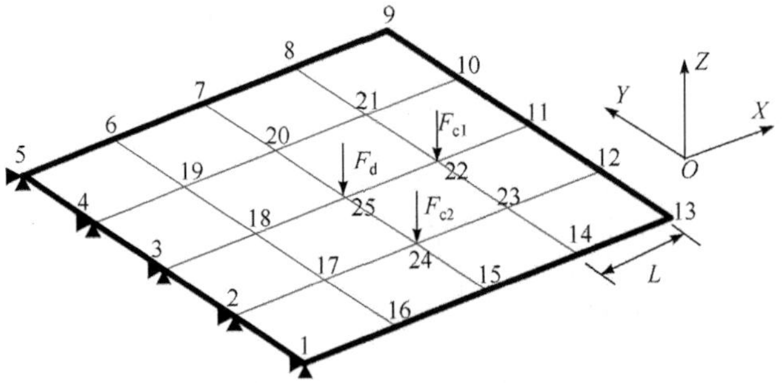

图 11.11　索网-框架组合结构示意图

表 11.3　索、梁单元物性参数

结构组成	截面类型	半径/m	密度/(kg/m³)	泊松比	弹性模量/GPa
索	圆形截面	0.001	1450	0.3	30
梁	圆形截面	0.018	1800	0.3	207

为了验证复合控制方法的有效性，在 22 号节点和 24 号节点进行控制。选择不同的控制策略进行对比验证：①采用 2 个非线性波动控制器；②采用 2 个线性模态控制器；③采用 1 个模态控制器和 1 个波动控制器。首先，在 22 号节点和 24 号节点采用 2 个非线性波动控制器来抑制索网-框架组合结构的振动。使用遗传算法求解波动控制器优化模型式(11. 36)。遗传算法参数设置：初始种群数量为 60，交叉比例为 0.8，最大迭代次数为 30。为了避免局部最优，选择三种不同的初始参数进行优化。图 11.12 为非线性波动控制器的参数优化结果。在图 11.12(a)中，三次寻优过程函数值均收敛于常数 70.1938。图 11.12(b)显示波动控制器最优增益系数 $\lambda_1 = [1510.78, -2123.95]$ 和 $\lambda_2 = [-97.4781, -1289.04]$。

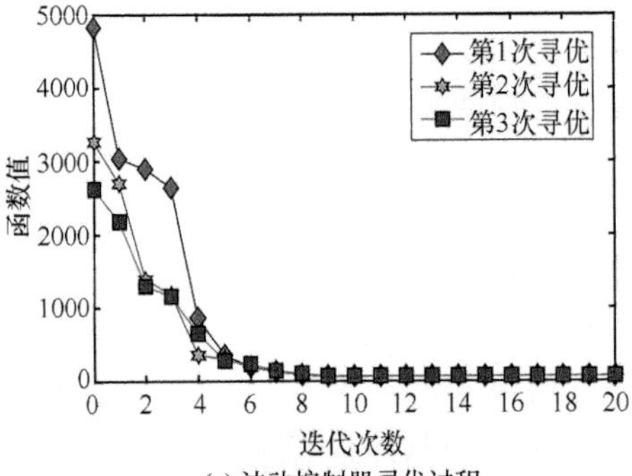

(a) 波动控制器寻优过程

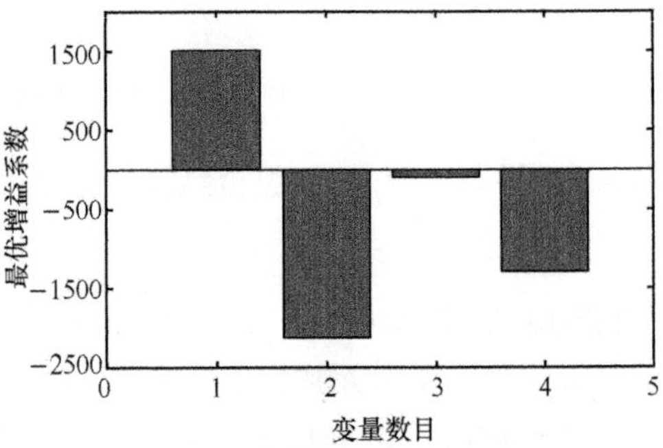

(b) 波动控制器最优增益系数

图 11.12　非线性波动控制器参数优化结果

图 11.13 表示波动控制前后 21 号节点和 25 号节点的 Z 方向频响曲线。在没

有控制的情况下，频响曲线可以观察到清晰的共振峰值。采用波动控制器之后共振峰值明显下降。由于选择了节点功率流为目标函数，因此波动控制器在 21 号节点和 25 号节点均产生了较好的控制效果。

尽管波动控制在 0～200Hz 频段都降低了位移峰值，但在中高频区间内控制性能相对较差，较高频率下的控制性能下降是由于观测点靠近存在驻波的节点，弹性波从边界的内置端产生反射。

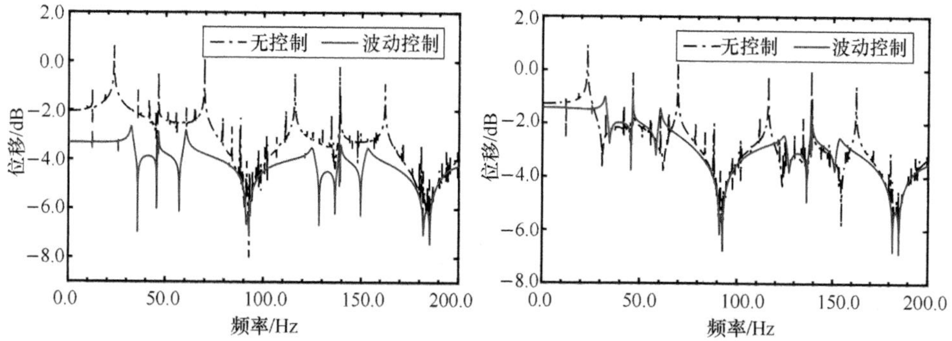

(a) 21号节点受控前后对比　(b) 25号节点受控前后对比

图 11.13　索网-框架组合结构波动控制前后 Z 方向频响曲线

图 11.14 为波动控制前后 21 号节点和 25 号节点的 Z 方向时域位移响应。在图 11.14 (a)中，21 号节点的初始位移幅值为 0.4mm，经过 0.06s 后位移幅值增大到 0.8mm。由于没有阻尼存在，位移幅值整体并没有减小。因为 25 号节点为载荷施加点，所以外部冲击能量施加到该点导致初始时刻位移较大。随后振动能量由单一节点传递到整个索网结构，因而激振点能量减小，位移也随之减小。施加控制之后，21 号节点和 25 号节点时域位移响应均有明显降低。该结果表明，非

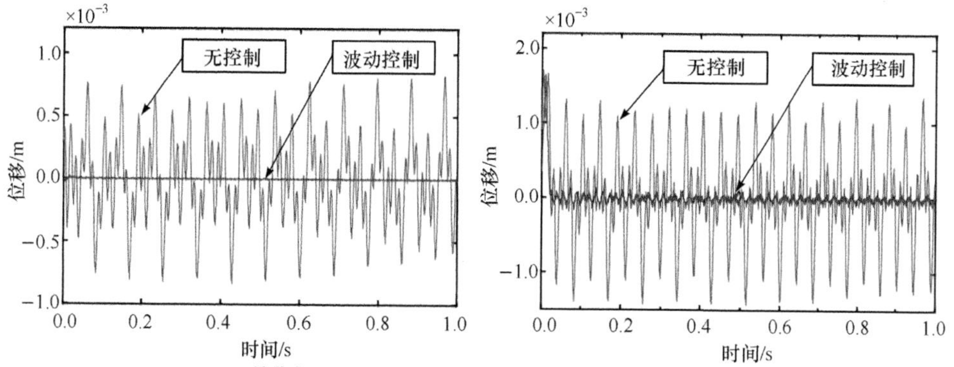

(a) 21号节点　(b) 25号节点

图 11.14　波动控制前后 Z 方向时域位移响应

线性波动控制器可以有效抑制索网-框架组合结构的非线性振动。图 11.15 是非线性波动控制器在 1s 内输出力的变化曲线，可以看出输出力幅值在较小的范围内波动。

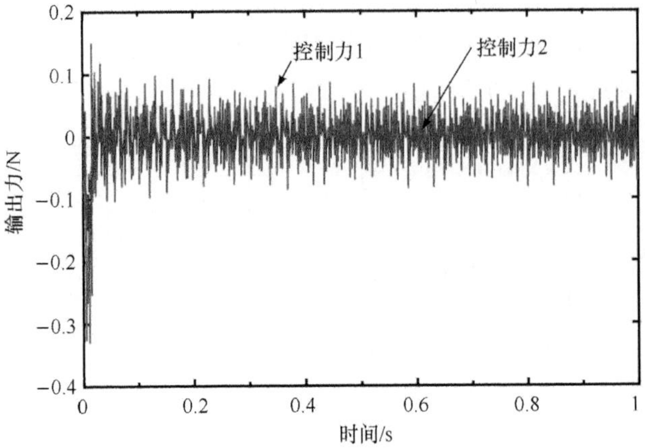

图 11.15　非线性波动控制器输出力变化

模态分析是模态振动控制的第一步，其目的是获得结构模态频率、振型等信息。索网-框架组合结构前 10 阶固有频率如表 11.4 所示。选择前 10 阶模态作为被控模态，能量加权系数 r_c=0.01。在 22 号节点和 24 号节点采用 2 个线性模态控制器来抑制振动。图 11.16 为采用线性模态控制前后 21 号节点的 Z 方向响应控制效果。可以看出非线性响应曲线的前 10 阶受控模态峰值明显降低，但部分未受控模态在施加控制后峰值反而增大。这是因为未受控模态受到控制力的影响，会出现控制溢出现象。采用 1 个非线性波动控制器与 1 个线性模态控制器来进行复合控制。波动控制器最优增益系数 $\lambda_1=151$ 和 $\lambda_2=2769$。图 11.17 是复合控制前后 21 号节点的 Z 方向频响曲线，可以看出复合控制方法保留了波动控制的全频域控制特点且解决了模态控制的控制溢出问题。

表 11.4　索网-框架组合结构固有频率

模态阶数	频率/Hz	模态阶数	频率/Hz
1	11.968	6	31.638
2	19.320	7	38.147
3	20.968	8	39.198
4	24.827	9	39.597
5	30.923	10	45.654

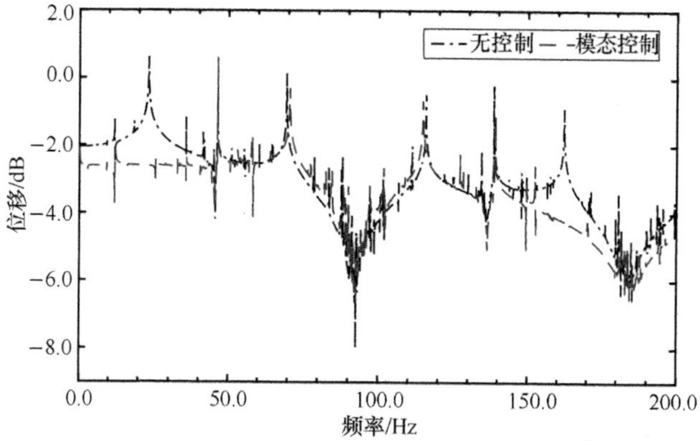

图 11.16　21 号节点模态控制前后 Z 方向响应控制效果对比

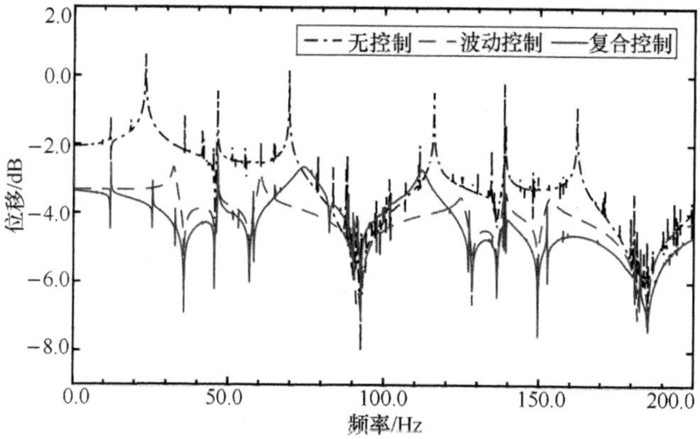

图 11.17　21 号节点复合控制前后 Z 方向频响曲线对比

参考文献

[1] LEE U. Spectral Element Method in Structural Dynamics[M]. Hoboken: John Wiley & Sons, 2009.

[2] WANG Z W, LI T J. Linear dynamic analysis and active control of space prestressed taut cable net structures using wave scattering method[J]. Structural Control and Health Monitoring, 2016, 23(4): 783-798.

[3] DOYLE J F. Wave Propagation in Structures[M]. Berlin: Springer, 1989.

第 12 章　网状天线调整用作动器技术

12.1　概　　述

网状天线主要通过地面网面调整来补偿加工制造与装配误差。由于地面调整环境与空间工作环境间的差异，索网反射面仅靠传统的机械结构设计，难以保证其在空间环境下具有超出其物理极限的形面精度。为了实现形面形状在轨自调整功能，探索将智能作动器技术引入网状天线中。网状天线形面调控需要作动器同时具备小尺寸、小质量、高精度等特性。受机械结构限制，传统电机无法满足网状天线在轨形面调控需求，因此，本章介绍一种新型尺蠖式作动器技术[1]。

12.2　典型作动器特点

现有空间使用的作动器主要包括形状记忆合金作动器[2]、音圈电机、超声电机[3]、压电陶瓷(PZT)作动器[4]等类型。不同类型作动器性能如表 12.1 所示。PZT 作动器具有响应速度快、输出精度高、抗电磁干扰能力强等优点，已广泛应用于空间结构的形状调整与振动控制领域。

表 12.1　不同类型作动器性能

类型	行程	驱动力	可控性
PZT 作动器	微米级	100N 量级	精确
形状记忆合金丝	毫米级	无	非精确
形状记忆合金弹簧	毫米级	无	非精确
音圈电机	毫米级	10N 量级	精确
超声电机	毫米级	10N 量级	精确

PZT 作动器分为直驱式、惯性式[5]、黏滑式[6]和尺蠖式[7]四类。直驱式作动器是指基于逆压电效应直接驱动压电陶瓷堆。惯性式作动器通过压电陶瓷快速伸展，

推动质量块向某个方向移动，带动主体往前移动，如图 12.1 所示。这种驱动方式可以通过调整驱动电压的大小控制主体移动距离。该类作动器的移动距离为纳米级。黏滑式作动器主要由压电陶瓷、摩擦块和滑块构成，其中压电陶瓷与摩擦块固定连接。当压电陶瓷伸长时，推动摩擦块带动滑块移动；随后 PZT 快速回撤，滑块与摩擦块之间产生滑动，完成位移驱动，如图 12.2 所示。尺蠖式作动器是基于仿生学原理，模拟自然界中尺蠖的爬行，具有大行程的优点。各类 PZT 作动器的性能总结如表 12.2 所示。

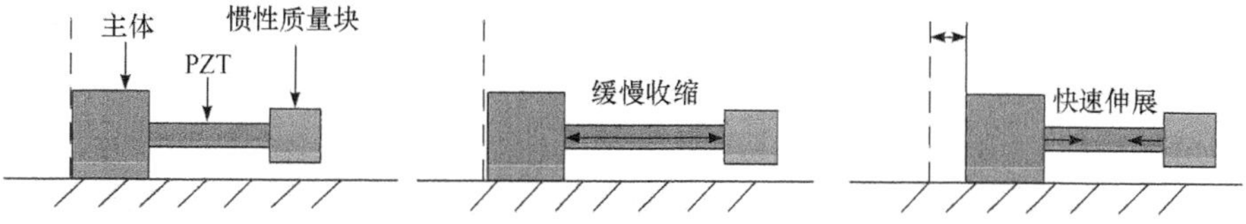

图 12.1　惯性式作动器

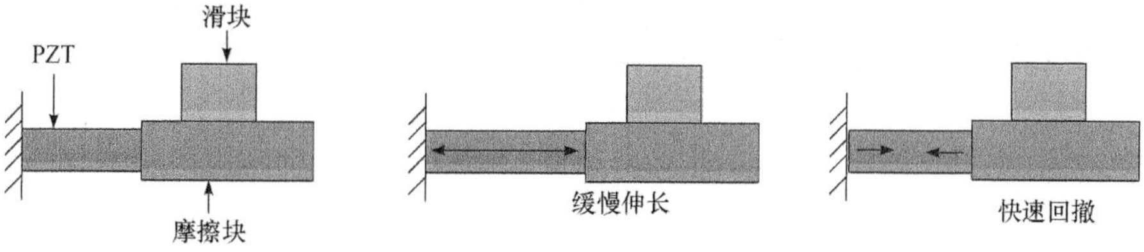

图 12.2　黏滑式作动器

表 12.2　PZT 作动器性能总结

类型	驱动行程	输出力	工作频率	体积	控制方式
直驱式	微米级	较大(100N 量级)	1kHz	小	单通道
惯性式	微/纳米级	较小(10N 量级)	0.1kHz	小	单通道
黏滑式	微/纳米级	较小(10N 量级)	0.1kHz	小	单通道
尺蠖式	毫米级	较大(100N 量级)	10Hz	大	多通道

12.3　尺蠖式作动器设计及分析

12.3.1　结构设计

为了满足网状天线形面调控的需求，设计了一种尺蠖式作动器，包括驱动机构、箝位机构、导轨、输出轴、侧挡板、弹性体和压电陶瓷，如图 12.3 所示。驱动机构是一个桥式放大机构，主要为作动器提供位移输出，用导轨保证作动器的输出直线度，PZT 为作动器提供原动力。

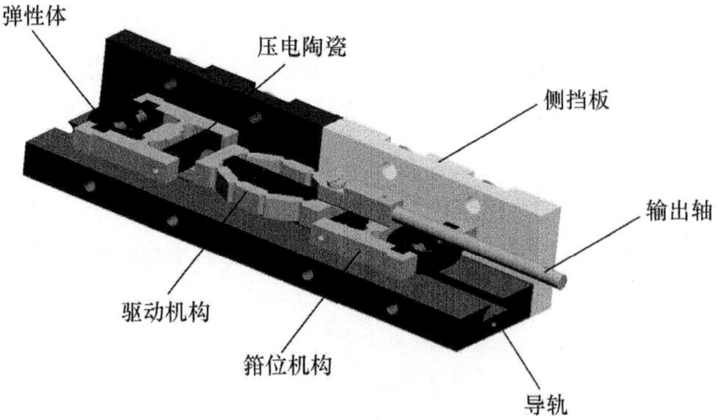

图 12.3　尺蠖式作动器的结构设计

箝位机构包括杠杆式放大机构、弹性体、调节螺钉和箝位 PZT，如图 12.4(a)所示。通过旋转调节螺钉推动杠杆臂，使箝位爪和侧挡板接触，实现断电箝位。驱动机构由桥式放大机构、预紧螺钉和驱动 PZT 组成，如图 12.4(b)所示。驱动 PZT 通电伸长，推动驱动机构沿轴向伸长；断电后，驱动机构在本身弹性的作用下恢复到之前的长度。

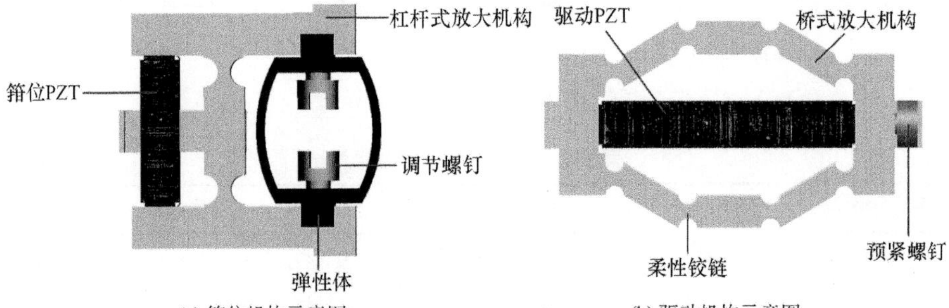

(a) 箝位机构示意图　　(b) 驱动机构示意图

图 12.4　箝位机构与驱动机构示意图

尺蠖式作动器通过调整驱动/箝位 PZT 的通电时序，使得作动器沿着导轨方向移动。作动器的一个运动循环如图 12.5 所示，图中剖面部分表示 PZT，具体如下所述。

(1) 箝位机构 B 的 PZT 通电伸长，推动杠杆臂压缩弹性体，使箝位爪与侧挡板脱离接触；

(2) 箝位机构 B 保持通电，驱动机构 PZT 通电伸长；

(3) 箝位机构 B 断电，箝位爪与侧挡板接触；

(4) 箝位机构 A 通电，箝位爪与侧挡板脱离接触；

(5) 驱动机构断电收缩，驱动机构带动箝位机构 A 向前移动一段距离；

(6) 箝位机构 A 断电，完成一个运动循环。

重复步骤(1)～步骤(6)，作动器持续向前移动，调整通电时序可实现作动器反向运动。

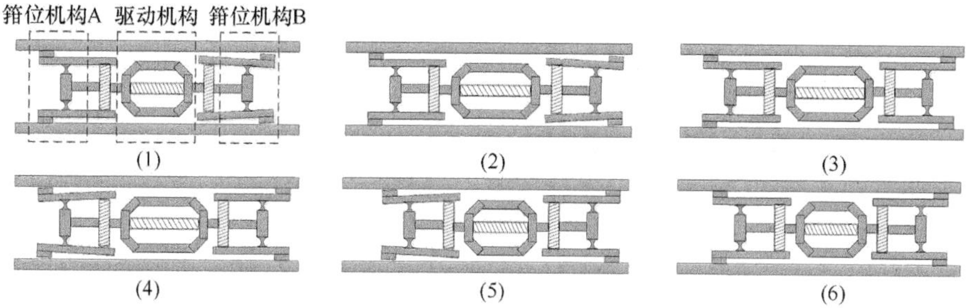

图 12.5　作动器的一个运动循环

12.3.2　机/电耦合驱动模型

PZT 等效动力学模型通常为一个弹簧质量系统，如图 12.6 所示。k_p、c_p、m_{eq} 分别是 PZT 的等效刚度、等效阻尼、等效质量。当 PZT 两边均没有约束时，PZT 会同时向两边伸长，中性面位置保持不变。如图 12.7 所示，当 PZT 两端处于自由状态时，通电后两端同时伸长位移 P_x，整个 PZT 的总体输出为 $2P_x$。当 PZT 一端处于固定状态时，另一端的输出位移为 $2P_x$，中性面沿位移方向移动了 P_x。

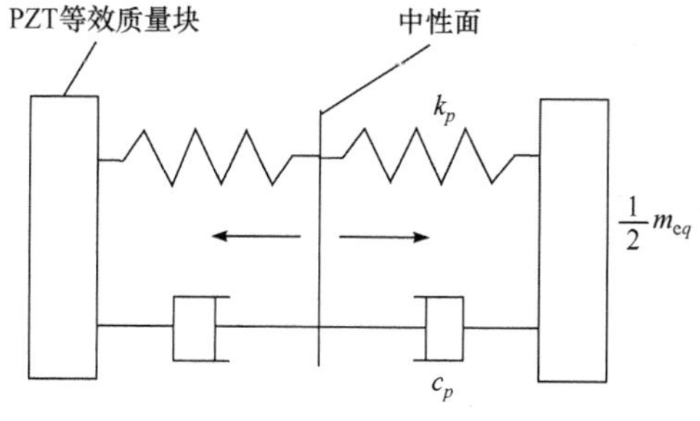

图 12.6　PZT 等效动力学模型图

忽略能量损耗以及漏电效应，PZT 电能转化为机械能的表达式可写为

$$F_p x_r = \int ui\mathrm{d}t \tag{12.1}$$

式中，F_p 是 PZT 输出力；x_r 是 PZT 输出位移；u 是电压；电流 $i = C\mathrm{d}u/\mathrm{d}t$，$C$ 为电容值。驱动电压与 PZT 输出力的关系可表示为

$$F_p = \frac{Cu^2}{2x_r} \tag{12.2}$$

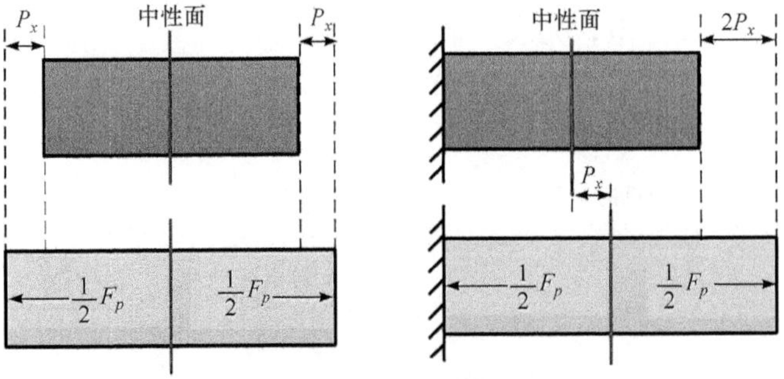

图 12.7　PZT 中性面位置图

当 PZT 两端均处于自由状态时，每一端输出力是 F_p 的一半。此时，PZT 动力学模型为

$$\begin{cases} \dfrac{1}{2}m_{eq}\ddot{x}_{p1}+c_p\dot{x}_{p1}+k_p x_{p1}=\dfrac{Cu^2}{4x_r} \\ \dfrac{1}{2}m_{eq}\ddot{x}_{p2}+c_p\dot{x}_{p2}+k_p x_{p2}=\dfrac{Cu^2}{4x_r} \end{cases} \tag{12.3}$$

式中，压电陶瓷阻尼系数 c_p 可根据相关手册或阻尼公式计算。驱动机构由 8 个柔性铰链和 8 个连接臂组成，如图 12.8 所示。

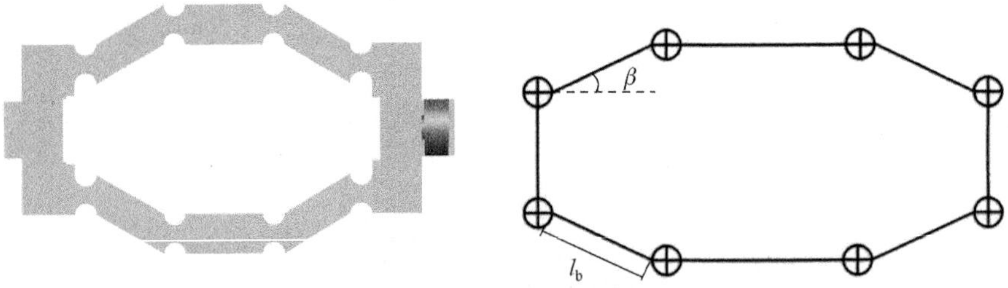

图 12.8　驱动机构等效图

基于柔性机构伪刚体理论，驱动机构的刚度可表示为

$$k_q=\frac{2k_r}{l_b^2(\sin\beta)^2} \tag{12.4}$$

式中，k_r 为柔性铰链刚度。驱动机构等效动力学模型如图 12.9 所示，m_q、k_q 是驱动机构的等效质量和刚度；F_{d1}、F_{d2} 是 PZT 施加给驱动机构的载荷。中性面设置在两个等效质量块之间。驱动机构的动力学模型为

$$\begin{cases} \dfrac{1}{2}m_q\ddot{x}_{q1}+k_q x_{q1}=F_{d1} \\ \dfrac{1}{2}m_q\ddot{x}_{q2}+k_q x_{q2}=F_{d2} \end{cases} \tag{12.5}$$

将 PZT 和驱动机构的动力学模型组合(图 12.10)，并考虑箝位机构的质量，建立如式(12.6)所示整个作动器的动力学模型。

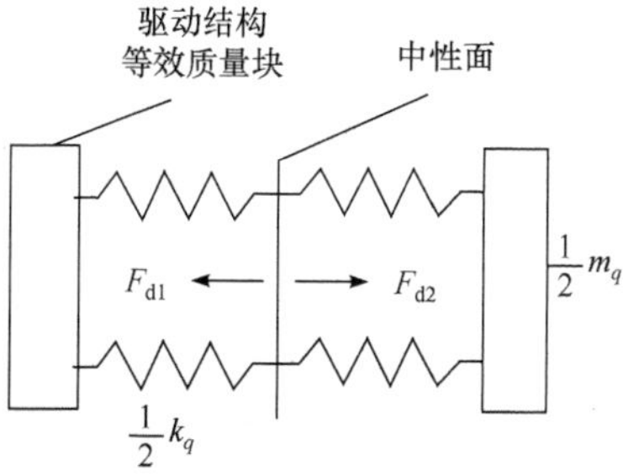

图 12.9　驱动机构等效动力学模型

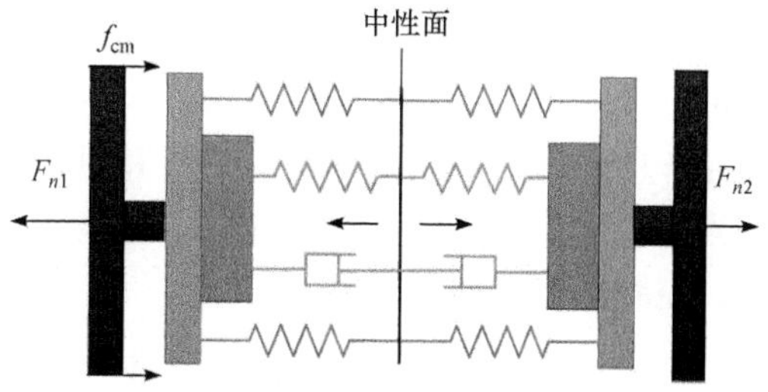

图 12.10　作动器动力学模型

$$\begin{cases} \left[\dfrac{1}{2}\left(m_{eq}+m_q\right)+m_{qw}\right]\ddot{x}_1+c_p\dot{x}_1+\left(k_p+k_q\right)x_1=\dfrac{Cu^2}{4x_r} \\ \left[\dfrac{1}{2}\left(m_{eq}+m_q\right)+m_{qw}\right]\ddot{x}_2+c_p\dot{x}_2+\left(k_p+k_q\right)x_2=\dfrac{Cu^2}{4x_r} \end{cases} \tag{12.6}$$

式中，m_{qw} 是箝位机构质量；x_1 是作动器左端位移；x_2 是作动器右端位移。PZT 通电后会推动作动器的两端向外运动。在作动器的两端产生冲击力 $F_{n1}=\left[\left(m_{eq}+m_q\right)/2+m_{qw}\right]\ddot{x}_1$ 和 $F_{n2}=\left[\left(m_{eq}+m_q\right)/2+m_{qw}\right]\ddot{x}_2$，冲击力方向如图 12.10 所示。箝位机构中的单个箝位爪和挡板之间存在摩擦力 f_{cm}。每个箝位机构包含两个箝位爪，则每侧箝位机构的摩擦力为 $2f_{cm}$。当 $2f_{cm}\geqslant F_{n1}$ 时，固定侧箝位机构没有滑移现象，作动器输出的总位移等于自由状态下 PZT 两端的输出之和，即

$$x_s=x_1+x_2 \tag{12.7}$$

当 $2f_{cm}<F_{n1}$ 时，固定侧箝位机构会出现滑移现象，滑移的距离为

$$F_{n1}-2f_{cm}=M_a\ddot{x}_3 \tag{12.8}$$

式中，M_a 表示整个作动器质量；x_3 表示滑动位移。由于滑移现象，作动器单步理想输出会减小，实际位移是理想位移输出减去滑移部分的位移，即

$$x_s=x_1+x_2-x_3 \tag{12.9}$$

根据作动器单步位移和驱动电压的作动频率，可得作动器的输出速度为

$$V_a = x_s h_v \tag{12.10}$$

式中，h_v 为驱动电压的频率。

12.3.3　实验测试与分析

为了实现作动器的驱动和控制，设计了如图 12.11 所示的控制器。该控制器可输出 0～150V 的驱动电压和 3 路独立的驱动信号，能够按照指定时序独立驱动箝位机构和驱动机构的 PZT。为了获得不同的输出速度，控制器的输出时序和驱动频率均为可调选项。作动器主体采用钛合金材料，样机如图 12.12(a) 所示，其结构尺寸为$150\text{mm}\times45\text{mm}\times30\text{mm}$。整个测试系统如图 12.12(b) 所示，包括稳压源、控制器和作动器样机。

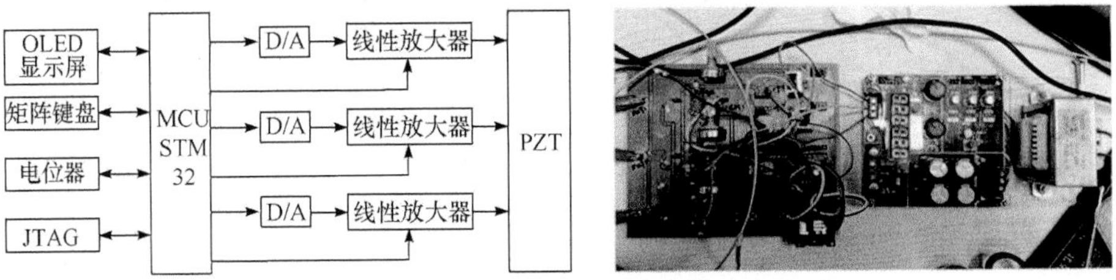

图 12.11　控制器原理图和实物图

OLED 为双发光二极管

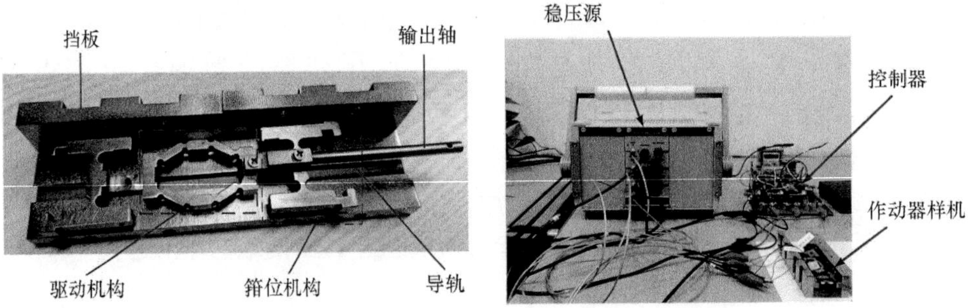

(a) 作动器样机　　(b) 作动器样机测试系统

图 12.12　作动器样机及其测试系统

实验测试了 60V、90V 和 120V 驱动电压下作动器的运行速度，将实验测试与数值仿真数据进行了对比，结果如图 12.13 所示，可见数值仿真与实验测试结果在低频段吻合得较好。当驱动频率升高时，实验测试和数值仿真结果会出现比较大的差距。当 PZT 驱动频率过高时，作动器机械结构部分的响应无法完全匹配 PZT 的驱动频率，导致作动器两个单步运动之间产生黏连和互相干扰，影响整个

作动器的输出速度。实验发现当压电陶瓷的驱动频率达到 50Hz 以上时，整个作动器开始出现运动不稳定现象。

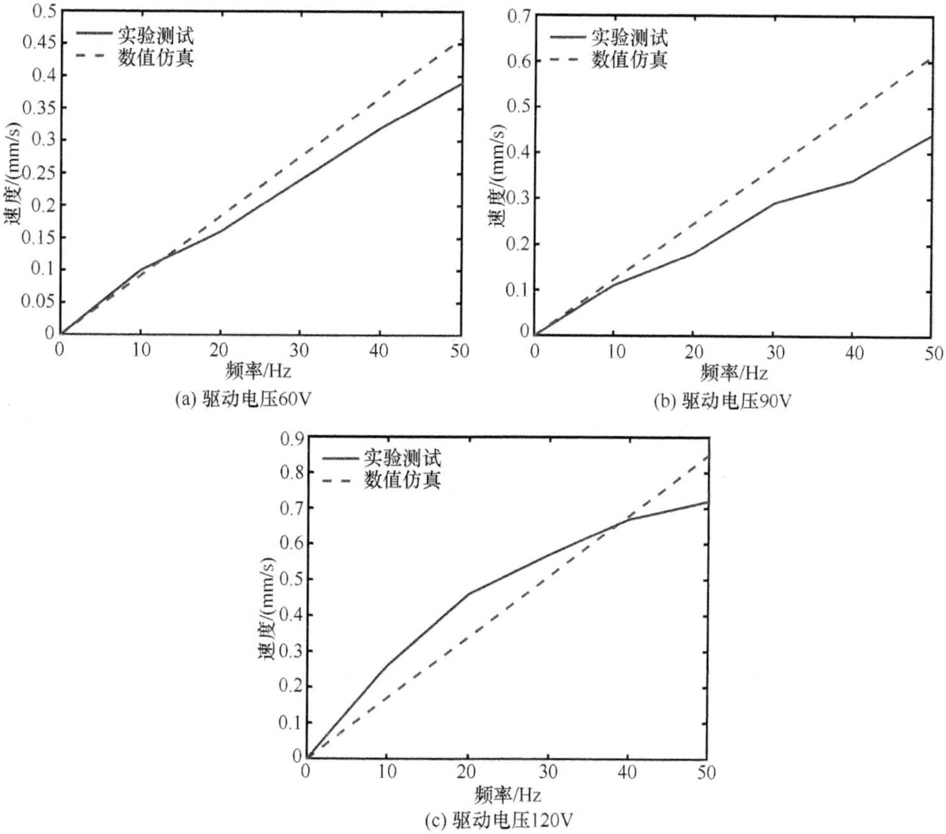

图 12.13　实验测试与数值仿真数据对比

在相同驱动频率下，测试了不同驱动电压下作动器样机的输出速度，其结果如图 12.14 所示。在 120V 电压驱动下，作动器的运动速度呈现出严重的非线性。原因是高电压驱动下 PZT 产生的冲击力较大，使得整个作动器容易产生打滑现象，引起驱动速度出现较强的非线性。

实验测试了作动器在不同驱动电压下的单步输出位移。由于作动器的单步输出位移为微米级，在设计的测试系统中加入了一款高精度显微镜，以观测作动器的单步输出位移。由于作动器的单步输出位移存在一定的差异，需测量 3 个连续的单步输出位移并求取其平均值。在 120V、90V 和 60V 驱动电压下，多个连续的单步位移测试结果如图 12.15 所示。

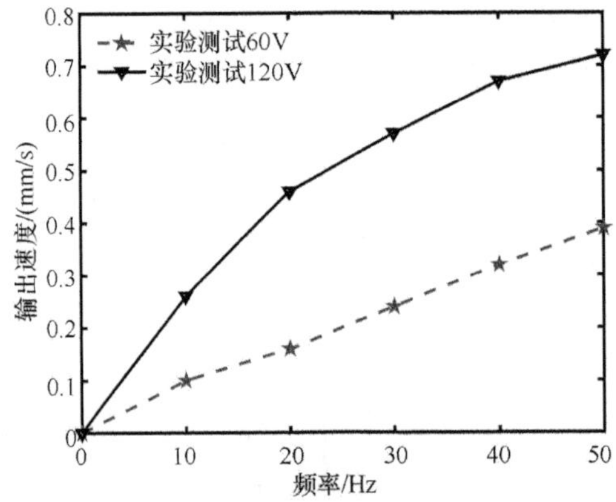

图 12.14　不同驱动电压下作动器样机输出速度

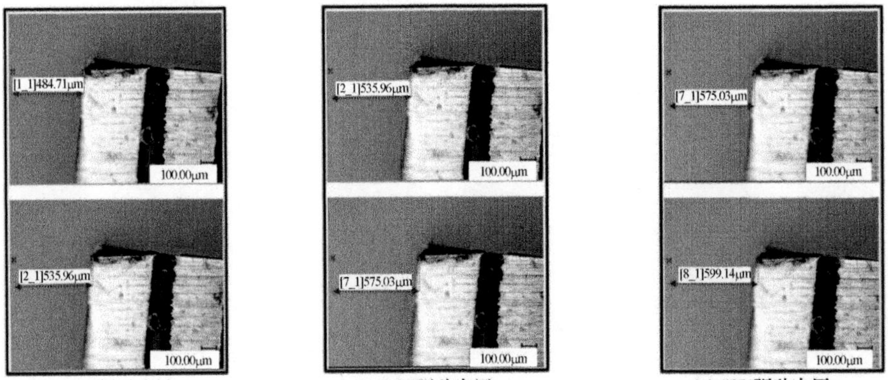

(a) 120V驱动电压　　(b) 90V驱动电压　　(c) 60V驱动电压

图 12.15　单步位移测试结果

单步位移实验测试与数值仿真结果对比如表 12.3 所示。随着驱动电压的增高，单步位移的误差也增加。控制电路的放大效应在高压阶段会产生较强的非线性。同时，高压驱动下压电陶瓷会导致整个作动器产生滑移，引起输出位移的非线性。这两种非线性效应叠加，导致单步位移实验测试与数值仿真结果间的误差。

表 12.3　单步位移实验测试与数值仿真结果对比

驱动电压/V	实验测试数据/μm	数值仿真数据/μm	相对误差/%
120	17.08	16.60	2.8
90	13.02	12.78	1.8
60	9.04	9.08	0.4

12.4　空间用作动器发展趋势

随着智能材料技术的快速发展，未来网状天线调整用作动器需要将高性能智能驱动材料和高精度控制系统进行整合，以降低作动器的整体质量，提高作动器的力/行程输出量级和精度。此外，未来空间作动器需要具备驱动/感知一体化功能，能够同时实现网状天线的位置感知及调控，提高形面精度的调整效率。

参 考 文 献

[1] DONG H J, LI T J, WANG Z W, et al. Numerical calculation of inchworm actuator reliability: Effect of space temperature and material parameters[J].Aircraft Engineering and Aerospace Technology, 2023, 95(2): 237-245.

[2] KALRA S, BHATTACHARYA B, MUNJAL B S. Design of shape memory alloy actuated intelligent parabolic antenna for space applications[J]. Smart Materials and Structures, 2017, 26(9): 095015.

[3] HUANG Z B, SHI S J, CHEN W S, et al. Development of a novel spherical stator multi-DOF ultrasonic motor using in-plane non-axisymmetric mode[J]. Mechanical Systems and Signal Processing, 2020, 140: 106658.

[4] CHEN F X, DONG W, YANG M, et al. A PZT actuated 6-DOF positioning system for space optics alignment[J]. IEEE/ASME Transactions on Mechatronics, 2019, 24(6): 2827-2838.

[5] DENG J, LIU Y X, CHEN W S, et al. Development and experiment evaluation of an inertial piezoelectric actuator using bending-bending hybrid modes[J]. Sensors and Actuators A: Physical, 2018, 275: 11-18.

[6] ZHANG Y K, PENG Y X, SUN Z X, et al. A novel stick-slip piezoelectric actuator based on a triangular compliant driving mechanism[J]. IEEE Transactions on Industrial Electronics, 2018, 66(7): 5374-5382.

[7] GHENNA S, BERNARD Y, DANIEL L. Design and experimental analysis of a high force piezoelectric linear motor[J]. Mechatronics, 2023, 89: 102928.

第 13 章　网状天线反射面相似性等效

13.1　概　　述

空间网状天线工作在微重力、温差大的太空环境，但其安装、调试及性能试验需要在地面环境中进行。为了确保天线反射面能在太空中顺利展开并具有好的工作性能，充分的地面试验验证是必不可少的。然而，由于反射面口径非常大，受地面环境条件、场地、费用和测试设备等因素的限制，有些试验很难进行，基于缩比模型的测试和等效验证方法是解决该问题的主要方法之一。本章介绍网状天线反射面相似性等效分析方法，包括结构、驱动力和结构频率的相似性等效[1-4]。

13.2　结构相似性等效分析

网状天线反射面结构相似性等效需要确定结构参数的缩尺比例关系。根据相似性要求，定义缩尺比例：

$$\lambda_{\tau}=\frac{\tau_{\mathrm{m}}}{\tau_{\mathrm{p}}} \tag{13.1}$$

式中，τ 表示所选的物理参数；下标 m 表示缩比模型参数；下标 p 表示原型参数。

对于完全相似的原型与缩比模型，选取密度 ρ 、构件长度 l 、弹性模量 E 、节点质量 m 、构件横截面积 A 和天线口径 d 作为主要物理参量，对应量纲如表 13.1 所示。表中，L 为长度的量纲，F 为力的量纲，T 为时间的量纲。

表 13.1　结构相似性等效的量纲列表

物理量	ρ	d	E	m	A	l
量纲	$\mathrm{FL^{-4}T^2}$	L	$\mathrm{FL^{-2}}$	$\mathrm{FL^{-1}T^2}$	$\mathrm{L^2}$	L

根据量纲齐次方程理论[5]，建立基本量纲的齐次关系为

$$(\mathrm{FL^{-4}T^2})^{a_1}(\mathrm{L})^{a_2}(\mathrm{FL^{-2}})^{a_3}(\mathrm{FL^{-1}T^2})^{a_4}(\mathrm{L^2})^{a_5}(\mathrm{L})^{a_6}=1 \tag{13.2}$$

选取基本量为 ρ 、d 、E ，其余参量为导出量，则可写出如表 13.2 所示量纲矩阵。

表 13.2　量纲矩阵

量纲	ρ	d	E	m	A	l
F	1	0	1	1	0	0
L	–4	1	–2	–1	2	1
T	2	0	0	2	0	0

在无重力情况下，环形桁架网状天线反射面共考虑以上 6 个物理量，选取基本量纲为 F、L、T，通过求解式(13.2)可得如下 3 个相似准则：

$$\pi_1=\frac{m}{\rho d^3}，\quad \pi_2=\frac{A}{d^2}，\quad \pi_3=\frac{l}{d} \tag{13.3}$$

上述 3 个相似准则又称为判据关系式或π关系式，每一个判据关系式又称为一个π项。根据相似理论可知，要使网状天线反射面的原型和缩比模型完全相似，必须使各π项对应相等，即

$$\frac{m_{\mathrm{p}}}{\rho_{\mathrm{p}}d_{\mathrm{p}}^3}=\frac{m_{\mathrm{m}}}{\rho_{\mathrm{m}}d_{\mathrm{m}}^3} \tag{13.4}$$

$$\frac{A_{\mathrm{p}}}{d_{\mathrm{p}}^2}=\frac{A_{\mathrm{m}}}{d_{\mathrm{m}}^2} \tag{13.5}$$

$$\frac{l_{\mathrm{p}}}{d_{\mathrm{p}}}=\frac{l_{\mathrm{m}}}{d_{\mathrm{m}}} \tag{13.6}$$

设原型与缩比模型所用材料的密度、弹性模量相同，求解式(13.4)～式(13.6)可得到网状天线反射面原型和缩比模型各结构参数的比例关系如下。

密度比尺：

$$\lambda_\rho=1 \tag{13.7}$$

弹性模量比尺：

$$\lambda_E=1 \tag{13.8}$$

质量比尺：

$$\lambda_m=\lambda_d^3 \tag{13.9}$$

杆横截面积比尺：

$$\lambda_A=\lambda_d^2 \tag{13.10}$$

杆长比尺：

$$\lambda_l = \lambda_d \tag{13.11}$$

13.3　驱动力相似性等效分析

13.3.1　展开过程动力学方程

图 13.1 为环形桁架展开单元示意图，其中 A_1B_1 为固定竖杆，体坐标系与惯性坐标系 $X_1O_1Y_1$ 重合，展开过程中，奇数单元的展角 φ 为正，偶数单元的展角 φ 为负，展开到位后相邻单元的 X 轴正向夹角为 θ（$\theta = 2\pi / n$）。在每个单元的体坐标系中，A_iB_i 杆与 Y_i 轴重合，A_i 点与 O_i 点重合，且平行四边形上各点都在 $X_iO_iY_i$ 平面内。设 A_iB_i 竖杆长为 R_1，B_iC_i 弦杆长为 R_2。

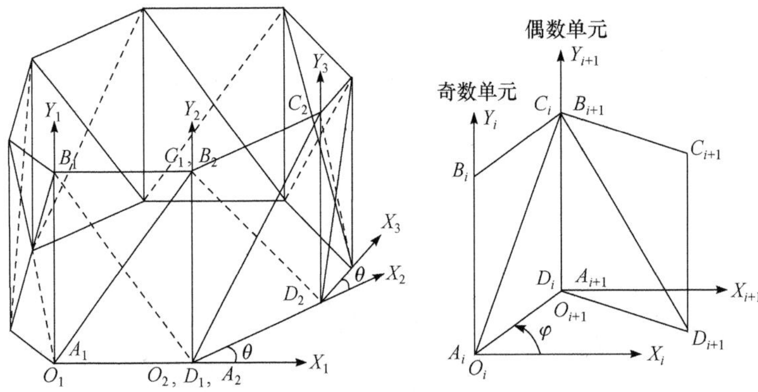

图 13.1　环形桁架展开单元示意图

根据桁架各个单元之间的坐标变化关系，可得到系统的运动学模型。环形桁架在展开过程中，列向量 $\boldsymbol{P}_1$ 表示任意一点 P 在惯性坐标系 $X_1O_1Y_1$ 下的齐次坐标，$\boldsymbol{P}_j$ 表示该点在其体坐标系 $X_jO_jY_j$ 中的齐次坐标，则它们之间的转换关系如下:

$$\boldsymbol{P}_1 = \begin{bmatrix} \cos(j\theta-\theta) & 0 & \sin(j\theta-\theta) & R_2\cos\phi\sum_{i=2}^{j}\cos(i\theta-2\theta) \\ 0 & 1 & 0 & 0.5R_2\sin\phi(1-(-1)^{j-1}) \\ -\sin(j\theta-\theta) & 0 & \cos(j\theta-\theta) & -R_2\cos\phi\sum_{i=2}^{j}\sin(i\theta-2\theta) \\ 0 & 0 & 0 & 1 \end{bmatrix}\boldsymbol{P}_j \tag{13.12}$$

由运动分析得知桁架每个节点的位移、速度和加速度，且它们都可以写为展角 φ、展角速度 $\dot{\varphi}$ 和展角加速度 $\ddot{\varphi}$ 的函数，即展开过程中任意时刻的机构位形可

由 φ 唯一确定，因此可选取ϕ为广义坐标。用V_{xj}、V_{yj}和V_{zj}表示桁架任意单元j中节点P在惯性坐标系下的速度分量，则它们可用 ϕ表示为

$$\begin{cases} V_{xj} = -R_2\dot{\phi}\sin\phi\sum_{i=2}^{j}\cos(i\theta - 2\theta) \\ V_{yj} = 0.5R_2\dot{\phi}\cos\phi\left[1-(-1)^{j-1}\right] \\ V_{zj} = R_2\dot{\phi}\sin\phi\sum_{i=2}^{j}\cos(i\theta - 2\theta) \end{cases} \tag{13.13}$$

根据拉格朗日第二类方程考虑重力势能、扭簧弹性势能、张力索网弹性势能和阻尼耗散力，可列出如下方程：

$$\frac{\mathrm{d}}{\mathrm{d}t}\frac{\partial T}{\partial \dot{\phi}} - \frac{\partial T}{\partial \phi} + \frac{\partial \Phi}{\partial \dot{\phi}} + \frac{\partial V}{\partial \phi} + \frac{\partial E}{\partial \phi} = Q_\phi \tag{13.14}$$

式中，T为系统总动能；Φ为系统总耗散函数；V为系统重力势能；E为系统总弹性势能；Q_ϕ为广义坐标ϕ对应的广义力矩大小。

把桁架的质量等效到各个节点上，设各节点的等效质量为m，包括杆质量、接头质量和同步齿轮质量。根据所求得的各节点速度，系统总动能可以表示为

$$T = m\sum_{j=2}^{n}\left(V_{xj}^2 + V_{yj}^2 + V_{zj}^2\right) \tag{13.15}$$

环形桁架展开机构中存在阻尼，由于展开过程中机构各部件的速度较低，可认为仅存在与速度一次方成正比的黏性阻尼。设阻尼系数为ξ，根据瑞利(Rayleigh)耗散函数定义，整个系统的耗散函数Φ可表示为

$$\Phi = \sum_{i=1}^{4n}\xi\int_0^v f(v)\mathrm{d}v = 2n\xi\dot{\phi}^2 \tag{13.16}$$

式中，v表示速度。

以桁架在地面上展开到位的位形作为重力势能的基准位形，可得系统的总重力势能为

$$V = -nmgR_2\sin\phi \tag{13.17}$$

式中，g为重力加速度。

环形桁架展开时，若以斜索拉力为驱动力，则起始位置是死点。为解决这一问题，在每个平行四边形单元的两个对角转动副处设置了扭簧。设扭簧刚度系数为k_1，展开到位时扭簧的弹性势能为零。桁架展开最后过程中，需要考虑索网张力对展开桁架的阻碍作用，这里将索网张力等效为弹簧力，等效弹簧刚度系数为k_2，其零势能位置对应广义坐标φ的值为φ_{e}，则系统的总弹性势能为

$$E=\begin{cases}-\dfrac{1}{2}nk_1\phi^2 & (\phi>\phi_e)\\ -\dfrac{1}{2}nk_1\phi^2-nk_2\left[\dfrac{R_2}{2\sin(180/n)}(\cos\phi-\cos\phi_e)\right]^2 & (\phi\leqslant\phi_e)\end{cases}\tag{13.18}$$

求出的广义力矩 $\boldsymbol{Q}_\phi$为作用在弦杆上的转矩，环形桁架展开的主要驱动力是斜向拉索的拉力，因此应把斜向拉索的长度 L 作为广义坐标，则对应的拉格朗日第二类方程为

$$\frac{\mathrm{d}}{\mathrm{d}t}\frac{\partial T}{\partial\dot{\phi}}\frac{\partial\dot{\phi}}{\partial\dot{L}}-\frac{\partial T}{\partial\phi}\frac{\partial\phi}{\partial L}+\frac{\partial\Phi}{\partial\dot{\phi}}\frac{\partial\dot{\phi}}{\partial\dot{L}}+\frac{\partial V}{\partial\phi}\frac{\partial\phi}{\partial L}+\frac{\partial E}{\partial\phi}\frac{\partial\phi}{\partial L}=Q_L\tag{13.19}$$

将式(13.15)～式(13.17)代入式(13.14)可得广义力矩 $\boldsymbol{Q}_\phi$ 的大小为

$$Q_\phi=m\sum_{j=2}^{n}\left\{\begin{aligned}&(A^2+C^2-B^2)\dot{\phi}^2\sin2\phi\\&+2(A^2+C^2)\ddot{\phi}\sin^2\phi+2B^2\ddot{\phi}\cos^2\phi\end{aligned}\right\}+4n\xi\dot{\phi}-nmgR_2\cos\phi-nk_1\phi+f(\phi)\tag{13.20}$$

式中，$A=R_2\sum_{i=2}^{j}\cos(i\theta-2\theta)$；$B=0.5R_2(1-(-1)^{j-1})$；$C=R_2\sum_{i=2}^{j}\sin(i\theta-2\theta)$；$f(\phi)$ 为索网张力，定义如下：

$$f(\phi)=\begin{cases}0 & (\phi>\phi_e)\\ 2nk_2\left(\dfrac{R_2}{2\sin(180/n)}\right)^2(\cos\phi-\cos\phi_e)\sin\phi & (\phi\leqslant\phi_e)\end{cases}\tag{13.21}$$

将式(13.15)～式(13.17)代入式(13.19)或者根据结构上的几何关系可得广义拉力矩 $\boldsymbol{Q}_L$ 的大小为

$$Q_L=Q_\phi\frac{L}{R_1R_2\cos\phi}\tag{13.22}$$

13.3.2　展开驱动力相似性等效准则

对于天线的原型与缩比模型，不考虑重力的影响，则式(13.22)可写为

$$Q_{L\mathrm{p}}=Q_{\phi\mathrm{p}}\frac{L_\mathrm{p}}{R_{1\mathrm{p}}R_{2\mathrm{p}}\cos(\phi_\mathrm{p})}\tag{13.23}$$

$$Q_{L\mathrm{m}}=Q_{\phi\mathrm{m}}\frac{L_\mathrm{m}}{R_{1\mathrm{m}}R_{2\mathrm{m}}\cos(\phi_\mathrm{m})}\tag{13.24}$$

设缩比模型变量 m、L、R_1、R_2、ϕ、ξ、k_1、k_2、t、Q_ϕ 和 Q_L 的缩尺比例分别为

$$\lambda_m=\frac{m_{\mathrm{m}}}{m_{\mathrm{p}}},\quad \lambda_L=\frac{L_{\mathrm{m}}}{L_{\mathrm{p}}},\quad \lambda_{R_1}=\frac{R_{1\mathrm{m}}}{R_{1\mathrm{p}}},\quad \lambda_{R_2}=\frac{R_{2\mathrm{m}}}{R_{2\mathrm{p}}},\quad \lambda_\phi=\frac{\phi_{\mathrm{m}}}{\phi_{\mathrm{p}}}=\frac{\phi_{\mathrm{em}}}{\phi_{\mathrm{ep}}},\quad \lambda_\xi=\frac{\xi_{\mathrm{m}}}{\xi_{\mathrm{p}}},$$
$$\lambda_{k_1}=\frac{k_{1\mathrm{m}}}{k_{1\mathrm{p}}},\quad \lambda_{k_2}=\frac{k_{2\mathrm{m}}}{k_{2\mathrm{p}}},\quad \lambda_t=\frac{t_{\mathrm{m}}}{t_{\mathrm{p}}},\quad \lambda_{Q_\phi}=\frac{Q_{\phi\mathrm{m}}}{Q_{\phi\mathrm{p}}},\quad \lambda_{Q_L}=\frac{Q_{L\mathrm{m}}}{Q_{L\mathrm{p}}} \tag{13.25}$$

原型与缩比模型要满足相似理论，则长度缩尺比例 $\lambda_L=\lambda_{R1}=\lambda_{R2}$，角度缩尺比例 $\lambda_\phi=1$，则有

$$L_{\mathrm{m}}=\lambda_L L_{\mathrm{p}},\quad R_{1\mathrm{m}}=\lambda_{R_1}R_{1\mathrm{p}}=\lambda_L R_{1\mathrm{p}},\quad R_{2\mathrm{m}}=\lambda_{R_2}R_{2\mathrm{p}}=\lambda_L R_{2\mathrm{p}},\quad \phi_{\mathrm{m}}=\lambda_\phi\phi_{\mathrm{p}},\quad \xi_{\mathrm{m}}=\lambda_\xi\xi_{\mathrm{p}},$$
$$k_{1\mathrm{m}}=\lambda_{k_1}k_{1\mathrm{p}},\quad k_{2\mathrm{m}}=\lambda_{k_2}k_{2\mathrm{p}},\quad t_{\mathrm{m}}=\lambda_t t_{\mathrm{p}},\quad Q_{\phi\mathrm{m}}=\lambda_{Q_\phi}Q_{\phi\mathrm{p}},\quad Q_{L\mathrm{m}}=\lambda_{Q_L}Q_{L\mathrm{p}} \tag{13.26}$$

将式(13.26)所示参数代入式(13.24)中，得

$$Q_{L\mathrm{p}}=\frac{\lambda_{Q_\phi}}{\lambda_{Q_L}\lambda_L}Q_{\phi\mathrm{p}}\frac{L_{\mathrm{p}}}{R_{1\mathrm{p}}R_{2\mathrm{p}}\cos(\phi_{\mathrm{p}})} \tag{13.27}$$

式(13.27)与式(13.23)相等，则系数缩尺比例相关项(式中 $Q_{\phi\mathrm{p}}$ 也是缩尺比例相关的函数)必须为 1，即

$$\frac{\lambda_m\lambda_L^2}{\lambda_{Q_\phi}\lambda_t^2}=1,\quad \frac{\lambda_\xi}{\lambda_{Q_\phi}\lambda_t}=1,\quad \frac{\lambda_{k_1}}{\lambda_{Q_\phi}}=1,\quad \frac{\lambda_L^2\lambda_{k_2}}{\lambda_{Q_\phi}}=1,\quad \frac{\lambda_{Q_\phi}}{\lambda_{Q_L}\lambda_L}=1 \tag{13.28}$$

求解式(13.28)，得

$$\lambda_{Q_\phi}=\frac{\lambda_m\lambda_L^2}{\lambda_t^2},\quad \lambda_\xi=\frac{\lambda_m\lambda_L^2}{\lambda_t},\quad \lambda_{k1}=\frac{\lambda_m\lambda_L^2}{\lambda_t^2},\quad \lambda_{k2}=\frac{\lambda_m}{\lambda_t^2},\quad \lambda_{Q_L}=\frac{\lambda_m\lambda_L}{\lambda_t^2} \tag{13.29}$$

式中，λ_L 由设计人员确定，一般 $\lambda_m=\lambda_L^3$。对于完全相似环形桁架的原型与缩比模型，原型的展开驱动力为缩比模型的 $\lambda_t^2/\lambda_m\lambda_L$。

13.3.3　展开驱动力相似性等效畸变处理

由于环形桁架在设计过程中，缩比模型与原型并不能做到完全相似，因此必须研究天线结构参数畸变对驱动力的影响。将与驱动力相关的各项参数进行无量纲化，即

$$\pi_1=\frac{Q_L}{\dfrac{mL}{t^2}},\quad \pi_2=\frac{Q_\varphi}{\dfrac{mR_2^2}{t^2}},\quad \pi_3=\frac{\xi}{\dfrac{mR_2^2}{t}},\quad \pi_4=\frac{k_1}{\dfrac{mR_2^2}{t^2}},\quad \pi_5=\frac{k_2}{\dfrac{m}{t^2}} \tag{13.30}$$

由于模型中横截面积的变化会影响到质量的变化，也会对驱动力造成一定的

影响，因此需要补充一个π项，即

$$\pi_6=\frac{A}{R_2^2} \tag{13.31}$$

各π项可以表示为以下形式：

$$\pi_1,\pi_2=f(\pi_3,\pi_4,\pi_5,\pi_6) \tag{13.32}$$

或

$$\pi_1,\pi_2=\lambda\pi_3^a\pi_4^b\pi_5^c\pi_6^d \tag{13.33}$$

式中，λ、a、b、c、d由实验数据得到。

设质量m、索网张力等效刚度系数k_2、杆件横截面积A的畸变系数分别为

$$\delta_m=\frac{m_{\rm p}'}{m_{\rm p}},\quad \delta_{k_2}=\frac{k_{2\rm p}'}{k_{2\rm p}},\quad \delta_A=\frac{A_{\rm p}'}{A_{\rm p}} \tag{13.34}$$

式中，$m_{\rm p}$、$k_{2\rm p}$、$A_{\rm p}$为按缩尺比例得到的原型参数；$m_{\rm p}'$、$k_{2\rm p}'$、$A_{\rm p}'$为原型实际参数。

令由结构参数畸变引起的驱动力畸变系数分别为δ_{mF}、δ_{k_2F}、δ_{AF}，则式(13.32)可以表示为

$$\frac{Q_{L\rm p}}{\frac{m_{\rm p}L_{\rm p}}{t_{\rm p}^2}},\frac{Q_{\phi\rm p}}{m_{\rm p}\frac{R_{2\rm p}^2}{t_{\rm p}^2}}=\delta_m^{1-a-b-c}\delta_{k_2}^c\delta_A^d f\left(\frac{\xi_{\rm p}}{m_{\rm p}\frac{R_{2\rm p}^2}{t_{\rm p}}},\frac{k_{1\rm p}}{m_{\rm p}\frac{R_{2\rm p}^2}{t_{\rm p}^2}},\frac{k_{2\rm p}}{\frac{m_{\rm p}}{t_{\rm p}^2}},\frac{A_{\rm p}}{R_{2\rm p}^2}\right) \tag{13.35}$$

由于$\dfrac{\xi_{\rm p}}{m_{\rm p}\frac{R_{2\rm p}^2}{t_{\rm p}}}=\dfrac{\xi_{\rm m}}{m_{\rm m}\frac{R_{2\rm m}^2}{t_{\rm m}}}$，$\dfrac{k_{1\rm p}}{m_{\rm p}\frac{R_{2\rm p}^2}{t_{\rm p}^2}}=\dfrac{k_{1\rm m}}{m_{\rm m}\frac{R_{2\rm m}^2}{t_{\rm m}^2}}$，$\dfrac{k_{2\rm p}}{\frac{m_{\rm p}}{t_{\rm p}^2}}=\dfrac{k_{2\rm m}}{\frac{m_{\rm m}}{t_{\rm m}^2}}$，$\dfrac{A_{\rm p}}{R_{2\rm p}^2}=\dfrac{A_{\rm m}}{R_{2\rm m}^2}$，因此式(13.35)可以进一步表示为

$$\begin{cases}\dfrac{Q_{L\rm p}}{\frac{m_{\rm p}L_{\rm p}}{t_{\rm p}^2}}=\delta_m^{1-a-b-c}\delta_{k_2}^c\delta_A^d\dfrac{Q_{L\rm m}}{\frac{m_{\rm m}L_{\rm m}}{t_{\rm m}^2}}\\[2ex] \dfrac{Q_{\phi\rm p}}{m_{\rm p}\frac{R_{2\rm p}^2}{t_{\rm p}^2}}=\delta_m^{1-a-b-c}\delta_{k_2}^c\delta_A^d\dfrac{Q_{\phi\rm m}}{m_{\rm m}\frac{R_{2\rm m}^2}{t_{\rm m}^2}}\end{cases} \tag{13.36}$$

由于$\lambda_m=\dfrac{m_{\rm m}}{m_{\rm p}}=\lambda_d^3$，$\dfrac{L_{\rm m}}{L_{\rm p}}=\dfrac{R_{1\rm m}}{R_{1\rm p}}=\dfrac{R_{2\rm m}}{R_{2\rm p}}=\dfrac{d_{\rm m}}{d_{\rm p}}$，其中$d$为天线口径，考虑畸变的驱动力和广义拉力的公式可以表示为

$$
\begin{cases}
Q_{L\mathrm{p}} = \delta_{mF}\delta_{k_2F}\delta_{AF}\dfrac{\lambda_t^2}{\lambda_d^4}Q_{L\mathrm{m}} \\
Q_{\phi\mathrm{p}} = \delta_{mF}\delta_{k_2F}\delta_{AF}\dfrac{\lambda_t^2}{\lambda_d^5}Q_{\phi\mathrm{m}}
\end{cases}
\tag{13.37}
$$

式中，驱动力畸变系数 δ_{mF}、δ_{k_2F}、δ_{AF} 的表达式由实验数据确定。

13.4　结构频率相似性等效分析

13.4.1　结构频率相似性等效准则

根据网状天线反射面的结构特点，选取杆密度 ρ、纵杆长 l、弹性模量 E、节点质量 m_1、小臂质量 m_2、索网质量 m_3、杆横截面积 A、结构基频 f 和天线口径 d 作为主要物理参量，其量纲如表 13.3 所示。

表 13.3　结构频率相似性等效的量纲列表

物理量	ρ	d	E	m_1	A	f	l	m_2	m_3
量纲	$FL^{-4}T^2$	L	FL^{-2}	$FL^{-1}T^2$	L^2	T^{-1}	L	$FL^{-1}T^2$	$FL^{-1}T^2$

根据量纲齐次方程理论[5]，建立基本量纲的齐次关系：

$$
(FL^{-4}T^2)^{a_1}(L)^{a_2}(T^{-1})^{a_3}(FL^{-2})^{a_4}(FL^{-1}T^2)^{a_5}(L^2)^{a_6}(L)^{a_7}(FL^{-1}T^2)^{a_8}(FL^{-1}T^2)^{a_9}=1 \tag{13.38}
$$

选取基本量为 ρ、d、E，其余参量为导出量，写出量纲矩阵，如表 13.4 所示。

表 13.4　结构频率的量纲矩阵

量纲	ρ	d	f	E	m_1	A	l	m_2	m_3
F	1	0	0	1	1	0	0	1	1
L	–4	1	0	–2	–1	2	1	–1	–1
T	2	0	–1	0	2	0	0	2	2

在无重力情况下，环形桁架网状天线反射面共考虑 9 个物理量，采用的基本量纲为 F、L、T，选取 ρ、E、d 为基本量，则由因次分析 π 定理可知相似准则的个数为 6。通过求解式(13.38)，可得如下 6 个相似准则：

$$\pi_1=\frac{f}{\frac{1}{d}\sqrt{\frac{E}{\rho}}},\quad \pi_2=\frac{m_1}{\rho d^3},\quad \pi_3=\frac{A}{d^2},\quad \pi_4=\frac{l}{d},\quad \pi_5=\frac{m_2}{\rho d^3},\quad \pi_6=\frac{m_3}{\rho d^3} \tag{13.39}$$

根据相似理论可知，要使环形桁架网状天线反射面的原型和缩比模型完全相似，必须使各自变 π 项对应相等，即

$$\frac{m_{1\mathrm{p}}}{\rho_\mathrm{p}d_\mathrm{p}^3}=\frac{m_{1\mathrm{m}}}{\rho_\mathrm{m}d_\mathrm{m}^3} \tag{13.40}$$

$$\frac{A_\mathrm{p}}{d_\mathrm{p}^2}=\frac{A_\mathrm{m}}{d_\mathrm{m}^2} \tag{13.41}$$

$$\frac{l_\mathrm{p}}{d_\mathrm{p}}=\frac{l_\mathrm{m}}{d_\mathrm{m}} \tag{13.42}$$

$$\frac{m_{2\mathrm{p}}}{\rho_\mathrm{p}d_\mathrm{p}^3}=\frac{m_{2\mathrm{m}}}{\rho_\mathrm{m}d_\mathrm{m}^3} \tag{13.43}$$

$$\frac{m_{3\mathrm{p}}}{\rho_\mathrm{p}d_\mathrm{p}^3}=\frac{m_{3\mathrm{m}}}{\rho_\mathrm{m}d_\mathrm{m}^3} \tag{13.44}$$

当满足以上相似条件时，由相似第二定理可知，各因变 π 项也对应相等，即

$$\frac{f_\mathrm{p}}{\frac{1}{d_\mathrm{p}}\sqrt{\frac{E_\mathrm{p}}{\rho_\mathrm{p}}}}=\frac{f_\mathrm{m}}{\frac{1}{d_\mathrm{m}}\sqrt{\frac{E_\mathrm{m}}{\rho_\mathrm{m}}}} \tag{13.45}$$

设原型与缩比模型所用材料的密度、弹性模量相同，求解式(13.40)～式(13.45)可得到网状天线反射面原型和缩比模型各结构参数的比例关系如下：

密度比尺：

$$\lambda_\rho=1 \tag{13.46}$$

弹性模量比尺：

$$\lambda_E=1 \tag{13.47}$$

接头质量比尺：

$$\lambda_{m_1}=\lambda_d^3 \tag{13.48}$$

杆横截面积比尺：

$$\lambda_A=\lambda_d^2 \tag{13.49}$$

杆长比尺：

$$\lambda_l = \lambda_d \tag{13.50}$$

小臂质量比尺：

$$\lambda_{m_2} = \lambda_d^3 \tag{13.51}$$

索网质量比尺：

$$\lambda_{m_3} = \lambda_d^3 \tag{13.52}$$

结构频率比尺：

$$\lambda_f = \frac{1}{\lambda_d} \tag{13.53}$$

13.4.2　结构频率相似性等效畸变处理

由于结构频率与各物理量之间缺乏数学模型，其畸变处理需要基于经验公式法进行。通常，结构频率 f 是结构参数的函数，可表示为如下无量纲形式：

$$\frac{f}{\frac{1}{d}\sqrt{\frac{E}{\rho}}} = y\left(\frac{m_1}{\rho d^3},\frac{A}{d^2},\frac{l}{d},\frac{m_2}{\rho d^3},\frac{m_3}{\rho d^3}\right) \tag{13.54}$$

在相似性分析中，相似准则的函数理论是建立经验公式的理论基础。当相似准则建立以后，其函数理论将指导设计人员编制试验程序，并将实验结果发展成相似准则间定量的函数关系，即 π 方程。尽管这类 π 方程表示的是近似关系，但其作为工程设计或相似比较中 π 关系式的一种补充和发展，可以迅速转换成各单一物理量间的函数关系。

设某物理系统有 $n-k$ 个 π 项($\pi_1,\pi_2,\cdots,\pi_{n-k}$)，其中 π_1 是因变 π 项，则按相似性定理可得

$$\pi_1 = f(\pi_2,\pi_3,\cdots,\pi_{n-k}) \tag{13.55}$$

式中，n 为系统的物理量数目；k 为起作用的基本量纲数目。

根据实验结果，式(13.55)有可能转变为不同形式的函数关系。一般地，可以用两种形式来考虑它们，即各 π 项间成乘积关系，或各 π 项间成总和关系。当各 π 项间成乘积关系时，其研究过程如下。

1. 确定各 π 项间成乘积关系的条件

若结构频率相似涉及 3 个 π 项：π_1,π_2,π_3，假设它们满足：

$$\pi_1 = f(\pi_2,\pi_3) \tag{13.56}$$

则在某试验单元中，将π_3保持为常值，改变π_2，可得到第一组试验数据。分析第一组试验数据可获得π_1与π_2的关系，记为

$$(\pi_{1/2})_{\bar{3}} = f_1(\pi_2, \bar{\pi}_3) \tag{13.57}$$

同理，试验中如将π_2保持为常值，改变π_3，可得π_1与π_2的关系，可得到第二组试验数据。分析第一组试验数据可获得π_2与π_3的关系，记为

$$(\pi_{1/3})_{\bar{2}} = f_2(\bar{\pi}_2, \pi_3) \tag{13.58}$$

式(13.57)和式(13.58)所示两个方程又称为组分方程，其特点是在所有自变π项中，只将一个π项作为某一试验单元的变量，而其余保持常值。

现在，假设用相乘的办法可以将组分方程结合起来形成具体的π方程：

$$\pi_1 = C(\pi_{1/2})_{\bar{3}}(\pi_{1/3})_{\bar{2}} \tag{13.59}$$

π 方程中引入一待定系数C，其形成的条件通过以下分析得到。

首先，将式(13.56)～式(13.58)代入式(13.59)，得一般函数方程为

$$f(\pi_2, \pi_3) = f_1(\pi_2, \bar{\pi}_3) f_2(\bar{\pi}_2, \pi_3) \tag{13.60}$$

然后，将两组试验数据代入式(13.60)可得

$$f_1(\pi_2, \bar{\pi}_3) = \frac{f(\pi_2, \bar{\pi}_3)}{f_2(\bar{\pi}_2, \bar{\pi}_3)} \tag{13.61}$$

$$f_2(\bar{\pi}_2, \pi_3) = \frac{f(\bar{\pi}_2, \pi_3)}{f_1(\bar{\pi}_2, \bar{\pi}_3)} \tag{13.62}$$

将式(13.61)和式(13.62)代入式(13.60)，得

$$f(\pi_2, \pi_3) = \frac{f(\pi_2, \bar{\pi}_3) f(\bar{\pi}_2, \pi_3)}{f_2(\bar{\pi}_2, \bar{\pi}_3) f_1(\bar{\pi}_2, \bar{\pi}_3)} \tag{13.63}$$

当π_2、π_3都保持为常值时，式(13.60)可以写为

$$f(\bar{\pi}_2, \bar{\pi}_3) = f_1(\bar{\pi}_2, \bar{\pi}_3) f_2(\bar{\pi}_2, \bar{\pi}_3) \tag{13.64}$$

联立式(13.63)和式(13.64)，得

$$\pi_1 = \frac{f(\pi_2, \bar{\pi}_3) f(\bar{\pi}_2, \pi_3)}{f(\bar{\pi}_2, \bar{\pi}_3)} \tag{13.65}$$

式(13.65)说明，两个组分方程必须具有相同的形式；也说明，当组分方程通过乘积关系转化为π 方程时，待定系数C为

$$C = \frac{1}{f(\bar{\pi}_2, \bar{\pi}_3)} \tag{13.66}$$

为证明用一个乘积关系来结合组分方程的有效性，可令π_2值由$\bar{\pi}_2$改为$\bar{\bar{\pi}}_2$，这时式(13.65)应转变为

$$\pi_1 = f(\pi_2, \pi_3) = \frac{f(\pi_2, \bar{\pi}_3) f(\bar{\bar{\pi}}_2, \pi_3)}{f(\bar{\bar{\pi}}_2, \bar{\pi}_3)} \tag{13.67}$$

如果式(13.67)确实成立，则其第二个等号右侧应与式(13.65)的右侧相等，故可得到函数变成乘积关系的条件为

$$\frac{f(\bar{\pi}_2, \pi_3)}{f(\bar{\pi}_2, \bar{\pi}_3)} = \frac{f(\bar{\bar{\pi}}_2, \pi_3)}{f(\bar{\bar{\pi}}_2, \bar{\pi}_3)} \tag{13.68}$$

同理，若令 π_3 值由 $\bar{\pi}_3$ 改为 $\bar{\bar{\pi}}_3$，可得其条件为

$$\frac{f(\pi_2, \bar{\pi}_3)}{f(\bar{\pi}_3, \bar{\pi}_3)} = \frac{f(\pi_2, \bar{\bar{\pi}}_3)}{f(\bar{\pi}_2, \bar{\bar{\pi}}_3)} \tag{13.69}$$

至此，如把 π 项由 3 个扩展至 s 个，则式(13.65)、式(13.67)～式(13.69)可分别引申为

$$\pi_1 = \frac{(\pi_{1/2})_{\bar{3},\bar{4},\cdots,\bar{s}} (\pi_{1/3})_{\bar{2},\bar{4},\cdots,\bar{s}} \cdots (\pi_{1/s})_{\bar{2},\bar{3},\cdots,\overline{s-1}}}{[f(\bar{\pi}_2, \bar{\pi}_3, \cdots, \bar{\pi}_s)]^{s-2}} \tag{13.70}$$

$$\pi_1 = \frac{(\pi_{1/2})_{\bar{3},\bar{4},\cdots,\bar{s}} (\pi_{1/3})_{\bar{\bar{2}},\bar{4},\cdots,\bar{s}} \cdots (\pi_{1/s})_{\bar{\bar{2}},\bar{3},\cdots,\overline{s-1}}}{[f(\bar{\pi}_2, \bar{\pi}_3, \cdots, \bar{\pi}_s)]^{s-2}} \tag{13.71}$$

$$\frac{(\pi_{1/3})_{\bar{2},\bar{4},\cdots,\bar{s}}}{f(\bar{\pi}_2, \bar{\pi}_3, \cdots, \bar{\pi}_s)} = \frac{(\pi_{1/3})_{\bar{\bar{2}},\bar{4},\cdots,\bar{s}}}{f(\bar{\bar{\pi}}_2, \bar{\pi}_3, \cdots, \bar{\pi}_s)} \tag{13.72}$$

$$\frac{(\pi_{1/2})_{\bar{3},\bar{4},\cdots,\bar{s}}}{f(\bar{\pi}_2, \bar{\pi}_3, \cdots, \bar{\pi}_s)} = \frac{(\pi_{1/2})_{\bar{\bar{3}},\bar{4},\cdots,\bar{s}}}{f(\bar{\pi}_2, \bar{\bar{\pi}}_3, \cdots, \bar{\pi}_s)} \tag{13.73}$$

在类似式(13.70)与式(13.71)的函数方程或类似式(13.72)与式(13.73)的条件式里，可仅择取其一进行运算或检验，当需要加强分析过程的可靠性时，可以另择函数方程或条件式进行新一轮的运算或检验。

2. 试验程序的编制

对于具有 4 个 π 项($\pi_1, \pi_2, \pi_3, \pi_4$)的情况，使 π_2 取两值 $\bar{\pi}_2$、$\bar{\bar{\pi}}_2$，π_3 取两值 $\bar{\pi}_3$、$\bar{\bar{\pi}}_3$，π_4 取一值 $\bar{\pi}_4$，试验程序如表 13.5 所示。

表 13.5　试验程序

试验程序	试验内容	试验条件		
		变化的	基准的	辅助的
第一阶段	$(\pi_{1/2})_{\bar{3},\bar{4}} = f(\pi_2, \bar{\pi}_3, \bar{\pi}_4)$	π_2	π_4　π_4	—
	$(\pi_{1/3})_{\bar{2},\bar{4}} = f(\bar{\pi}_2, \pi_3, \bar{\pi}_4)$	π_3	π_2　π_4	
	π_2	π_4	π_2　π_3	

续表

试验程序	试验内容	试验条件		
		变化的	基准的	辅助的
第二阶段	$(\pi_{1/3})_{\bar{\bar{2}},\bar{4}}=f(\bar{\bar{\bar{\pi}}}_2,\pi_3,\bar{\pi}_4)$	π_3	π_4	π_2
	$(\pi_{1/4})_{\bar{\bar{2}},\bar{3}}=f(\bar{\bar{\bar{\pi}}}_2,\bar{\pi}_3,\pi_4)$	π_4	π_3	π_2
第三阶段	π_2	π_2	π_4	π_3

对表 13.5 进行以下说明。

(1) 因 $\bar{\bar{\pi}}_3$ 出现在较少的(此处为一个)试验项中，故改换其数值的简易程度并不重要。实际上，为了证实函数形式的种类，第三阶段的试验内容并不是必需的。因此，可称表 13.5 为完整的试验程序，其特点为下标 3,4、2,4、2,3 均出现两次，从而有可能双双进行比较。

(2) $f(\pi_2,\bar{\pi}_3,\bar{\pi}_4)$ 等常数值可在试验数据的记录表格中查找，它们是自然形成的。

(3) 当 π 项超过 4 个时，试验程序可按同法编制。但应注意，试验程序第三阶段，内容都只能是一项，并且往往不予考虑；试验程序第二阶段，内容从理论上讲只需一项，但为了进行可靠性检验，可扩大为两项，其余不予考虑。

最后，根据列表程序进行试验，并处理试验结果，以获得 π 项组分方程的具体形式，联立求解可得到使网状天线反射面原型与缩比模型频率相似的各结构参数的比例关系。

参 考 文 献

[1] 张琰. 周边桁架可展开天线展开过程分析与仿真[D]. 西安: 西安电子科技大学, 2008.

[2] LI T J, WANG Y. Performance relationships between ground model and space prototype of deployable space antennas[J]. Acta Astronautica, 2009, 65(9-10): 1216-1223.

[3] 王尧. 大型可展开天线相似性及拓扑综合研究[D]. 西安: 西安电子科技大学, 2009.

[4] LI T J. Deployment analysis and control of deployable space antenna[J]. Aerospace Science and Technology, 2012, 18(1): 42-47.

[5] 周美立. 相似性科学[M]. 北京: 科学出版社, 2004.

彩　图

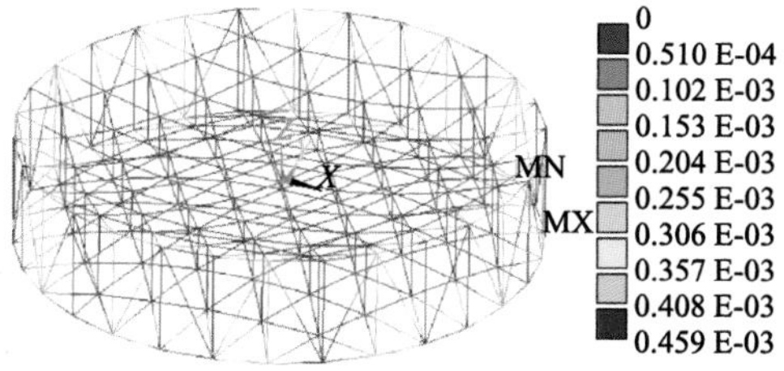

图 4.10　结构整体变形云图(单位：m)

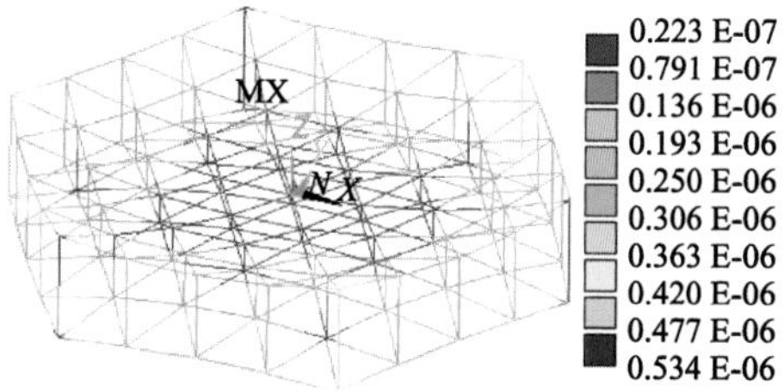

图 4.11　自由节点位移云图(单位：m)

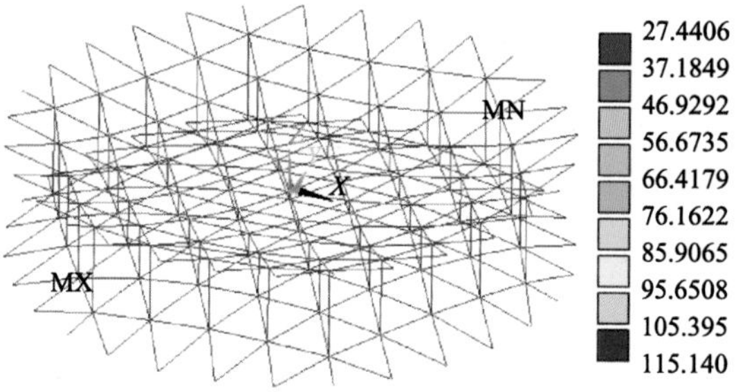

图 4.12　变形后的网面张力分布云图(单位：N)

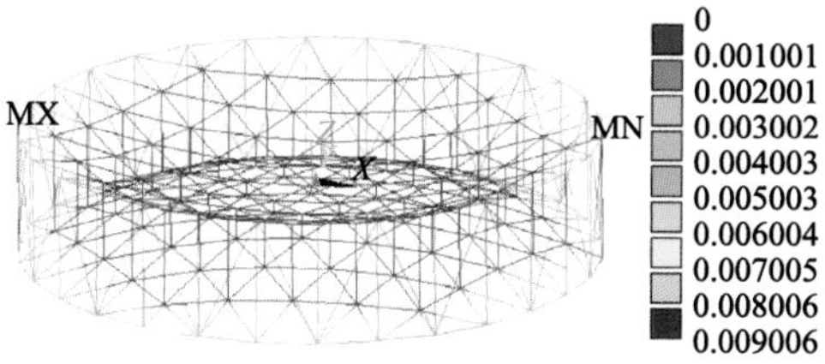

图 4.13　变形云图(单位：m)

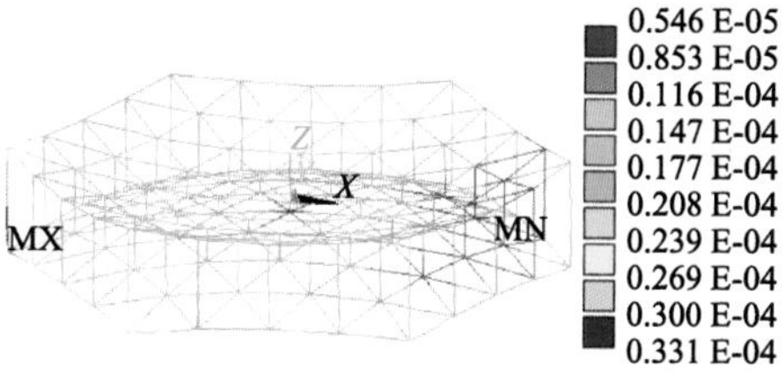

图 4.14　位移云图(单位：m)

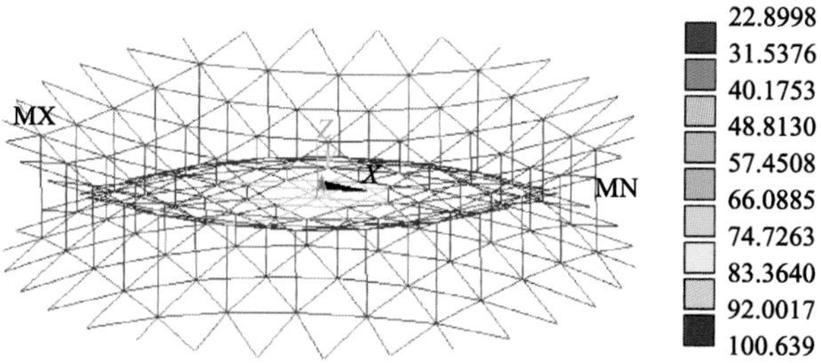

图 4.15　网面张力分布云图(单位：N)

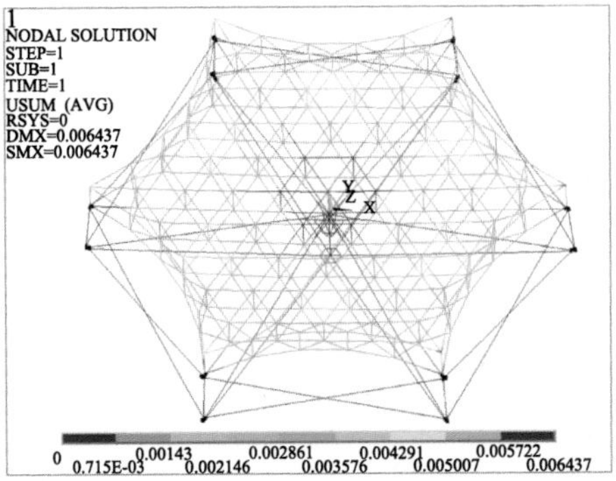

图 9.12　索网反射面初始节点误差(单位：m)

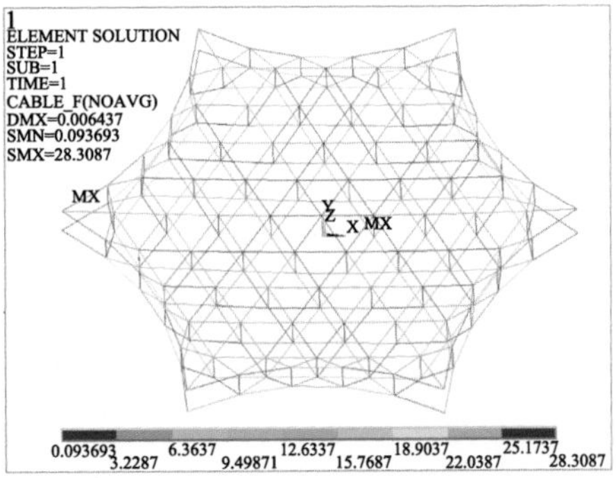

图 9.13　索网反射面初始张力分布(单位：N)

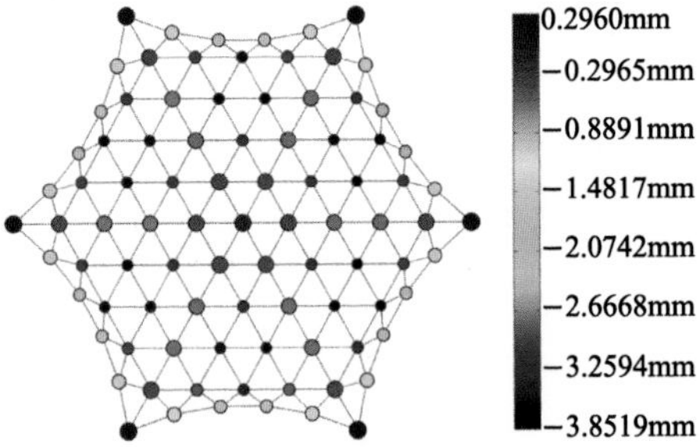

图 9.14　前索网初始节点偏差

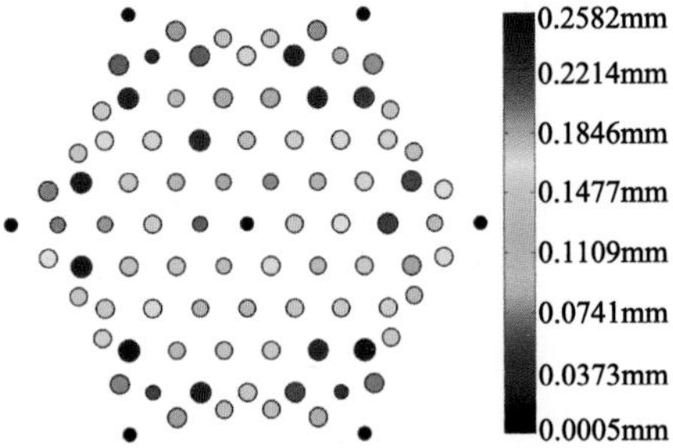

图 9.16　检测样本 z 轴泛化误差的均方根值

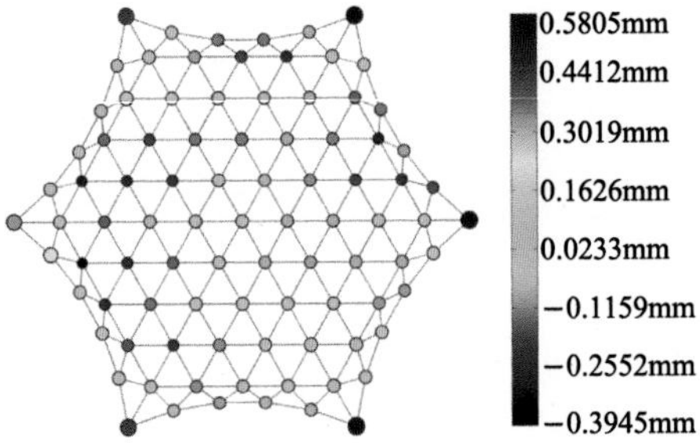

图 9.22　调整后模型的节点误差

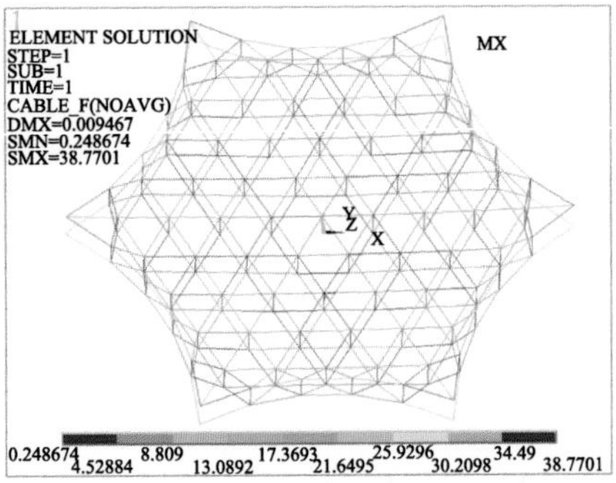

图 9.23　调整后模型的索张力(单位：N)